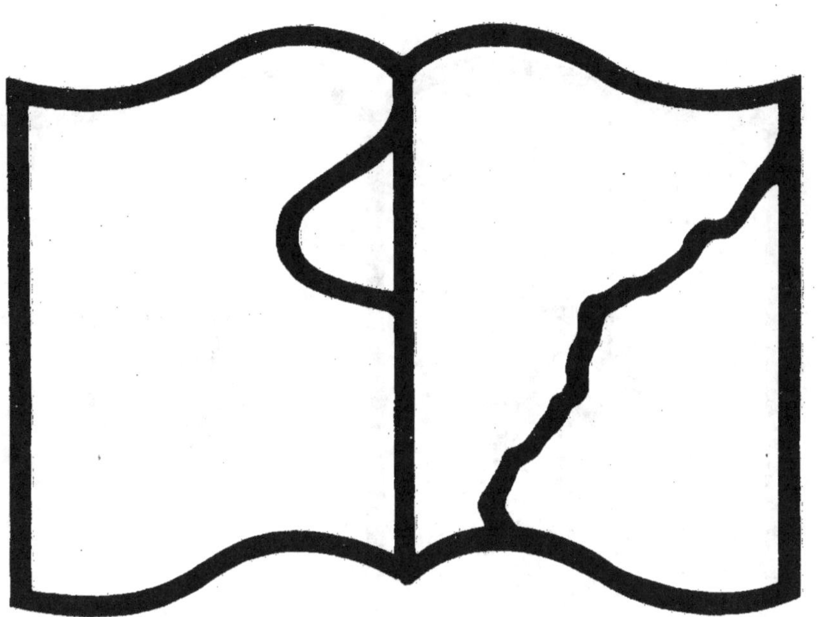

Texte détérioré — reliure défectueuse

NF Z 43-120-11

Contraste insuffisant

NF Z 43-120-14

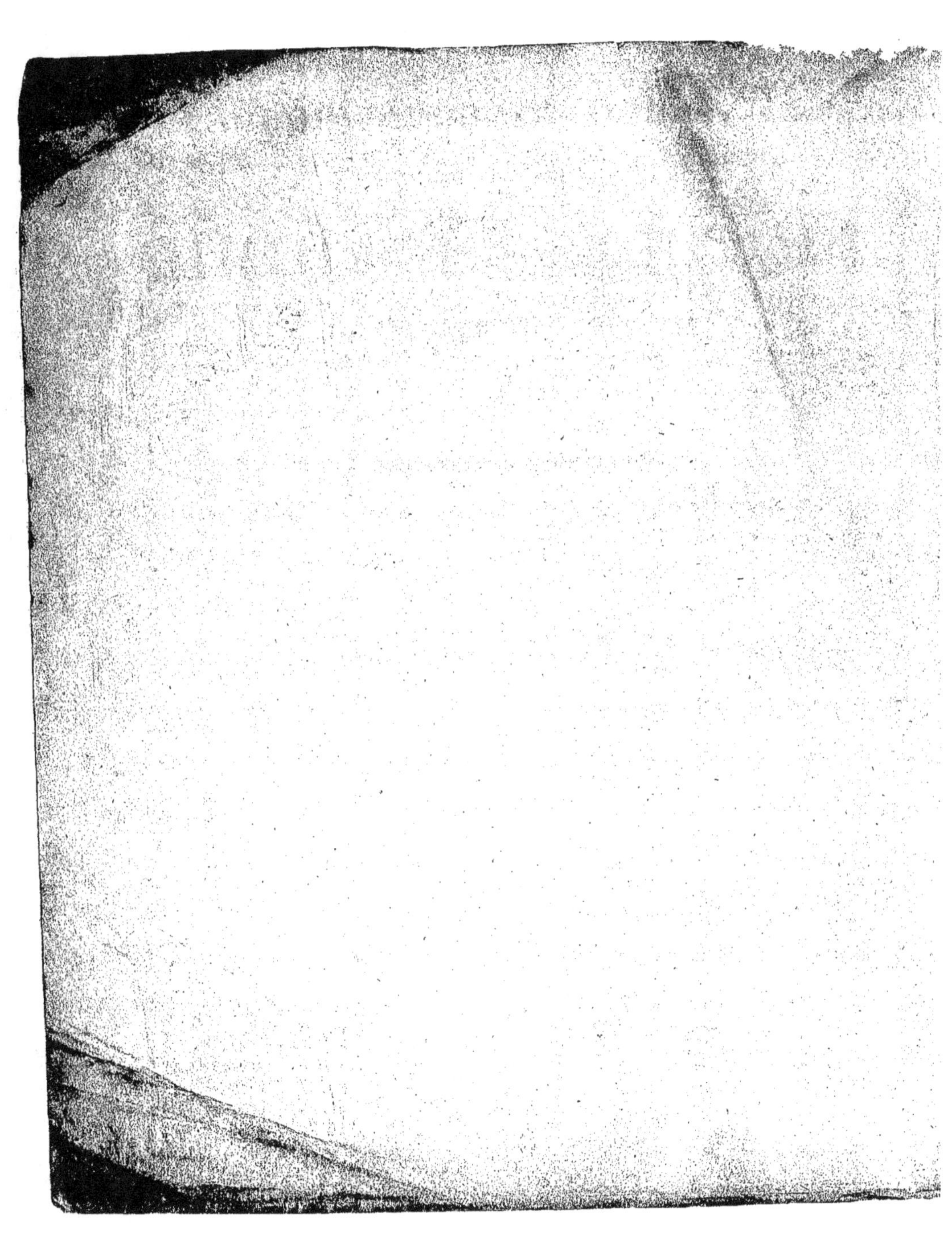

RECUEIL DE QUESTIONS

à l'usage des Elèves

DU COURS DE CHIMIE

DE L'ÉCOLE LA MARTINIÈRE.

Observation préliminaire.

A chacune des questions comprises dans les différents chapitres de ce Recueil, correspond tantôt un numéro seul, tantôt un nombre accompagné d'un ou de plusieurs accents, tantôt un nombre suivi d'une lettre avec ou sans accentuation. Les numéros, lettres et accents concourent à désigner les questions que l'on propose aux élèves. Dans cette désignation, un seul accent s'énonce par le mot « prime », deux accents par le mot « seconde », trois accents par le mot « tierce ». Ainsi, en voyant « a' » on lira « a prime »; pour « a" » on dira « a seconde »; pour « a''' » on dira « a tierce ».

Toutes les fois que les élèves ne trouveront point de ces accents après le nombre, ou après le nombre et la lettre, dont on se sera servi pour leur désigner une question, ils auront à répondre tous à la même demande.

Une accentuation non dictée, et se voyant sur le questionnaire au n° dicté, indiquera au contraire que la question est différente pour chaque série d'élèves (lesquels auront été partagés en trois séries, selon la méthode Tabareau). Alors ce qui suivra l'accent simple ne concernera que la première série; ce qui sera après " concernera la deuxième série; enfin, à la suite de ''' viendra ce qui concerne la troisième. — Du reste l'élève ne devra pas regarder comme achevé l'énoncé de la question qui lui aura été désignée, tant qu'il ne sera pas arrivé à un point (ordinaire ou d'interrogation).

EXEMPLES. — Dans le Chapitre Ier, les questions 1, 18, 20, etc., ne comportent point de distinction pour les diverses séries.

Mais si l'on demande de répondre à la question 4 de ce chapitre, les élèves de la 1re série devront expliquer *quelle différence il y a entre un solide et un fluide*; ceux de la 2me, *quelle différence il y a entre un gaz et une vapeur*; ceux de la 3me, *quelle différence il y a entre un liquide et un corps aériforme*.

Proposera-t-on la question « Ch. Ier, 2 d »; ce sera : pour la 1re série, *quel est l'état physique sous lequel se présente habituellement le gaz d'éclairage?* pour la seconde, *quel est l'état physique sous lequel se présente habituellement le vinaigre?* pour la troisième, *quel est l'état physique sous lequel se présente habituellement le sucre?*

Toute question dictée avec indication d'accents s'adressera à toute la classe sans distinction.

Quelquefois on proposera une question dans l'énoncé de laquelle on renverra à une ou à plusieurs autres, dont on indiquera le numéro sans en mentionner ni la lettre ni l'accentuation. En pareil cas, l'élève, après avoir cherché le numéro auquel il aura été renvoyé, y prendra l'énoncé correspondant à la lettre et à l'accentuation de la question qui lui aura été posée. Comme exemples de ce cas, on peut voir les questions 15, 23, 48, etc., du chapitre Ier.

Le signe ═, se lisant à la suite d'une des questions de ce Recueil, montre que cette question est la même que celle qui se trouve après le signe ═. Ainsi, par exemple, l'élève qui aura à répondre à la question « Ch. Ier, 5 b' » et qui, ayant cherché à ce Chapitre le n° 5, y trouvera « b' ═ a" », devra comprendre qu'il est renvoyé à la question « 5 a" », et que c'est à cette dernière qu'il s'agit de faire une réponse.

S'il y a, après le signe ═, les indications de plusieurs questions réunies (avec le signe + pour marquer leur assemblage), l'élève sera averti par là qu'on lui demande de répondre successivement à ces différentes questions.

Quelquefois une question sera posée en énonçant un nom de corps au lieu de nommer le chapitre dont elle fait partie. Que l'élève sache, en pareil cas, que la question proposée appartient au Chapitre VIII. Il faudra d'ailleurs voir à ce chapitre les explications qui le concernent spécialement.

CHAPITRE IER.

Questions relatives aux notions préliminaires, ainsi qu'à des définitions de différentes sortes, données dans diverses parties du Cours.

1. Nommez les trois sortes d'états physiques sous lesquels les corps peuvent se présenter à nous?

2. Quel est l'état physique sous lequel se présente habituellement

a') le fer? | a'') l'huile d'olive? | a''') le plomb?
b') l'eau-de-vie? | b'') le savon? | b''') l'air?
c') le sable? | c'') la cendre? | c''') le vin?
d') le gaz d'éclairage? | d'') le vinaigre? | d''') le sucre?
e') ce qu'on respire? | e'') ce qu'on boit? | e''') ce qu'on mange?
f') le chlore? | f'') l'hydrogène? | f''') la farine?
g') le charbon? | g'') l'amidon? | g''') le chlore?

3. Quel est l'état physique de l'eau,
a') telle qu'elle coule au fond du Rhône?
a'') après qu'elle s'est glacée?
a''') quand elle constitue les bulles qu'on aperçoit lorsqu'elle bout?

$$b' = a''. \; b'' = a'''. \; b''' = a'''. \; c' = a'''. \; c'' = a'. \; c''' = a''.$$

4. Quelle différence y a-t-il entre
$'$) un solide et un fluide? (les fluides sont les corps liquides ou gazeux.)
$''$) un gaz et une vapeur?
$'''$) un liquide et un corps aériforme?

5. Donnez un exemple d'un
a') gaz. | a'') corps solide. | a''') corps liquide.
b') liquide. | b'') corps en vapeur. | b''') corps solide.

6′. Lorsque le mercure bout, qu'est-ce qui constitue les bulles qui se forment?

6″. Comment peut-on faire changer le plomb d'état physique?

6‴. Quand l'eau peut-elle changer d'état physique?

7. Quels noms **donne-t-on** habituellement à l'eau, après qu'elle a éprouvé les changements d'états physiques dont elle est susceptible?

8. Dire quelles circonstances peuvent amener un corps à changer d'état physique. En donner des exemples, dans lesquels les changements soient de genre différent.

9′. Quand un corps qui était en vapeur revient à son apparence ordinaire, quel état physique présente-t-il?

9″. Quel est l'état physique d'un corps qui s'est changé en vapeur?

9‴. Indiquez un moyen de faire prendre à une vapeur un autre état physique?

10′. Y a-t-il des corps qui n'ont point de pesanteur (en ne comprenant sous le nom de corps que les êtres dont la matérialité est manifeste)?

10″. Les vapeurs sont-elles dépourvues de pesanteur?

10‴. Est-il possible de peser les gaz?

11. Un kilogr. d'eau pèsera-t-il plus ou moins d'un kilogr.,
$'$) après que cette eau se sera gelée?
$''$) quand cette eau se sera changée en vapeur?
$'''$) lorsqu'après l'avoir prise glacée, on l'aura fondue?

12. Quel poids de vapeur donneront après vaporisation complète
a') 14 kil. de camphre? | a'') 2 kil. 1/2 d'esprit de vin?
a''') 27 gr. d'essence de térébenthine?
b') 7 kil., 35 de neige? | b'') 1 kil., 067 d'éther?
b''') 20 kil., 245 de soufre?

13. Combien pèsera le composé produit en unissant 550 grammes de fer avec | a') 200 gr. de soufre?
a'') 400 gr. de soufre? | a''') 300 gr. de soufre?
b') 150 gr. d'oxigène? | b'') 1587 gr. d'iode?
b''') 133 gr. d'oxigène?
c') 445 gr. de chlore? | c'') 1000 gr. de brôme?
c''') 644 gr. de chlore?

14. Dites combien de cuivre contiennent 500 grammes d'un alliage composé de cuivre et d'étain, sachant qu'il y a, sur 100 parties de cet d'alliage,
a') 80 ᵖ· de cuivre. | a'') 96 ᵖ· de cuivre. | a''') 74 ᵖ· de cuivre.
b') 75 ᵖ· de cuivre. | b'') 83 ᵖ· de cuivre. | b''') 67 ᵖ· de cuivre.
c') 65 ᵖ·, 50 de cuivre. | c'') 90 ᵖ·, 78 de cuivre.
c''') 89 ᵖ·, 78 de cuivre.

15.... Combien y a-t-il d'étain dans 100 gr. de l'alliage désigné à la question n° 14 (en prenant la même lettre)?

16... Combien y a-t-il d'étain dans 25 kilogrammes de l'alliage mentionné à la question n° 14?

17. Que pensez-vous de l'exactitude d'une analyse dans laquelle ayant opéré sur 100 grammes d'un alliage, on a trouvé les composants suivants :
a') 75 gr. d'or et 24 de fer? | a'') 52 gr. de plomb et 80 d'or?
a''') 44 gr. de cuivre et 54 de zinc?
b') 17 gr. d'or et 91 de fer? | b'') 85 gr. de plomb et 12 d'or?
b''') 91 gr. de cuivre et 25 de zinc?

18. Combien y a-t-il de | a') grammes dans 1 kilogr.?
a'') milligr. dans 1 gr.? | a''') kil. dans 1 quintal mét.?

b') gram. dans 1 milligr.? | *b"*) milligr. dans 1 kilogr. ?
b"') kil. dans 1 gr. ?

19. Quel volume d'eau faut-il pour que ce liquide offre un poids | ') d'un gramme?
") d'un milligramme ? | "') d'un kilogramme?

20. Quel est le poids d'un gaz qui remplissait un ballon avec lequel on a obtenu tour-à-tour les deux pesées suivantes (1), pour le ballon complètement vide et pour le ballon rempli de gaz :

a) 120 ᵍʳ, 195 ou 120195 milligrammes, et 223 ᵍʳ, 902 ou 223902 milligr. ?

b') 242070 milligr., et 223902 milligrammes?

b") 157841 milligr., et 172808 milligrammes?

b"') 169324 milligr., et 185896 milligrammes ?

c¹) 239 ᵍʳ, 209, et 252 ᵍʳ, 664 ?

c") 148 ᵍʳ, 574, et 161 ᵍʳ, 883 ?

c"') 196 ᵍʳ, 152, et 214 ᵍʳ, 584.

21. Combien pèse le litre d'un gaz qui, en s'introduisant dans un ballon d'une capacité de 6 litres, augmente le poids de celui-ci de 15 ᵍʳ, 024 (ou 15024 milligrammes)?

22. Combien pèserait le litre du gaz dont on a parlé à la question précédente, si le ballon mentionné, au lieu de contenir 6 litres, contenait | *a*) 4 litres?
b') 10 litres? | *b"*) 7 litres? | *b"'*) 14 litres?
c') 8 litres ? | *c"*) 5 ˡⁱ, 438 ? | *c"'*) 4 ˡⁱ, 025 ?

23.... Combien pèserait le litre du gaz dont on a parlé à la question 20, si le ballon avait la capacité mentionnée à la question 22 ?

24. Du sable siliceux, de la soude et de la chaux chauffés ensemble se réunissent en formant du verre ordinaire. —Quoi qu'on fasse avec du platine, on ne tire jamais de lui seul plusieurs corps de nature différente ; on ne peut le dénaturer qu'en y ajoutant d'autres sortes de substances. — Le fer, auquel s'ajoute intimément du charbon, devient de l'acier.

Est-ce parmi les corps simples ou parmi les corps composés qu'on devra ranger :
') le verre? | ") le platine ? | "') l'acier ?

25. Le mercure ne peut pas être séparé en plusieurs corps de nature différente ; il ne peut être dénaturé que dans le cas où il s'y joint autre chose. Il en est de même de l'étain. Mais quand le tain qui est derrière les glaces est chauffé dans des conditions où rien d'étranger ne peut s'y ajouter, il se sépare en mercure qui se réduit en vapeur et en étain qui reste.

Est-ce parmi les corps simples ou parmi les corps composés qu'on devra ranger
') l'étain? | ") le tain des glaces? | "') le mercure?

26. Qu'appelle-t-on en chimie
') éléments ? | ") corps composés? | "') corps simples ?

27. Qu'appelle-t-on *molécules*?

28. Quels sont les corps où les molécules
') sont réunies de façon que des efforts très légers n'occasionnent point de dérangements dans la disposition de leurs parties?

") manifestent une disposition incessante à s'écarter les unes des autres, tant qu'il n'y a point d'obstacle qui les arrête ?

"') ne paraissent pas se repousser les unes les autres et changent de position entre elles sous les plus faibles impulsions?

29. Doit-il y avoir des molécules composées ? — et pourquoi ?

30. Quand les molécules sont-elles visibles ?

31. Qu'appelle-t-on *combinaison* en chimie ?

32. Quelle différence y a-t-il entre une *combinaison chimique* et un *simple mélange* ?

33. Donnez un exemple d'une combinaison chimique, en expliquant pourquoi le composé doit être considéré comme une combinaison plutôt que comme un simple mélange des corps qui y ont été réunis.

34. Dans la rouille il y a de l'oxigène et du fer. Y sont-ils combinés ou bien à l'état de simple mélange ? — Expliquez la raison qui justifie votre réponse?

35. Quelles sont les deux sortes de circonstances, fondamentalement différentes, qui peuvent faire reconnaître qu'un corps est composé. — Donnez un exemple de chacune.

36. En chimie qu'appelle-t-on | *a*) *synthèse?*
b) *analyse?* | *c*) *analyses qualitative, quantitative?*
d) analyses ou essais *par voie sèche?*
e) traitement par voie humide ?

37'. Qu'est-ce que l'*affinité* ?

37". Quelle différence y a-t-il entre l'*affinité* et la cohésion?

37'". Qu'est-ce que la *cohésion?*

38. Que veut-on dire par ces mots :

a') le cuivre a plus d'affinité pour l'iode que l'or ?

a") le chlore a beaucoup d'affinité pour le sodium ?

a"') l'affinité de l'oxigène pour l'or est bien moindre que celle de l'oxigène pour le zinc ?

b') le soufre a une affinité à peu près égale pour le cuivre et pour le fer ?

b") l'or a moins d'affinité que le fer pour l'oxigène?

b"') le fluor ne montre nulle affinité pour l'oxigène ?

39. Comment a-t-on appelé les êtres qu'on a supposés avoir une existence matérielle sans avoir de pesanteur? —Citez-en des exemples?

40. Enoncez, en en expliquant la raison, si l'on doit mettre au nombre des fluides impondérables
') l'air. | ") la lumière. | "') l'eau.

41. Y a-t-il augmentation ou diminution de poids dans
') un corps qui s'échauffe?
") un corps qui se refroidit ?

---

(1) Les élèves qui ne savent pas encore les calculs sur les nombres décimaux prendront les énonciations données en milligrammes.

''') un morceau d'acier qu'on aimante?

42. Que signifie le mot *impondérable*? '

43. Comment s'appelle l'effet qui se produit dans le sel quand il devient liquide parce qu'on le chauffe très fortement? et comment appelle-t-on l'effet que le sel éprouve quand, étant mis avec de l'eau, il disparaît à nos yeux en s'y disséminant (c.-à-d. en s'y répandant)?

44. Que faut-il faire pour
') fondre | ") dissoudre | "') mettre en fusion
a) du sel? | b) du soufre? | c) du sucre?

45. En quoi diffèrent la *dissolution* et la *fusion*?

46. On a fait dissoudre : 1° 420 gr. de sucre dans un grand verre qui contenait 600 gr. d'eau ; 2° 50 gr. dans un petit verre qui contenait 100 gr. d'eau, et 5° 90 gr. dans un verre moyen contenant 405 gr. d'eau.

a) À 1 gr. de sucre combien faudrait-il ajouter d'eau pure pour obtenir une eau sucrée au même degré que celle
') du verre moyen? | ") du grand verre?
　　　"') du petit verre?

b) Dans quel verre se trouve
') l'eau moyennement sucrée (c.-à-d. ne contenant proportionnellement ni le plus de sucre, ni le moins de sucre)?
") l'eau la plus sucrée? | "') l'eau la moins sucrée?

c) À 1 gr. d'eau combien faudrait-il ajouter de milligr. de sucre pour obtenir une eau aussi sucrée que celle du
') grand verre? | ") petit verre? | "') verre moyen?

d) Combien de milligrammes de sucre et combien de milligr. d'eau y a-t-il dans 1 gr. de l'eau sucrée du
') petit verre? | ") verre moyen? | "') grand verre?

e) Si l'on faisait une eau sucrée avec 8 kil. d'eau et 4 kil. de sucre, combien serait-elle de fois aussi sucrée que l'eau du
') grand verre? | ") verre moyen? | "') petit verre?

47. Quelle est la plus salée de la première ou de la deuxième des deux eaux salées, composées comme il suit : la première a été faite avec 15 gr. de sel et 60 gr. d'eau pure ; puis, pour la deuxième, on a employé les proportions ci-dessous :

a') 75 gr. de sel, 500 gr. d'eau? | a") 6 gr. de sel, 24 gr. d'eau?
　　　a"') 50 kilogr. de sel et 420 kilogr. d'eau?
b') 80 gr. sel, 600 gr. eau? | b") 70 gr. sel, 490 gr. eau?
　　　b"') 90 gr. sel, 720 gr. eau?
c') 42 gr. sel, 256 gr. eau? | c") 57 gr. sel, 120 gr. eau?
　　　c"') 50 gr. sel, 255 gr. eau?
d') 75 gr. sel, 250 gr. eau? | d") 6 gr. sel, 20 gr. eau?
　　　d"') 50 kil. sel, 400 kil. eau?
e') 550 gr. sel, 110 gr. eau? | e") 44 gr. sel, 117 gr. eau?
　　　e"') 42 gr. sel, 28 gr. eau.
f') 42^k,24 sel, 49^k,475 eau? | f") 2^k,075 sel, 8^k,04 eau?
　　　f"') 55^k,44 sel, 100^k,2 eau?

48... Pour une partie pondérale (c.-à-d. une partie en poids) de sel, (ou bien encore, en d'autres termes, pour un poids de sel égal à l'unité), combien y a-t-il d'eau dans la première des deux eaux salées, mentionnées à la question précédente (suivie de la même lettre)?

49... Pour une partie pondérale (c.-à-d. une partie en poids) de sel, (ou bien encore, en d'autres termes, pour un poids de sel égal à l'unité), combien y a-t-il d'eau dans la seconde des deux eaux salées, mentionnées à la question 47.

50... Pour une partie en poids (c.-à-d. une unité de poids) d'eau pure, combien y a-t-il de sel dans la dernière des deux eaux mentionnées à la question 47?

51... Combien y a-t-il de sel dans une partie pondérale (c.-à-d. une unité) de chacune des deux eaux salées, mentionnées à la question 47?

52. Qu'appelle-t-on | a') phénomènes chimiques?
a") propriétés physiques d'un corps?
a"') propriétés chimiques d'un corps?
b) point de | ') fusion? | ") ébullition? | "') congélation?
c') fusibilité? | c") volatilité? | c"') fixité (au feu)?
d') distillation? | d") sublimation? | d"') liquéfaction?
e') cristal et cristallisation? | e") eaux-mères?
e"') formes cristallines incompatibles?
f') dimorphisme? | f") polymorphisme?
f"') trimorphisme? | g) allotropie?

53. Qu'appelle-t-on dissolution
a') non saturée? | a") saturée? | a"') à demi-saturée?
b') très concentrée? | b") diluée? | b"') peu concentrée?
c') étendue? | c") saturée à 0°? | c"') sursaturée?

54. On donne souvent improprement la dénomination de *Chlore liquide*, *Acide chlorhydrique liquide*, *Potasse liquide*, etc., à des produits qui ne sont pas constitués uniquement par le composé dont on prononce le nom? Quelle est la nature de ces produits en général? — et quelle est en particulier celle du
') 1er des trois produits nommés? | ") 2me? | "') 5me?

55. Qu'est-ce qu'une substance | a') déliquescente?
a") efflorescente? | a"') tombée en déliquescence?
b') amorphe? | b") cristalline? | b"') cristallisée?

56. Quelles sont les diverses sortes de causes qui peuvent faire tomber un corps en efflorescence?

57. Qu'appelle-t-on corps
a') isomorphes? | a") isomères? | a"') isomériques?

58. Quand dit-on que l'air est saturé de vapeur
') de brôme? | ") d'alcool? | "') d'eau?

59. Qu'est-ce que l'*état sphéroïdal* résultant de l'échauffement?

60. Qu'est-ce qu'une vapeur vésiculaire?

61. Quelle différence y a-t-il entre une *vapeur vésiculaire* et une vraie vapeur?

62. Comment est l'eau dans les nuages ordinaires?

63. Dites s'il existe des gaz qu'on n'ait jamais pu faire changer d'état physique, et citez des exemples?

64. Que signifient les mots suivants :
a) gaz incoercible ? | b') couleur nulle ?
b") odeur alliacée ? | b''') saveur hépatique ?
c') état | ') cristallisé ? | ") vitreux ? | ''') amorphe ?
d) état | ') natif ? | ") naissant ? | ''') combiné ?
e') or natif ? | e") argent natif ? | e''') soufre natif ?
f) se combiner directement ?

65. Quelle différence y a-t-il entre l'état naissant et l'état libre ?

66. Donnez un exemple, au moins, d'un corps se combinant avec un autre à l'état naissant, tandis qu'il n'y aurait pas de combinaison entre eux, si les deux corps, mis en présence l'un de l'autre, étaient pris à l'état libre.

67. Quel parti peut-on souvent tirer de la cristallisation pour purifier les corps ?

68. Quels sont les divers moyens de déterminer des cristallisations ?

69. Comment pourra-t-on, pour faire cristalliser un corps, mettre à profit | a) sa volatilité ?
b) sa fusibilité ? Donnez-en un exemple.
c) sa solubilité dans un liquide volatil à froid, tel que ') l'eau ?   [") l'alcool ? | ''') l'éther ?
d) sa propriété de se dissoudre dans un liquide plus abondamment à chaud qu'à froid ?
e) des effets produits par une autre substance solide, apte à dissoudre, quand elle est fondue, le corps dont on parle.

70. Quelle différence y a-t-il entre
a') la malléabilité et la ductilité ?
a") la dureté et la ténacité ?
a''') la mollesse et la friabilité ?
b') la densité, la pesanteur spécifique et le poids spécifique ?
b") le poids d'un corps et sa densité ?
b''') le poids d'un corps et sa pesanteur spécifique ?

c) un métal et un métalloïde ?

71. Qu'appelle-t-on « rapport entre deux quantités » (en comprenant ce mot dans le sens qu'on lui attribue en mathématiques) ?

72. Que doit-on comprendre, quand il est dit que deux quantités (comme deux poids, deux longueurs, deux volumes, etc.), sont entre elles dans le rapport
a) qu'exprime le nombre 24 ?
b) qu'exprime le nombre | ') 7 ? | ") 15 ? | ''') 12 ?
c) qu'exprime le nombre | ') $\frac{1}{3}$? | ") $\frac{1}{5}$? | ''') $\frac{1}{2}$?
d) qu'exprime le nombre | ') $\frac{4}{5}$? | ") $\frac{3}{7}$? | ''') $\frac{7}{10}$?
e) qu'exprime le nombre | ') 4,57 ? | ") 8,11 ? | ''') 5,05 ?
f') de 5 à 5 ? | f") de 100 à 7 ? | f''') de 8 à 4 ?
g') de 5 à 5 ? | g") de 7 à 100 ? | g''') de 4 à 8 ?
h') de 15,5 à 7,1 ? | h") de 11 à 14,5 ? | h''') de 8,1 à 11,7 ?

73. Qu'appelle-t-on *rapport simple* ?

74. Quel est le rapport le plus simple possible ?

75. Est-ce un rapport simple celui qui existe entre les deux nombres suivants :
a') 5 et 5 ? | a") 2 et 5 ? | a''') 5 et 7 ?
b') 857 et 859 ? | b") 800 et 400 ? | b''') 809 et 805 ?
c') 857 et 1674 ? | c") 6655 et 2211 ? | c''') 777 et 555 ?
d' = c". d" = c". d''' = c'. | e' = c". e" = c'. e''' = c".

76. Expliquez en quoi consistent les phénomènes capillaires ?

77. Qu'appelle-t-on tubes capillaires ?

78. Quelle influence exerce le diamètre d'un tube sur la hauteur de l'eau qui s'élève par capillarité ?

79. Qu'est-ce qu'un siphon ?

80. Qu'est-ce qu'amorcer un siphon ?

81. Décrire un siphon qui puisse s'amorcer par aspiration, sans exposer la bouche de l'opérateur à recevoir le liquide aspiré.

CHAPITRE II.

Questions préparatoires et Exercices concernant les densités.

1. La même mesure, remplie tour-à-tour d'eau et de mercure, contient 4k,103 du 1er et 14k,000 du 2me. Combien le mercure pèse-t-il de fois autant que l'eau à volume égal ?

2. Un bloc de marbre de 46 décimètres cubes pèse 115 k. Combien cette qualité de pierre pèse-t-elle de fois autant que l'eau prise sous le même volume ?

3. Par quel nombre devrait-on répondre à la question précédente, si le bloc pesait

   ') 161 kilogr. ? | ") 158 kilogr. ? | "') 184 kilogr. ?

4. Dans les mêmes conditions de volume, de température et de pression, la vapeur de brôme pèse cinq fois autant que le gaz oxigène. Combien pèse 1 lit. de cette vapeur à 100°, sous la pression de 0m,76 ? Dans ces conditions-là 1 lit. d'oxigène pèse 1gr.,034.

5. 1 lit. d'hydrogène pèse 9 centigrammes.

   a) Combien pèseront | ') 37ll,25 de ce gaz?

   ") 142 lit. de ce gaz? | "') 85ll,175 de ce gaz ?

   b) Combien de litres occuperont 100 centigr. d'hydrogène ?

   c) Combien de litres occupera un poids d'hydr. égal à

   ') 754 centigr.? | ") 4gr.,57 ? | "') 13gr.,11 ?

6. 1 litre d'air pèse 130 centigr., tandis qu'un litre d'hydrogène en pèse 9. Combien, à volume égal,

   a) l'air pèse-t-il de fois autant que l'hydrogène ?

   b) l'hydrogène pèse-t-il de fois (ou de fractions de fois) autant que l'air ?

7. Dans les conditions de température et de pression sous lesquelles un litre d'air pèse 1gr.,299, un litre de gaz

   ') oxigène pèse 1gr.,457 : | ") chlore pèse 3gr.,18 :

         '") azote 1gr.,26 :

On demande combien ce gaz pèse de fois autant que l'air, sous le même volume et dans les mêmes conditions.

8. Qu'est-ce que cela signifie quand on dit qu'un corps est | ') plus dense que le soufre?
") aussi dense que l'iode? | '") moins dense que l'étain ?

9. Dites ce qu'apprend le nombre qui représente la densité (comprise dans le sens ordinaire)
a') d'un liquide ? | *a''*) d'un corps gazeux ?
       a''') d'un solide ?
b') d'une vapeur ? | *b''*) d'une pierre? | *b'''*) d'un gaz?
c') du gaz d'éclairage ? | *c''*) du vin? | *c'''*) du verre?

10. Les nombres ci-dessous expriment la densité des corps à la suite desquels ils sont placés :

   Ac. sulfurique concentré. 1,842 | Brôme........2,97
   Ac. azotique concentré.. 1,552 | Alcool anhydre 0,793
   Ac. chlorhydrique à 22° B. 1,180 | Ether ordre pur 0,713
   Essence de térébenthine. 0,86 | Mercure..... 13,6
   Plomb... 11,4 | Fer........ 7,8 | Zinc......7,0
   Or...... 19,3 | Argent .... 10,5 | Etain..... 7,5
   Gaz hydrogène .... 0,0689 | Gaz chlore 2,45
   Gaz ac. carbonique. 1,53 | Gaz oxigène..... 1,106

Que signifie, en langage ordinaire, le nombre qui concerne
a') l'éther ? | *a''*) l'acide sulfurique? | *a'''*) le brôme ?
b') le plomb ? | *b''*) le fer? | *b'''*) le zinc?
c') l'acide carbonique? | *c''*) l'oxigène ? | *c'''*) le chlore ?
d') l'or ? | *d''*) l'hydrogène ? | *d'''*) l'alcool ?
e') l'ac. chlorhydrique ? | *e''*) l'argent ? | *e'''*) l'ac. carb. ?
f') le chlore ? | *f''*) l'essence de térébne. ? | *f'''*) l'étain ?

11.... Combien pèserait 1 décimètre cube du corps nommé au n° précédent (le litre d'air pesant 1gr.,3)?

12. A quel degré prend-on l'eau dont on compare le poids à celui d'un autre corps, liquide ou solide, dans le but d'obtenir la densité exacte de celui-ci ?

13. Quand on connaîtra le poids d'un corps, ainsi que celui de l'eau qui à 4° occupe autant de place que lui, ou bien ce que l'air pèse sous le même volume, à la même température et sous la même pression que le corps dont il s'agit, quel calcul faudra-t-il faire pour obtenir la densité de ce corps, s'il est | ') gazeux ? | ") solide ? | "') liquide?

14. En vous servant des densités indiquées au n° 1, calculez le poids de | *a*) 10 décimètres cubes de fer.
b') 2 lit. de brôme. | *b''*) 1 lit. d'alcool. | *b'''*) 1 lit. d'éther.
c') 25 lit. d'alcool. | *c''*) 19 lit. d'éther. | *c'''*) 0lit.,94 de brôme.
d) 19lit. 5 d'ac. | ') sulfuriq. | ") azotiq. | "') chlorhydriq.
e) 426 décim. cub. de | ') plomb. | ") fer. | "') zinc.
f) 12décim. c., 697 | ') d'étain. | ") d'or. | "') d'argent.

   g) la quantité de chlore qui (dans les mêmes conditions de température et de pression) occupera la même place que 5gr.,798 d'air,

   h) la quantité de gaz
') oxigène, | ") hydrogène, | "') acide carbonique, qui (dans les mêmes conditions de température et de pression) occupera la même place que 1gr.,299 d'air.

   i) la substance nommée à la question *h*, dans le cas où elle occuperait le même volume que 12gr.,245 d'air.

   j) 48 litres du gaz nommé à la question *h*, mesurés dans les conditions normales (sous l'empire desquelles 1gr.,299 est le poids d'un litre d'air).

15. Quand un corps est solide ou liquide, par quel calcul aura-t-on

a') sa densité, connaissant combien de kilogrammes pèse 1 litre de ce corps ?

a'') le poids du décim. c. de ce corps, ayant sa densité ?

a''') le volume occupé par 1 kilogr. de ce corps, connaissant sa densité ?

b') son poids, connaissant sa densité et son volume exprimé en décimètres cubes ?

b'') sa densité, sachant son poids en kilogrammes et son volume en litres ou décimètres cubes ?

b''') son volume, connaissant sa densité et son poids en kilogrammes ?

16. Trouvez la densité d'un liquide avec les données suivantes :

a) La même mesure remplie tour-à-tour de ce liquide, puis d'eau à 4°, contient 1421 gr. du 1er et 812 gr. d'eau.

b) L'eau qui remplit une certaine mesure pèse 358 gr., et le poids du liquide en question nécessaire pour remplir la même mesure =

') 612 grammes. | '') 228 grammes. | ''') 567 grammes.

c) Poids d'un flacon vide = 10 gr., 857 ; — Poids de ce flacon plein d'eau à 4° = 33 gr., 075 ; — Poids du flacon plein du liquide :

') 27 gr., 049. | '') 233 gr., 137. | ''') 41 gr., 777.

e) Poids d'un flacon vide = | ') 4 gr., 119 ; | '') 5 gr., 237 ; | ''') 5 gr., 099 ; — Poids du flacon plein d'eau à 4° = | ') 24 gr., 002 ; | '') 29 gr., 018 ; | ''') 31 gr., 120 ; — Poids du flacon plein du liquide = | ') 27 gr., 313 ; | '') 40 gr., 515 ; | ''') 26 gr., 174.

17... Ecrivez, l'un au-dessus de l'autre, le dividende et le diviseur qu'il faudra prendre, afin d'obtenir un quotient qui réponde à la question précédente.

18. Trouvez la densité d'un gaz au moyen des données suivantes :

Poids représentant ce qu'un ballon plein d'air pèse de plus quand on y a fait le vide = 8 gr., 455 ;

Surplus de poids qu'offre le ballon, lorsque, au lieu d'être complètement vide, il est rempli du gaz dont il s'agit, ayant même température et même force élastique que l'air dont on vient de parler = | *a*) 10 gr., 257.

b') 0 gr., 582. | *b''*) 9 gr., 340. | *b'''*) 8 gr., 207.

c') 6 gr., 324. | *c''*) 0 gr., 242. | *c'''*) 9 gr., 112.

19... Ecrivez, l'un au-dessus de l'autre, le dividende et le diviseur qu'il faudra prendre, afin d'obtenir un quotient qui réponde à la question précédente.

20. Trouvez la densité d'un corps solide en admettant qu'ayant cherché à l'obtenir par la méthode du flacon empli d'eau, etc., on ait obtenu les pesées suivantes :

Flacon plein d'eau....................... 48 gr., 775.

a { Corps dont il s'agit................. 27 gr., 107.
    { Flacon contenant le corps et l'eau... 70 gr., 808.

b { Corps dont il s'agit
    ') 12 gr., 678. | '') 15 gr., 297. | ''') 20 gr., 486.
    { Flacon, corps et eau
    ') 55 gr., 798. | '') 57 gr., 305. | ''') 57 gr., 194.

21... Ecrivez, l'un au-dessus de l'autre, le dividende et le diviseur dont le quotient répondra à la question précédente.

22. Décrivez un procédé pour la détermination de la densité | *a*) des liquides. | *b*) des gaz.

c) des solides insolubles dans l'eau.

23. Qu'indique le nombre qui exprime, non pas la densité comprise dans le sens habituel, mais la densité prise par rapport

') à l'azote ? | '') au mercure ? | ''') à l'alcool ?

24. Qu'est-ce que cela signifie quand on dit que,

a) sous la pression 0m, 76, et à la température de 0°, l'air sec a, par rapport à l'eau, une densité égale à $\frac{1}{770}$?

b) prise par rapport à l'hydrogène, la densité de

') l'azote est 14 ? | '') l'oxigène est 16 ? | ''') l'air est 14 $\frac{1}{2}$?

c) prise par rapport à l'oxigène, la densité

') du chlore est 2,21 ? | '') de l'azote est 0, 875 ?

''') de l'hydrogène est 0, 0625 ?

25. Qu'appelle-t-on | *a*) aréomètre ?

b') pèse-acides ? | *b''*) pèse-sirop ? | *b'''* pèse-sels ?

26. Comment fait-on pour se rendre compte du degré qu'un liquide marque à un aréomètre, tel que celui de Baumé par exemple ?

27. En consultant dans les *Explications*, les *Tables de correspondance entre les densités et les degrés aréométriques*, dites quel degré marque

a) l'eau pure et froide, 1° à l'aréomètre de Baumé et 2° à l'aréomètre de Cartier.

b) à l'aréomètre de B. un liquide dont la densité est

') 1,0003. | '') 1,370. | ''') 1,819.

28. Consultez au besoin les tables mentionnées au n° précédent, et dites quelle est la densité d'un liquide qui marque

a) à l'alcoomètre de G.-L. | ') 0°. | '') 88°. | ''') 9°.

b') 22° B. | *b''*) 66° B. | *b'''*) 40° B.

c') 12° B. | *c''*) 12° C. | *c'''*) 40° C.

CHAPITRE III.

Questions relatives aux agents impondérables, considérés dans leurs rapports avec la chimie et ses applications.

(Voyez d'ailleurs au Chapitre suivant les questions concernant la dilatation des gaz).

1. Qu'appelle-t-on calorique? — Est-il très pesant?

2. Quel est l'effet habituel qu'occasionne dans le volume des corps,
') l'échauffement? | ") le refroidissement?
'") la présence autour d'eux d'autres corps plus chauds?

3. Quand dit-on, et d'ordinaire avec quel instrument reconnaît-on,
') que deux corps ont la même température?
") qu'un corps a une température plus élevée qu'un autre?
'") que la température d'un corps est plus basse que celle d'un autre?

4. Que signifie l'expression :
a') « se dilater par la chaleur » ?
a'') « se contracter par le froid » ?
a''') « subir une dilatation ou une contraction » ?
b) « se condenser » dans le cas général? — Que signifie-t-elle dans le cas particulier d'une vapeur?

5. Y a-t-il des corps où l'échauffement n'occasionne pas toujours une dilatation? — Donnez-un exemple à l'appui de votre réponse.

6. A quelle classe de corps appartiennent les matières solides les plus dilatables?

7. Enoncez en quelle circonstance le thermomètre ordinaire (c.-à-d. le thermomètre *centigrade* ou *centésimal*) marquera
') 0° (c.-à-d. 0 degré)? | ") 100° (c.-à-d. 100 degrés)?
'") des degrés au-dessous de zéro?

8. Qu'est-ce que cela signifie quand on dit que le thermomètre marque | ') —10°? | ") —25°? | '")—17°?

9. Comment fait-on pour graduer un thermomètre?

10. Quelle différence y a-t-il entre le thermomètre *centigrade* et le thermomètre *Réaumur*?

11. Combien 1° R. (c.-à-d. 1 degré Réaumur) vaut-il de degrés du thermomètre centigrade?

12. Combien le thermomètre centigrade marquera-t-il à la température qui amènera le thermomètre Réaumur à

a') 80°?	a'') 0°?	a''') 80°?
b') 20°?	b'') 40°?	b''') 60°?
c') 127°?	c'') 33°?	c''') 54°?
d') —107°?	d'') —25°?	d''') —52°?

13. Exprimez en degrés Réaumur la température qui s'énonce, en degrés centigrades, par

a') 50°.	a'') 100°.	a''') 0°.
b') 20°.	b'') 40°.	b''') 60°.
c') 84°.	c'') 17°.	c''') 91°.

14. Dites ce qu'il faut entendre, quand on dit qu'un corps est, relativement à la chaleur,
') bon conducteur? | ") mauvais conducteur?
'") médiocre conducteur?

15. Citez un exemple d'un corps qui soit mauvais conducteur de la chaleur, et un exemple d'un corps qui la conduise bien.

16. Qu'une personne touche deux corps plus froids qu'elle-même, offrant l'un et l'autre une température identique et une masse pareillement volumineuse, ils ne paraîtront pas également froids si l'un est bon conducteur de la chaleur et que l'autre la conduise mal. Dites, en en expliquant la raison, lequel de ces deux corps paraîtra
') le plus froid. | ") le moins froid.
'") à la température la plus basse.

17. Expliquez pourquoi les corps qui conduisent mal la chaleur, comme le soufre, le verre, etc., sont souvent si faciles à casser par un brusque changement de température.

18. Comment une toile métallique, à travers laquelle passe un corps gazeux combustible, peut-elle souvent empêcher ce corps gazeux, quoique enflammé d'un côté, de brûler de l'autre?

19. Quand est-ce qu'une toile métallique ne pourra pas empêcher la communication d'inflammation mentionnée au numéro précédent?

20. Expliquez ce que c'est que la *lampe de sûreté*, et donnez-en la théorie.

21. Qu'appelle-t-on *calorie*?

22. Combien faut-il de calories pour échauffer de
a') 12° 1^k. d'eau? | a'') 7° 1^k. d'eau? | a''') 24° 1^k. d'eau?
b') 12° 35^k. d'eau? | b'') 7° 25^k. d'eau? | b''') 24° 100^k. d'eau?

23. Combien de calories doivent absorber 237^k. d'eau, pour que la température de cette eau monte de

a') 0° à 23°?	a'') 0° à 5°?	a''') 0° à 30°?
b') 15° à 80°?	b'') 12° à 90°?	b''') 5° à 95°?
c') 20° à 99°?	c'') 8° à 86°?	c''') 10° à 87°?

24. Comment les changements de température peuvent-ils amener dans les corps des changements d'état physique? Donnez-en des exemples.

25. Qu'appelle-t-on *chaleur latente de*
') *fusion?* | ") *vaporisation?* | "') *liquéfaction?*

26. Combien de calories 1^k de glace à 0° absorbe-t-il pour se fondre sans s'échauffer ? * — Comment s'appelle la chaleur absorbée en pareil cas ?

27. Combien de calories 1^k d'eau à 100° absorbe-t-il pour se changer en vapeur, tout en conservant la même température ? * — Comment s'appelle la chaleur absorbée en pareil cas ?

28. Combien 1^k de glace à 0° absorbera-t-il de calories pour se changer en eau ayant une température de

a') 30° ? | a") 25° ? | a"') 75° ?
b') 80° ? | b") 74° ? | b"') 54° ?

29. Combien de calories devra abandonner, pour être entièrement changée en glace, une quantité d'eau ayant le poids et la température que l'on va indiquer ?

a') 4^k et 0°. | a") 10^k et 0°. | a"') 2^k et 0°.
b') 4^k et 26°. | b") 10^k et 12°. | b"') 2^k et 80°.
c') 45^k et 50°. | c") 108^k et 10°. | c"') 62^k et 50°.

30. Combien de calories abandonnera la vapeur d'eau qui, étant à 100° et changeant d'état sans que sa température s'abaisse, fournira un poids de liquide de | a) 1^k?
b') 12^k, 5? | b") 20^k, 5? | b"') 412^k ?

31. Dites combien de calories abandonnera la vapeur d'eau qui, prise à 100°, se condensera en liquide ayant le poids et la température que l'on va indiquer ?

a') 5^k et 100°. | a") 20^k et 100°. | a"') 8^k et 100°.
b') 5^k et 75°. | b") 20^k et 30°. | b"') 8^k et 45°.
c') 102^k et 33°. | c") 505^k et 55°. | c"') 96^k et 29°.
d') 57^k, 5 et 19°. | d") 48^k, 5 et 18°. | d"') 21^k, 3 et 15°.

32. Expliquez d'où provient le froid qui se produit lorsque des corps non échauffés s'évaporent rapidement.

33. Outre les deux sortes de thermomètres dont il a été question dans le cours, le thermomètre centigrade et celui de Réaumur, il en est encore un qu'il peut être utile de connaître, parce qu'il est fort employé en Angleterre : c'est celui de Farhenheit. Celui-ci marque 32° dans la glace fondante et 212° dans la vapeur de l'eau bouillant sous la pression normale.

a) 1nt De combien de degrés monte le thermomètre Farhenheit pendant que le thermomètre centigrade passe de 0° à 100°? — 2nt De combien montera le premier quand le centigrade montera de
') 10°? | ") 1°? | "') 100°?

b) Que marquera le thermomètre Farhenheit, à la température de | ') 43° centigr. ? | ") 87° c. | ") 20° c.

c) De combien de degrés centigrades la température varie-t-elle, quand il y a un échauffement ou un refroidissement de | ') 180° Farh. ? | ") 1° F.? | "') 18° F.?

d) Faites attention que $64 = 32 + 29$, et calculez ce qu'est en degrés centigr. la température à laquelle le thermomètre Farhenheit marque 64°.

e) Exprimez en degrés centigrades la température qui correspond à | ') 167° F. | ") 210° F. | "') 50° F. ?

34. Voyez dans les *Explications* les données numériques que comprend le *Tableau de la dilatabilité des métaux*, et déduisez-en

a) ce que l'on appelle le *coefficient de dilatation* du mercure, c.-à-d. l'augmentation qu'éprouve un volume de ce métal égal à 1, chaque fois qu'il s'échauffe d'un degré à partir de 0°.

b) de combien se dilatera 1 litre de mercure en s'échauffant de 0° à | ') 80°. | ") 44° | "') 60°.

c) quel volume occupera, après son échauffement, le mercure mentionné à la question b ?

d) quel volume occupera, à 77°, une masse de mercure qui remplissait 19^{lit},55 à 0°.

f) le *coefficient de dilatation* linéaire (moyenne) du
') zinc ; | ") fer ; | "') platine ;
c'est-à-dire la dilatation qu'un échauffement d'un degré doit produire sur l'unité de longueur de ce métal, si l'on suppose que sa dilatation soit uniforme (*).

g) en vous basant sur le *coefficient de dilatation* mentionné à la question f, quelle longueur aura, à 87°, une barre du métal nommé, qui était longue de 26 mètres à la température 0°.

h) la même chose que ce qui est demandé à la question f, sauf qu'il s'agira de *dilatation en volume*, au lieu de *dilatation en longueur*.

35. Voyez dans les *Explications* le *Tableau des variations du volume de l'eau*, et dites si la dilatation de l'eau est uniforme (*) entre 10° et 100°.

36. Indépendamment des produits permanents et pondérables qui résultent des combinaisons chimiques, celles-ci n'occasionnent-elles pas souvent des effets d'un autre genre ? — Développez-en un exemple.

37. De quelles sortes sont les effets de nature passagère et impondérables, que nous pouvons remarquer souvent au moment où s'accomplissent les actions chimiques ?

38. Énoncez la loi relative aux effets physiques passagers, apparaissant lors de la production des combinaisons.

39. Toutes les fois que des corps se combinent, y a-t-il élévation de température? — Présentez quelque exemple à l'appui de votre réponse.

40. Dans quelle sorte de circonstance s'opère-t-il des combinaisons sans qu'il y ait élévation de température ?

---

* Rappelez-vous que la chaleur exigée par la fusion de la glace élèverait de 1° la température d'un poids 79 fois plus fort d'eau liquide, et que 536 p. d'eau restant liquide s'échaufferaient de 1° par la chaleur qui correspond à la vaporisation de 1 p. d'eau bouillante.

(*) Une substance a une *dilatation uniforme* quand elle se dilate proportionnellement aux accroissements de température; conséquemment, elle s'augmente d'une même quantité chaque fois, par exemple, qu'elle s'échauffe d'un degré.

41. Comment et pourquoi peut-on obtenir tantôt un échauffement, tantôt un refroidissement par la réunion de
(') l'eau (liquide) et du chlorure de calcium, pris anhydre ou hydraté ?
(") l'acide sulfurique et de l'oxide d'hydrogène ?
("') l'oxide d'hydrogène et de la potasse ?

42. Donnez la théorie des mélanges réfrigérants ou frigorifiques.

43. Citez divers moyens de produire des froids par
a) des mélanges. | b) le seul emploi de liquides volatils.

44. Quels genres d'effets principaux la chaleur est-elle capable de produire?

45. Donnez des exemples des diverses sortes d'effets chimiques que la chaleur peut occasionner.

46. Parmi les composants que la chaleur tend à séparer d'une combinaison, quels sont ceux en général qui ont le plus de disposition à être éliminés (c.-à-d. à se séparer en s'éloignant) ?

47. Lorsqu'une réaction chimique donne lieu à une explosion, quel état physique doit offrir un, au moins, des corps produits ? — Pourquoi ?

48. Pourquoi l'oxigène plus un gaz inflammable, tel que l'hydrogène par ex., produisent-ils une détonation, lorsque, se trouvant mélangés en proportions convenables, on en approche un corps enflammé ?

49. Citez plusieurs exemples de détonations produites par des inflammations de mélanges aériformes, et donnez l'explication détaillée de l'un d'eux.

50. Quel effet, visible même dans l'obscurité, l'échauffement produit-il sur les corps, quand la température devient extrêmement élevée ?

51. Que signifient les mots *chaleur*
a') *rouge?* | a") *blanche?* | a''') *obscure?*
b') *rouge-blanc?* | b") *rouge naissant?* | b''') *blanc éclatant?*

52. Quels sont à peu près les degrés thermométriques auxquels correspondent les chaleurs rouges ou blanches?

53. Tous les corps fortement échauffés sont-ils également lumineux quand ils ont la même température?
— Développez votre réponse en citant quelques faits.

54. Citez des corps solides qui, aux hautes températures, deviennent beaucoup plus lumineux que la plupart des autres.

55. Citez des corps qui changent de couleur en s'échauffant, sans atteindre ou sans dépasser les premiers degrés de chaleur lumineuse, et dites pour chacun d'eux en quoi ce changement consiste.

56. Qu'appelle-t-on | a) corps lumineux par eux-mêmes?
b) corps | ') opaques? | ") transparents? | "') translucides?
c) direction d'un rayon lumineux ? | d) optique?
e) *milieu* traversé par un rayon lumineux ?
f) *réflexion* de la lumière? | g) *réfraction* de la lumière?
h) extinction des rayons lumineux par un corps.

57. Quel est l'organe de la vision? — L'impression qu'y fait la lumière a-t-elle une durée sensible. — Citez quelques faits à l'appui de la réponse.

58. Dans un milieu homogène, quelle direction suit un rayon lumineux ?

59. Énoncez la loi de la réflexion régulière de la lumière.

60. D'où proviennent les inégalités de brillant et d'ombre que présentent les surfaces courbes polies?

61. Comment l'éclat des corps est-il influencé par le poli de leur surface?

62. En quoi consiste la *réfraction* (simple) de la lumière?
— Citez quelques effets saillants qui en sont la suite.

63. Quand un corps est-il plus réfringent qu'un autre ?

64. Expliquez la déviation produite sur la lumière par un prisme. — Quel autre effet se produit-il en même temps, au moins sur la lumière blanche ?

65. Sans parler des décompositions de lumière qui sont la suite de déviations telles qu'en produit le prisme, signalez une autre circonstance, très-fréquente, qui occasionne des effets analogues avec des corps extrêmement variés, et qui, par suite, les fait apparaître avec des couleurs irisées.

66. Qu'appelle-t-on couleurs simples
a) quand il s'agit de rayons lumineux ?
b) techniquement parlant, c.-à-d. dans le sens admis en peinture et en teinture ?

67. Comment se comporte, à l'égard de la lumière, ce qui est | a') blanc? | a") gris? | a''') noir?
b) coloré (ce mot étant compris dans son sens le plus étroit)?

68. Un corps, offre-t-il nécessairement la même couleur, quand il est regardé tantôt par réflexion (de la lumière), tantôt par transparence (ou par transmission de la lumière)?— Développez votre réponse, et donnez des exemples.

69. Il arrive souvent qu'un corps, par suite de son grand état de division ou de son état spongieux, présente à sa surface une multitude innombrable de petits vides, qui empêchent la plupart des rayons lumineux, arrivant sur lui, de se réfléchir à sa superficie. Dites, en citant des exemples, quelle est ordinairement, pour nos yeux, la conséquence de cet empêchement, quand le corps est
a') transparent et incolore. | a") complètement opaque.
a''') coloré et doué de quelque transparence.
b) transparent et extrêmement réfringent.

70. Quelle différence y a-t-il entre la nuance et le ton d'une couleur ?

71. Dites quelles sont | a) les six principales nuances.
b) les nuances les plus éclairantes et les plus voyantes.
c) les couleurs dites *rabattues* en teinture.
d) les différences d'effets résultant de l'addition du noir aux couleurs les plus éclairantes et à celles qui le sont le moins.

72. Exposez les principaux effets du mélange des couleurs, quand il s'agit d'une réunion
a) de rayons lumineux. | b) d'objets colorés.

73. Qu'appelle-t-on couleurs complémentaires ?

74. Expliquez l'utilité de l'azurage pour blanchir.

75. Dites les effets du contraste simultané

a) produits par le blanc, le noir, le gris.

b) des couleurs, sous le rapport des nuances.

c) des couleurs, sous le rapport des tons.

76. En quoi consiste le contraste successif des couleurs.

77. Qu'est-ce qu'une flamme ?

78. Quelle différence y a-t-il, sous le rapport de l'état physique des corps qui s'y trouvent, entre les flammes très-peu éclairantes et celles qui le sont beaucoup ?

79. Quelle est la nature des substances pondérables contenues dans les flammes qui servent aux éclairages habituels ?

80. Y a-t-il des cas où la lumière, sans être accompagnée de beaucoup de chaleur, peut occasionner des effets chimiques semblables à ceux que déterminerait une forte élévation de température ? — Citez-en des exemples.

81. Citez des exemples d'effets chimiques qui peuvent être produits à volonté, soit par la lumière, soit par la chaleur.

82. Citez des exemples d'effets chimiques que la lumière détermine, et que des températures très-élevées ne pourraient pas occasionner.

83. A quel signe peut-on reconnaître un *aimant* ? — Qu'appelle-t-on *pôles* d'un aimant ?

84. Quand dit-on qu'un corps présente le *magnétisme polaire* ? — Quand dit-on qu'un corps *est magnétique sans polarité* ? — Citez-en des exemples.

85. Quelle est la nature chimique des *aimants naturels* ou *pierres d'aimant* ?

86. Que présente de particulier un objet aimanté, libre de tourner dans un plan horizontal ?

87. Quels sont les corps simples sur lesquels l'aimant exerce une action attractive très-prononcée ?

88. Donnez un exemple d'un moyen d'électriser un corps. — Signalez quelques effets saillants qui s'observent avec une substance ainsi électrisée, et qui n'auraient point lieu si elle ne l'était pas.

89. Quand dit-on qu'un corps est, relativement à l'électricité, | ') conducteur médiocre ?
") très-bon conducteur ? | "') mauvais conducteur ?

90. Citez des corps conduisant l'électricité, les uns bien, les autres mal.

91. Quels corps simples sont bons conducteurs de l'électricité ?

92. Quand un objet est formé d'une substance qui conduit mal l'électricité, par quel moyen commode sa surface peut-elle être rendue bonne conductrice ?

93. Pourquoi dit-on qu'il y a deux sortes d'électricités ? — Par quels noms les distingue-t-on ?

94. Quels effets remarque-t-on entre deux corps ayant
') l'un et l'autre l'*électricité positive* ?
") tous deux l'*électricité négative* ?
''') l'un l'*électricité positive* et l'autre la *négative* ?

95. Quand deux corps s'électrisent parce qu'on les met en contact, ou qu'on les frotte l'un contre l'autre, prennent-ils la même électricité ?

96. Comment est l'instrument auquel on donne plus spécialement le nom d'*eudiomètre* ? — Dites à quoi il sert, et de quelle façon.

97. Comment appelle-t-on les appareils de physique destinés à accroître l'intensité de l'électricité développée par le contact de deux corps différents ou leur action chimique, et à permettre d'en tirer parti au besoin ? — Comment appelle-t-on les extrémités de ces appareils ?

98. Quand dit-on qu'une *pile* est à *courant constant* ?

99. Quel est l'effet de la *pile* sur l'eau, ainsi que sur beaucoup d'autres composés, lorsqu'elle est suffisamment puissante ?

100. Quand l'eau ou tout autre oxide, ou bien un composé quelconque d'un métal avec un corps non métallique, est décomposé par la pile, à quel *pôle* se rend chaque élément ?

101. Quand la pile décompose un sel en acide et en base, à quel *pôle* se rend chaque composant ?

102. A quel pôle se rendraient les éléments du sulfure de carbone si ce composé était détruit par la pile ?

103. Quand deux corps sans action chimique l'un sur l'autre sont des conditions à pouvoir donner lieu à des manifestations d'électricité par suite de leur contact, leur disposition à contracter des combinaisons est-elle modifiée par là ? — Citez-en un exemple où vous considèrerez deux métaux, mis en contact l'un avec l'autre, et placés dans des conditions à permettre des effets d'oxigénation.

104. Comment peut-on diminuer ou augmenter l'altérabilité d'un métal en le mettant simplement en contact avec un autre ?

105. Pourquoi les acides attaquent-ils moins vivement le zinc pur que le zinc commun ?

106. Pourquoi le zinc pur est-il attaqué moins vite par l'acide sulfurique étendu dans un vase de verre que quand il repose sur le fond d'un vase de platine ?

107. Qu'appelle-t-on *effets galvaniques* ? — Qu'appelle-t-on communément dans le commerce *fer galvanisé* ?

108. Quelle application industrielle importante peut-on faire de l'action décomposante de la pile sur certaines dissolutions métalliques ?

109. Dites comment on exécute | ') la galvanoplastie.
") la dorure galvanique. | "') l'argenture galvanique.

CHAPITRE IV.

Questions concernant les pressions des Gaz, leurs changements de volume, etc.

1. Qu'appelle-t-on | ') *force élastique* d'un gaz ? ") pression d'un gaz ? | ''') pression atmosphérique ?

2. Pourquoi ce qui exprime la pression supportée par un gaz peut-elle servir de mesure à ce qu'on appelle sa *force élastique* ?

3. Que prend-on habituellement pour unité dans l'énonciation de la pression de l'atmosphère ou d'un gaz ?

4. Dites comment s'appelle l'instrument qui sert à mesurer la pression atmosphérique ; — puis ce que l'on regarde pour savoir de combien est cette pression.

5. Quelle différence y a-t-il entre un thermomètre et un baromètre (sous le rapport de leur usage)?

6. Indiquez (sans mentionner les précautions nécessaires pour que l'instrument soit parfaitement exact) comment on construit un baromètre à cuvette.

7. Qu'est-ce que cela signifie, si l'on dit :

a) « en ce moment la pression atmosphérique est de
') 725 millim. » ? | ") 74 centim. » ? | ''') $0^m,762$ » ?

b) « la pression de tel gaz est égale à
') $0^m,58$ » ? | ") $0^m,802$ » ? | ''') $0^m,488$ » ?

c) « la pression de la vapeur dans telle chaudière est de
') $4^m,52$ » ? | ") $3^m,5$ » ? | ''') $2^m,06$ » ?

d) « la pression de telle vapeur est de
') 5 atmosph. 1/2 » ? | ") 10 atmosph. » ? | ''') 17 atmosph. » ?

8. Exprimez en atmosphères la pression énoncée
a) au n° 7 b. | b) au n° 7 c.

9. Exprimez en hauteur de mercure la pression énoncée au n° 7 d.

10. Qu'est-ce que cela signifie, quand on dit « la pression de la vapeur que forme l'eau pure, quand elle bout
a') à 100°, est de 0^m76 » ? | a") à 82°, est de 0^m38 » ?
a''') à 122° est de 1^m52 » ?

{b') à 135°, est de 5 atmosphères » ?
{b") à 150°, est de 4 1/2 atmosphères » ?
{b''') à 82°, est de $\frac{1}{2}$ atmosphère » ?

11. Si un gaz est contenu dans une éprouvette placée sur la cuve à mercure, et que le liquide soit dans l'éprouvette à $0^m,027$ au-dessus de son niveau dans la cuve,

a) la force élastique du gaz en question sera-t-elle plus petite ou plus grande que celle de l'atmosphère ?

b) de combien sera la différence des pressions ?

c) quelle serait (en nombres) la pression du gaz considéré, dans le cas où la hauteur barométrique, en millim., serait | ') 762 ? | ") 749 ? | ''') 771 ?

12. Dites quelle sera la pression d'un gaz recueilli sur le mercure et contenu dans une éprouvette,

a) lorsque 1° la hauteur de la colonne barométrique sera 755 millimètres, et que 2°, le mercure se trouvant plus élevé dans l'éprouvette qu'au dehors, la différence des niveaux sera $0^m,128$.

b) quand le baromètre sera à 76 centimètres, et que le niveau du mercure dans l'intérieur du vase, comparé au niveau du mercure extérieur, se trouvera de
') 597 millim. au-dessus. | ") 17 millim. au-dessous.
''') 108 millim. au-dessus.

c) lorsque la différence des niveaux sera comme à la question a, et que le baromètre marquera
') $0^m,775$. | ") $0^m,745$. | ''') $0^m,754$.

d) quand le baromètre sera comme à la question c, et que la différence des niveaux en dedans et en dehors de l'éprouvette se trouvera comme à la question b.

13. Enoncez la loi de Mariotte.

14. Si de l'air occupant $5^{lit},44$ est comprimé de façon que sa pression devienne 4 fois plus grande, quel sera le volume de l'air ainsi comprimé ?

15. Si $15^{lit},45$ d'air, mesurés sous la pression de 0^m76, sont soumis à d'autres conditions qui réduisent leur volume à $5^{lit},15$, sans faire changer la température, quelle sera alors la pression de cet air ?

16. En appliquant la loi de Mariotte, cherchez quel sera le volume d'un gaz qui occupait 48 litres sous la pression $0^m,76$, quand il se trouvera sous celle de
a') $1^m,52$. | a") $0^m,58$. | a''') $7^m,60$.
b') $0^m,781$. | b") $0^m,809$. | b''') $0^m,417$.
c') $0^m,099$. | c") $2^m,00$. | c''') $1^m,01$.
d') 24 atmosph. | d") 4 atmosph. | d''') 6 atmosph.

17. Répondez à la question précédente après y avoir remplacé 48 litres par
') $56^{lit},3$. | ") 877 lit. | ''') 1479 lit.

18. Répondez à la question 16, en y remplaçant 48 lit. par
') $2^{lit},091$, et $0^m,76$ par $0^m,741$.
") $4^{lit},109$, et $0^m,76$ par $0^m,408$.
''') $3^{lit},125$, et $0^m,76$ par $1^m,176$.

19. Un gaz occupait 48 litres sous la pression $0^m,76$, cherchez, à l'aide de la loi de Mariotte, quelle sera la pression qui l'amènera à occuper
a') 96 lit. | a") 24 lit. | a''') 12 lit.

b') 50$^{\text{lit.}}$, 5. | b'') 11$^{\text{lit.}}$, 4. | b''') 23$^{\text{lit.}}$, 8.
c') 30$^{\text{lit.}}$, 3. | c'') 32$^{\text{lit.}}$, 4. | c''') 38$^{\text{lit.}}$, 1.

20. Dans la question précédente, faites les changements indiqués au n° 18, et cherchez le nombre répondant à la question modifiée.

21. Au-dessous du nombre qui répond à la question qui vient de vous être proposée, mettez l'indication (par signes algébriques) des opérations d'arithmétique qui vous ont conduit à ce nombre, ou bien la proportion que vous avez posée pour le trouver.

22. Qu'arrive-t-il à l'air, lorsqu'étant renfermé dans
  ') un vase clos à parois inextensibles,
  ") une vessie imparfaitement gonflée,
  "') une éprouvette fermée par le liquide d'une cuve,
a) il s'échauffe ? | b) il se refroidit ?
c) il est transporté sous un récipient où l'on fait le vide ?

23. $a' = 22\ a''$. | $a'' = 22\ a'''$. | $a''' = 22\ a'$.
$b' = 22\ a'''$. | $b'' = 22\ a'$. | $b''' = 22\ b''$.

24. Énoncez la loi de la dilatation de l'air par la chaleur.

25. De combien s'augmente le volume d'air qui occupait un litre à 0°, quand, sa force élastique restant la même, sa température devient

a') 10° ? | a'') 100° ? | a''') — 1° ?
b') 36° ? | b'') 45° ? | b''') 57° ?
c') — 12° ? | c'') — 30° ? | c''') — 25° ?

26. Quel est le volume occupé par l'air qui à 0° remplissait un litre, lorsqu'il a éprouvé le changement de température mentionné au n° précédent ?

27. De combien s'augmentera le volume d'air qui remplit 3$^{\text{lit.}}$, 54 à 0°, quand, sans avoir changé de pression, il sera à | a') 19° ? | a'') 51°,5 ? | a''') 128° ?
b') 157° ? | b'') — 7°,5 ? | b''') — 18° ?
c') — 29°,2 ? | c'') 245° ? | c''') 275° ?

28. Quel sera le volume de la quantité d'air dont il est question au n° 34, quand sa température aura subi le changement mentionné ?

29. Indiquez seulement (au moyen des signes algébriques) les opérations d'arithmétique à faire pour trouver la réponse à la question qui précède.

30. Quand une certaine quantité d'air passera de la température 35° à la température de la glace fondante, dans quel rapport le nouveau volume sera-t-il avec le volume que cet air occupait d'abord ?

31. Quel volume occupera à 0° une certaine quantité d'air qui, à 35° et sous la même pression, occupait

a') 2$^{\text{lit.}}$, 5 ? | a'') 1$^{\text{lit.}}$, 75 ? | a''') 410 $^{\text{lit.}}$?
b') 425$^{\text{lit.}}$? | b'') 0$^{\text{lit.}}$, 429 ? | b''') 5$^{\text{lit.}}$, 44 ?
c') 44$^{\text{lit.}}$, 7 ? | c'') 19$^{\text{lit.}}$, 8 ? | c''') 40$^{\text{lit.}}$?

32.... Quel sera le volume de l'air mentionné à la question précédente si, la pression restant la même, il passe de 35° à | a') 100° ? | a'') 200° ? | a''') 500° ?

b') 9° ? | b'') 64° ? | b''') 75° ? | c') 45° ? | c'') 23° ? | c''') 51° ?

33. Un gaz occupait 3$^{\text{lit.}}$, 875 à la température de 26° sous la pression 0^{m}, 699. Quel volume pensez-vous qu'il occupera quand il aura la température et la force élastique désignées ci-dessous ?

a') 0° et 0^{m},76. | a'') 0° et 0^{m},727. | a''') 0° et 0^{m},709.
b') 21° et 0^{m},76. | b'') 45° et 0^{m},727. | b''') 9° et 0^{m},709.
c') 50° et 0^{m},512. | c'') 40° et 0^{m},817. | c''') 35° et 0^{m},748.
d') 34° et 0^{m},450. | d'') 83° et 0^{m},769. | d''') 120° et 0^{m},699.
e') —15° et 0^{m},776. | e'') —21° et 0^{m},738. | e''') —8° et 0^{m},743.

34. La loi de Mariotte et la loi qu'on donne habituellement pour la dilatation de l'air par la chaleur sont-elles d'une exactitude absolue ? — Que pensez-vous de la justesse des calculs que l'on ferait en appliquant ces lois à des gaz autres que l'air ?

35. Un gaz (de l'hydrogène par exemple), qui aura été laissé en contact avec de l'eau, sera-t-il d'une pureté absolue ? — Que contiendra-t-il nécessairement d'étranger ?

36. Dans le cas énoncé à la question précédente, quelle relation y aura-t-il entre le plus ou moins d'abondance du corps étranger qui se sera répandu dans le gaz et la température qui aura régné depuis que le gaz aura été abandonné en présence du liquide ?

37. Si l'on connaît la force élastique d'un gaz humide, plus celle qu'aurait la vapeur aqueuse seule, comment pourra-t-on calculer la force élastique qu'aurait le gaz sec (en supposant, bien entendu, que le volume du gaz sec reste le même que celui du gaz humide) ?

38. Quelle différence y a-t-il entre la quantité de vapeur qui sature un espace vide, et celle qui sature à la même température un espace égal rempli d'air ou bien d'un autre gaz dépourvu d'action chimique sur la vapeur ?

39. Comment faut-il faire | a) pour dessécher un gaz ?
b) pour saturer un gaz de vapeur d'eau ?
c) pour rendre visible une partie de l'eau contenue en vapeur dans l'air ordinaire ?

40. Servez-vous de la *Table des tensions de la vapeur d'eau*, et calculez ce que deviendra la pression d'un gaz, qui, sans changer de volume ni de température, après avoir été pris

a) sec, se saturera de vapeur d'eau, à la température de 12°, sous la pression de
') 710 $^{\text{m. m.}}$? | ") 729 $^{\text{m. m.}}$? | "') 765 $^{\text{m. m.}}$?

b) sec, sous la pression de 0^{m},743, se saturera d'humidité, la température étant
') 20° ? | ") 40° ? | "') 50° ?

c) saturé d'humidité, sous la pression de 0^{m},765, sera dépouillé de vapeur, la température étant
') 12° ? | ") 24° ? | "') 2° ?

41. Supposez que, dans la question précédente, ce soit la pression (au lieu du volume) qui reste sans changer, et calculez ce que deviendra le volume du gaz, en admettant qu'il soit primitivement égal à 10 litres.

CHAPITRE V.

Questions sur la nomenclature; 1re partie, concernant les alliages et les composés binaires.

1. Qu'appelle-t-on *composé*
') *binaire ?* | '') *quaternaire ?* | ''') *ternaire ?*

2. Quand disons-nous qu'un corps | *a'*) est *oxigèné* ?
a'') a la *réaction acide* ? | *a'''*) n'a pas la *réaction acide* ?
b) est plus *oxigèné* qu'un autre formé des mêmes éléments ?

3. De quoi est composé l'alliage de
a') fer et d'étain? | *a''*) cuivre et de zinc? | *a'''*) calcium et d'or?
b') cobalt et d'or? | *b''*) zinc et de plomb? | *b'''*) plomb et argent?

4. Dites quel nom l'on donne au composé formé en unissant le
a') zinc au cobalt? | *a''*) fer au nickel? | *a'''*) cuivre à l'argent?
b') bismuth à l'or? | *b''*) barium à l'or? | *b'''*) platine au zinc?

5. Comment se nomme le corps formé de mercure et
a') de cuivre ? | *a''*) de zinc ? | *a'''*) d'argent?
b') d'or? | *b''*) de plomb ? | *b'''*) d'étain ?

6. De quoi est composé l'amalgame de
a') potassium ? | *a''*) bismuth ? | *a'''*) sodium ?
b') antimoine? | *b''*) calcium ? | *b'''*) barium ?

7. Nommez les composants de
a') l'alliage de cuivre, d'or et d'argent.
a'') l'alliage de bismuth, de plomb et d'étain.
a''') l'alliage de fer, d'antimoine et de cuivre.
b') l'amalgame de plomb, d'argent et de cuivre.
b'') l'alliage de potassium, de sodium, de zinc et d'or.
b''') l'alliage de platine, d'étain, de fer et de cobalt.
c') l'alliage d'or, de fer, de zinc et de plomb.
c'') l'amalgame d'or et d'argent.
c''') l'amalgame d'antimoine, d'étain, de bismuth et d'aluminium.

8. Comment appelleriez-vous la substance qui se composerait des métaux suivants ?
a') platine, or, argent. | *a''*) fer, cobalt, zinc.
a''') nickel, mercure, or.
b') mercure, or, bismuth. | *b''*) zinc, étain, magnésium.
b''') zinc, argent, mercure.
c') strontium, fer, antimoine, zinc, cuivre, mercure.
c'') potassium, mercure, bismuth, barium, or.
c''') argent, plomb, sodium, calcium, antimoine.

9. Comment appellera-t-on un composé ne rougissant pas le tournesol et résultant de l'union de l'oxigène avec
a') le carbone? | *a''*) le magnésium? | *a'''*) le zinc?
b') l'aluminium? | *b''*) l'antimoine? | *b'''*) le calcium?
c') l'argent ? | *c''*) le sodium ? | *c'''*) le barium?

10. Comment a-t-on dû nommer la substance qui seule était connue comme rougissant le tournesol en étant composée d'oxigène et
a') de fer? * | *a''*) de chrôme? | *a'''*) d'étain ? *
b') de manganèse? | *b''*) d'iode ? | *b'''*) de bore ?
c') de brôme ? | *c''*) d'étain ? * | *c'''*) de carbone?

11. Comment faudrait-il appeler les deux composés qui, rougissant le tournesol, seraient formés d'oxigène et de
a') chrôme. | *a''*) fer. * | *a'''*) bore.
b') plomb. | *b''*) argent. | *b'''*) cuivre.
c') potassium. | *c''*) bismuth. | *c'''*) cobalt.
d') soufre. * | *d''*) antimoine. * | *d'''*) arsenic. *
e') étain. * | *e''*) or. * | *e'''*) fer. *

12... Comment appelleriez-vous le moins oxigéné des deux composés dont il est question au numéro précédent?

13. Mis au commencement du nom d'un *oxide*, que signifie
a') proto ? | *a''*) trito ? | *a'''*) deuto ?
b') tétro ? | *b''*) deuto ? | *b'''*) per ?
c') sesqui ? | *c''*) bi ? | *c'''*) quadro ?
d') tri ? | *d''*) proto ? | *d'''*) bi ?

14. Nommez les éléments qui composent la substance suivante, et dites si elle rougit le tournesol :
a') oxide de magnésium. | *a''*) oxide d'antimoine.
a''') oxide d'aluminium.
b') oxide d'hydrogène. | *b''*) oxide de strontium.
b''') oxide d'argent.
c') peroxide de manganèse. | *c''*) peroxide de fer.
c''') protoxide de plomb.
d') deutoxide de cuivre. | *d''*) sesquioxide de cobalt.
d''') peroxide de mercure.
e') bioxide de barium. | *e''*) quadroxide de cuivre.
e''') sesquioxide de fer.

---

* Les adjectifs qui servent à indiquer le soufre, l'étain et l'or, (en raison des noms latins desquels ils dérivent) commencent par : *sulfur* ou *sulf*, au lieu de *soufr*; *stann*, au lieu de *étain*; *aur*, au lieu de *or*. Les adjectifs qui rappellent le fer commencent par *ferr*. Ceux qui rappellent l'antimoine commencent par *antimoni*; mais si dans les mots commençant ainsi, la terminaison doit apporter un autre *i* après celui qui termine déjà *antimoni*, on supprime l'un des deux *i*. Ainsi, l'on dit acide antimonieux, ac. antimonique, et non pas ac. *antimoniique*. Il en est de même pour les mots qui, rappelant l'arsenic et le mercure, commencent par *arséni* ou bien par *mercuri*.

Vous observerez les mêmes règles pour les substantifs qui ont la même dérivation, tels que *sulfate, sulfure, stannate, antimoniate, arséniure, arséniate, arsénite*, etc.

f') acide chloreux. | f") acide iodique.
            f''') acide azotique.
g') acide chrômique. | g") oxide de zinc.
            g''') acide phosphoreux.
h') protoxide de sodium. | h") acide sulfureux. *
            h''') bioxide de platine.
i') acide stannique. * | i") bioxide de strontium.
            i''') acide sulfurique. *

15. Exprimez les noms par lesquels vous pourrez désigner les deux oxides qu'est capable de former
a') le mercure. | a") le barium. | a''') l'hydrogène.
b') le potassium. | b") le calcium. | b''') le sodium.

16. Le métal qu'on va mentionner forme un oxide qui,
pour la même quantité de ce métal, contient une fois et
demie autant d'oxigène que le protoxide. Nommez cet
oxide, le métal étant
a') le manganèse. | a") le fer. | a''') le cobalt. ,
b') le plomb. | b") le nickel. | b''') le chrôme.

17. Il existe un composé binaire qui ne rougit pas le
tournesol, et qui, pour la même quantité de l'élément que
nous allons nommer, contient deux fois autant d'oxigène
que le protoxide. Dites le nom de ce composé, sachant
que l'élément uni à l'oxigène est
a') le manganèse. | a") le plomb. | a''') l'azote.
b') le cuivre. | b") l'hydrogène. | b''') le platine.
c') le barium. | c") le mercure. | c''') le strontium.

18. Nommez l'oxide d'un métal qu'on va mentionner,
sachant que cet oxide, comparé au protoxide du même
métal, contient, pour une égale dose de l'élément métallique
a') 5 fois autant d'oxigène, le métal étant le potassium.
a") 4 fois autant d'oxigène, le métal étant le cuivre.
a''') 2 fois autant d'oxigène, le métal étant le platine.
b') 1 fois 1/2 autant d'oxigène, le métal étant le nickel.
b") 3 fois autant d'oxigène, le métal étant l'or.
b''') 4 fois autant d'oxigène, le métal étant le cuivre.

19. Il y a, dans le peroxide d'or, 3 fois\ autant d'oxigène
dans le protoxide de plomb, 2 fois | qu'il y en a dans
dans le peroxide de cuivre, 4 fois | le protoxide,
dans le peroxide d'azote, 2 fois | pour la même
dans le peroxide de fer, 1 fois 1/2 | quantité de l'au-
dans le peroxide de carbone, 1 fois / tre élément.

Au lieu du mot *peroxide*, quel autre nom pourrez-vous
employer pour désigner le peroxide
a') d'or? | a") de plomb? | a''') de cuivre?
b') d'azote? | b") de fer? | b''') de carbone?
c'=b'''. | c"=b'. | c''=b". | d'=b". | d"=b'''. | d'''=a'.

20. Dans 14 grammes de protoxide de plomb, il y a
près de 13 grammes de métal. Combien environ faut-il
d'oxigène pour former,
a) avec 26 grammes de plomb,

') du protoxide? | ") du bioxide? | ''') du sesquioxide?
b) avec 13 grammes de plomb,
') du sesquioxide? | ") de l'oxide 4/3? | ''') du bioxide?
c) avec 52 gr. de plomb, l'oxide nommé à la ligne précédente?

21. De quoi sont composées les deux substances suivantes? — Quelle différence y a-t-il entre elles? — Rou-
gissent-elles le tournesol?
a') Acide azoteux et acide azotique.
a") acide antimonieux et acide antimonique.
a''') acide phosphoreux et acide phosphorique.
b') acide stanneux et acide stannique.
b") acide arsénieux et acide arsénique.
b''') acide sulfureux et acide sulfurique.
c') le protoxide de mercure et son deutoxide.
c") le deutoxide et le protoxide de cuivre.
c''') tritoxide de manganèse et protoxide de manganèse.
d') protoxide de fer et peroxide de fer.
d") sesquioxide de cobalt et protoxide de cobalt.
d''') bioxide de plomb et protoxide de plomb.
e') sesquioxide de manganèse et bioxide de manganèse.
e") quadroxide de cuivre et bioxide de cuivre.
e''') trioxide d'or et protoxide d'or.
f') oxide d'étain et acide stannique.
f") oxide de carbone et acide carbonique.
f''') acide antimonieux et oxide d'antimoine.

22. 10 gr. d'oxigène doivent être unis à 34 gr. 1/2
de manganèse, pour qu'il en résulte du protoxide de ce
métal. Dans quelles proportions se trouvent les deux élé-
ments que contient | a) le sesquioxide de manganèse?
b) le peroxide ou bioxide? | c) l'oxide 4/3?
d) l'ac. manganique, qui a la composition d'un trioxide?

23. On connaît deux composés bien distincts de cuivre
et d'oxigène: l'un est noirâtre, et, pour 39 p., 5 de métal,
il contient 10 parties d'oxigène; l'autre, qui est rougeâtre,
renferme 5 parties d'oxigène contre 39 p., 5 de cuivre.

On connaît de même deux composés de mercure et
d'oxigène: l'un est noirâtre, et contient 25 parties de
métal pour une d'oxigène; l'autre est ordinairement rouge,
et contient 12 fois et 1/2 autant de mercure que d'oxigène.

Aucun de ces composés n'a la réaction acide.

Quel nom donnera-t-on
a) au composé rouge que forment le cuivre et l'oxigène?
b') au composé noirâtre de cuivre et d'oxigène?
b") au composé noirâtre d'oxigène et de mercure?
b''') au composé rouge de mercure et d'oxigène?

24. Si, pour former du protoxide de plomb, 100 kil.
de ce métal s'unissaient à | ') 14 kilogr. d'oxigène,
") 20 kil. d'oxigène, | ''') 28 kil. d'oxigène,
combien y aurait-il d'oxigène avec 100 kil. de plomb
dans le | a) sesquioxide? | b) bioxide? | c) trioxide?
d) quadroxide? | e) oxide 4/3? | f) oxide 8/9?

25. Avec 7 grammes d'azote il y a 8 gr. d'oxigène en
combinaison dans le bioxide d'azote. Combien y a-t-il

d'oxigène combiné avec 7 gr. d'azote dans le protoxide d'azote?

26. Avec 28 grammes de fer il faut 12 grammes d'oxigène pour former le sesquioxide de ce métal. Avec la même quantité de fer combien faudra-t-il d'oxigène pour former

a) le protoxide?

b') un bioxide? | b") un quadroxide? | b"') un trioxide?
c') l'oxide 4/3? | c") un oxide 5/4? | c"') un oxide 8/7?

27. Combien y aurait-il d'oxigène avec 1000 kil. de manganèse dans le protoxide de ce métal, si 100 kil. de manganèse s'unissaient à

a) 60 kil. d'oxigène pour former un

') quadroxide? | ") trioxide? | "') bioxide?

b) 17 kil. d'oxigène, pour former un

') sesquioxide? | ") bioxide? | "') quadroxide?

c) 20^k,88 d'oxigène pour former un

') trioxide? | ") quadroxide? | "') sesquioxide?

28. Dans la chaux il y a 2 fois 1/2 autant de métal que d'oxigène : quels sont les éléments du bioxide de calcium, et dans quelles proportions s'y trouvent-ils?

29. Le protoxide de mercure contient 25 fois autant de mercure que d'oxigène ; il y a un autre oxide de mercure qui contient 12 fois 1/2 autant d'oxigène que de métal. Quel nom lui donnera-t-on?

30. Le protoxide d'hydrogène contient une dose d'hydrogène égale au $\frac{1}{9}$ de son poids. Combien y a-t-il

a) du même élément dans le bioxide d'hydrogène?

b) de grammes de chaque élément dans 500 gr. du bioxide?

31. L'argent entre pour les $\frac{27}{29}$ dans le poids de son protoxide. Quelle proportion de métal contiendra (s'il existe) | a') le sesquioxide d'argent?
a") le trioxide d'argent? | a"') le bioxide d'argent?
b') le quadroxide d'argent? | b") le sexoxide d'argent?
b"') le quintoxide ou quinquioxide d'argent?

32. Il y a un métal dont le sesquioxide contient 30 % d'oxigène. Donnez des nombres propres à représenter la composition du protoxide de ce métal.

33. 55 parties de manganèse, en s'unissant à 16 parties d'oxigène, forment du bioxide de ce métal. Par quelles quantités représenterez-vous la composition

a) du protoxide de manganèse?

b') de l'acide manganique, qui est composé comme le serait un trioxide?

b") de son oxide 4/3? | b"') de son sesquioxide?

34. Qu'est-ce que cela signifie quand, devant le mot qui dénomme un acide formé d'oxigène et d'un autre corps, on met | ') hyper? | ") hypo? | "') per?

35. Quelle relation de composition présente, avec d'autres acides à éléments identiques,
a') l'acide hypoazotique? | a") l'acide hyposulfureux?
a"') l'acide hypophosphoreux?
b') l'acide hypochloreux? | b") l'acide hypochlorique?
b"') l'acide hypophosphorique?

36. Si l'oxigène pouvait former 4 acides en se combinant avec le corps simple qui suit, comment les appellerait-on?
a') bore. | a") fluor. | a"') fer.
b') brôme. | b") arsenic. | b"') silicium.

37. Quel nom a-t-on dû donner à l'acide plus oxigéné (et formé des mêmes composants), qui a été découvert après
') l'acide chlorique? | ") l'ac. manganique? | "') l'ac. iodique?

38. De quoi se compose
a') la potasse? | a") la soude? | a"') le baryte?
b') la strontiane? | b") la chaux? | b"') la magnésie?
c') l'alumine? | c") l'eau? | c"') la silice?
d') l'ammoniaque? | d") le cyanogène? | d"') la chaux?

39. Par quel autre nom plus court peut-on désigner, encore | a') l'oxide d'aluminium?
a") l'oxide de magnésium? | a"') le protoxide de calcium?
b') le protoxide de sodium? | b") le protoxide de baryum?
b"') le protoxide de potassium?
c') le protoxide de calcium? | c") l'acide silicique?
c"') l'oxide de silicium ordinaire?
d') le protoxide d'hydrogène? | d") l'azoture d'hydrogène?
d"') le carbure d'azote?

40. L'acide silicique | ') rougit-il le tournesol?
") en quoi diffère-t-il de la silice?
"') est-il plus ou moins oxigéné que la silice?

41. Dites le nom que vous donnerez à un composé formé de chlore et de | a') mercure. | a") fer. | a"') soufre.
b') platine. | b") antimoine. | b"') iode.
c') carbone. | c") sodium. | c"') calcium.

42. De quoi est composé un | a') arséniure de cobalt?
a") fluorure de calcium? | a"') azoture de potassium?
b') carbure de fer? | b") phosphure de cuivre?
b"') sulfure de phosphore?
c') borure de platine? | c") siliciure de sodium?
c"') brômure d'argent?

43. Comment appellerez-vous un composé de
a') brôme et cuivre? | a") fluor et argent?
a"') phosphore et fer?
b') or et soufre? | b") iode et zinc? | b"') plomb et arsenic?
c') phosphore et mercure? | c") soufre et carbone?
c"') bore et calcium?
d') iode et bismuth? | d") arsenic et or? | d"') fluor et cuivre?

44. On connaît deux chlorures de mercure; l'un contient 33 p. 1/2 de chlore, pour 100 p. de mercure, et l'autre 17 p. 3/4 de chlore, pour 100 p. de mercure. Quels noms leur donnera-t-on?

45. Quelle différence y a-t-il entre le
a') sulfure de zinc et le brômure de zinc?
a") carbure de fer et l'oxide de fer?
a"') fluorure de calcium et le fluorure de barium?
b') periodure de fer et son protoiodure?
b") protosulfure de platine et son persulfure?
b"') deutochlorure de phosphore et son protochlorure?

c') protoiodure et le persulfure de mercure ?
c'') trisulfure d'or et le protoxide d'or ?
c''') bioxide de manganèse et le protoiodure de manganèse?
d') bibrômure de manganèse et le brômure de magnésium?
d'') protochlorure de soufre et le chlorure de strontium ?
d''') triodure de sodium et le protoiodure de strontium?

46. Dites quel rapport numérique de composition il y a entre les deux composés ci-dessous :

a') sesquichlorure de fer et protochlorure de fer.
a'') trichlorure d'or et protochlorure d'or.
a''') protochlorure d'étain et bichlorure d'étain.
b') protosulfure de potassium et quintisulfure du même.
b'') trisulfure de calcium et protosulfure du même.
b''') quadrisulfure de sodium et protosulfure de sodium.
c') triarséniure de cobalt et son biarséniure.
c'') bisulfure de fer et sesquisulfure de fer.
c''') quadriphosphure de barium et son triphosphure.

47. 100 parties de *brôme* s'unissent à 123 parties de *platine* pour former le protobrômure de ce métal. En quelles proportions les deux éléments devraient-ils se trouver réunis pour donner lieu à un
a') sesquibrômure? | a'') bibrômure? | a''') quadribrômure?
b') quintibrômure? | b'') sesquibrômure? | b''') sébrômure?
c) perbrômure (si vous pouvez le savoir) ?

48. 1000 parties de protosulfure de fer contiennent 457 parties de fer. En quelles proportions devraient être les composants du
a') quadrisulfure? | a'') trisulfure? | a''') quintisulfure?
b') bisulfure ? | b'') septisulfure? | b''') sesquisulfure?

49.... Combien y aurait-il de chaque élément dans un kil. du dernier composé mentionné au n° 47...? — Combien y en aurait-il dans 100 kil. du même ?

50.... Dites combien il y aurait de chaque élément dans un gramme du 2me composé mentionné au n° 48...; — combien il y en aurait dans 250 grammes ; — et combien il y en aurait dans 4^{gr}, 643.

51. Le soufre du protosulfure de mercure forme les $\frac{2}{27}$ du poids du composé. Dites quelles sont les proportions des composants dans le bisulfure de mercure.

52. Le fer forme les $\frac{7}{27}$ du poids du protobrômure de ce métal :

a) pour quelle part le brôme entre-t-il dans le poids du sesquibrômure de fer ?

b) combien de grammes de chaque élément y a-t-il dans une quantité de sesquibrômure de fer, pesant
') 1 kilogr. ? | ") 100 gr. ? | ''') 370 gr. ?

53. Dans l'acide sulfhydrique, lequel peut être regardé comme étant le protosulfure d'hydrogène, le soufre forme les $\frac{16}{17}$ du poids du composé. Pour quelle part entre le soufre dans le poids du
a) quintisulfure ou quinquisulfure d'hydrogène ?
b') bisulfure? | b'') trisulfure? | b''') quadrisulfure?

54. Dites le nom du composé qui rougit le tournesol et qui est formé d'hydrogène uni
a') au chlore? | a'') au soufre ? | a''') au brôme?
b') au soufre? | b'') à l'iode ? | b''') au fluor ?

55. De quoi est composé l'acide
a') chlorhydrique? | a'') brômhydrique? | a''') iodhydrique?
b') fluorhydrique? | b'') sulfhydrique? | b''') brômhydrique?

56. L'acide chlorhydrique contient 97,3 % de chlore (ou ce qui exprime la même chose, 975.cc/oo de chlore, c.-à-d. 973 p. de chlore pour 1000 p. d'acide).

a) Dites quel est l'autre élément de l'acide chlorhydrique, et indiquez en quelle proportion il s'y trouve.

b) Combien dans l'acide chlorhydrique y a-t-il de chlore en combinaison avec 1 gramme de l'autre élément ?

c) Combien faut-il de chlore pour former de l'acide chlorhydrique avec une quantité de l'autre élément égale à
') 419 grammes ? | ") 508 grammes? | ''') 197 grammes?

57. Quels noms pourra-t-on donner au composé qui, étant gazeux, et ne rougissant pas le tournesol, ou le rougissant faiblement, aura pour composants l'hydrogène et
a') le phosphore? | a'') l'arsenic ? | a''') le carbone?
b') l'antimoine? | b'') l'azote ? | b''') le soufre ?

58. Quel autre nom donne-t-on encore au composé auquel s'applique le nom d'*acide*
') *fluosilicique* ? | ") *fluoborique*? | ''') *chloroborique*?

59. Quand l'adjectif qui sert à désigner un acide ne rappelle qu'un élément, quel autre élément cet acide renferme-t-il en outre ?

60. Dites de quoi est composé le corps suivant, et quel en est l'état physique : | a') l'hydrogène protocarboné.
a'') l'hydrogène arsénié. | a''') l'hydrogène protophosphoré.
b') l'hydrogène sulfuré. | b'') l'hydrogène perphosphoré.
b''') l'hydrogène bicarboné.

61. Dites de quoi est composé le corps suivant ?
a') l'arséniure d'hydrogène. | a'') l'acide fluorhydrique.
a''') l'acide chlorhydrique.
b') un carbure d'hydrogène. | b'') l'acide sulfhydrique.
b''') l'acide brômhydrique.

62.... Le corps nommé au n° précédent rougit-il le tournesol ?

63. Quand l'adjectif qui sert à désigner un acide ne rappelle qu'un élément, quel autre élément cet acide renferme-t-il en outre ?

CHAPITRE VI.

Fin des questions sur la nomenclature.

1. Dites le nom du composé que forme le bioxide de cuivre ont à l'acide

a') chlorique. | *a''*) azotique. | *a'''*) carbonique.
b') bromique. | *b''*) iodique. | *b'''*) borique.
c') sulfurique. * | *c''*) arsénieux. * | *c'''*) stannique. *

2. Dites le nom du sel formé par la chaux et l'acide

a') azoteux | *a''*) chrômique. | *a'''*) permanganique.
b')phosphorique.* | *b''*)antimonique.* | *b'''*)phosphoreux.*
c')hyposulfurique.* | *c''*) sulfureux.* | *c'''*)hyposulfureux.*
d')perchlorique. | *d''*)hypophosphoreux.* | *d'''*)arsénieux.*

3. Dites le nom du sel résultant de l'union de

a) l'acide carbonique avec

') la potasse. | '') la soude. | '''') la baryte.

b) l'acide phosphorique * avec l'oxide

') d'argent. | '') de zinc. | '''') de nickel.

c) l'acide hyposulfureux * avec

') l'oxide de zinc. | '') la magnésie. | '''') l'oxide de fer.

d) l'acide antimonique * avec l'oxide

') de cobalt. | '') de plomb. | '''') de chrôme.

4. Quel sel forment ensemble l'acide

a') bromique et l'oxide de zinc? | *a''*) borique et l'alumine?
a''') chrômique et le sesquioxide de fer.

b') antimonique * et la soude?
b'') arsénieux * et le protoxide de mercure?
b''') hyposulfurique * et le bioxide de cuivre?

c')manganique et la baryte? | *c''*) hypochloreux et la chaux?
c''') perchlorique et l'oxide d'argent? *

5. Nommez l'acide et la base du sel suivant :

a') iodate de bioxide de mercure. | *a''*) sulfite * de baryte.
a''') azotite de magnésie.

b') arsénite * de protoxide de cuivre. | *b''*)silicate d'alumine.
b''') antimoniate * d'argent.

c') sulfate * de strontiane. | *c''*) azotate de magnésie.
c''') hyposulfate * de bioxide de mercure.

d') chlorhydrate d'ammoniaque. | *d''*) carbonate d'amm.
d''') iodhydrate d'hydrogène phosphoré.

6.... Quels sont les corps simples que contient le sel indiqué à la question précédente?

---

* On ne dit pas : *sulfurate, sulfurite, hyposulfurate*, etc.; ni *phosphorate*, etc. On abrège ces mots en disant : *sulfate, sulfite, hyposulfate*, etc.; ou *phosphate*, etc. On dit *arsénite* et non *arséniite, antimonite* et non *antimoniite*. — D'autre part, au lieu de *arsénate* et *antimonate*, on dit : *arséniate* et *antimoniate*.

Voir d'ailleurs la note de la page 14.

7. Qu'appelle-t-on *base* dans un sel?

8. Un métal peut-il être une base? — Pourquoi?

9. Qu'est-ce qu'un sel proprement dit?

10. Quand les mots dont on se sert pour dénommer un sel ne présente à l'esprit qu'un acide plus un métal, y a-t-il dans le sel un autre composant? S'il y en a un ou plusieurs autres, dites-en le nom.

11. Qu'est-ce qu'un | *a*) bichrômate?
b') triborate? | *b''*) sesquiarsénite? | *b'''*) bisulfate?
c') azotate tribasique? | *c''*) arséniate bibasique?
c''') iodate sesquibasique?

12. Nommez l'acide et la base du sel suivant :
a') trichrômate de potasse. | *a''*) bicarbonate de soude.
a''') borate de baryte bibasique.
b') biphosphate d'argent. | *b''*) arséniate de zinc tribasique.
b''') sesquisulfate d'alumine.
c') azotite de plomb bibasique. | *c''*) triiodate de platine.
c''') azotate de bismuth quadribasique.

13.... Quels sont les corps simples existant dans le sel mentionné à la question précédente?

14.... Quel rapport de composition y a-t-il entre le sel mentionné à la question 10 et le sel neutre que forment le même acide et la même base?

15. 100 parties de peroxide de fer se combinent avec 150 p. d'acide sulfurique pour former un sulfate neutre.

a) Combien d'acide devrait se joindre à 100 grammes de peroxide de fer pour former un

') sesquisulfate? | '') bisulfate? | '''') trisulfate?

b) Combien de peroxide de fer y aura-t-il en combinaison avec 150 k. d'acide sulfurique dans le sulfate

') tribasique? | '') sesquibasique? | '''') bibasique?

c) Combien y aurait-il de base avec 50 kil. d'acide dans le sulfate de peroxide de fer

')quintibasique? | '')quadribasique? | '''')sesquibasique?

16. L'acide chrômique et la magnésie, réunis dans le rapport de 251 p. du 1er corps contre 100 p. du 2e, donnent lieu à un sel neutre. Quel nom aurait le sel qui contiendrait 100 gr. de magnésie avec une quantité d'acide chrômique égale à | *a*) 251 grammes?
b') 753 grammes? | *b''*) 376gr. 1/2? | *b'''*) 502 grammes?
c') 0 kil., 376? | *c''*) 0 kil., 502? | *c'''*) 0 kil., 251?

17. Lisez la 1re phrase du n° précédent, et dites quel nom vous donneriez au corps formé par 251 kil. d'acide chrômique et la quantité suivante de magnésie:
a) 100 kil. | *b'*) 200 kil. | *b''*) 500 kil. | *b'''*) 150 kil.
c') 50 kil. | *c''*) 500 kil. | *c'''*) 400 kil.

d') 35 k. 1/3. | d'') 66 k. 2/3. | d''') 25 k.

18. L'azotate d'argent neutre, qui est un sel anhydre, contient 54,8 % d'ac. azotique, c.-à-d. que 100 p. du sel contiennent 54 p.,8 d'acide (ou, en d'autres termes, il y a 548 p. d'acide dans 1000 p. de l'azotate).

a) Avec cet acide, quelle autre chose y a-t-il dans le sel dont il est question, et combien % y en a-t-il? (ou, si vous aimez mieux, dites combien il y en a pour 1000 parties de l'azotate?)

b) Par quels nombres pourrez-vous exprimer les proportions d'acide et de base que contiendrait l'azotate d'argent
') sesquibasique? | '') bibasique? | ''') tribasique?

c) En quelles proportions seraient l'ac. et la base dans le
') quadrazotate? | '') quintiazotate? | ''') septinzotate?

d) Combien y a-t-il d'acide et de base dans 100 p. de l'azotate nommé à la question b?

e) Combien y a-t-il d'acide et de base dans 1000 p. de l'azotate mentionné à la question c?

19. Dans le chrômate neutre de potasse, la base constitue les $\frac{15}{31}$ du sel. Quelles sont les proportions de l'acide et de la base contenues dans le
a) bichrômate de potasse? | b) trichrômate de potasse?

20. Voyez le n° 17, et 1° donnez la composition du chrômate de potasse neutre exprimée en centièmes, c.-à-d. présentée de façon que le poids total des composants fasse 100; 2° donnez la composition, également en centièmes,
a) du bichrômate. | b) du trichrômate.

21. Les $\frac{14}{15}$ du chrômate neutre de plomb sont formés par de l'acide chromique. — Dans le chrômate bibasique de plomb, dites
a) quelle fraction du poids total est le poids de la base.
b) combien, pour 100, il y a d'acide et de base.

22. L'acide acétique joint à l'oxide de plomb dans l'acétate tribasique forme les $\frac{84}{257}$ du poids du sel. Exprimez la composition de l'acétate neutre de plomb,
a) énoncée de la manière que vous voudrez.
b) en indiquant les composants contenus dans 1 kil.

23. Qu'est-ce qu'une substance | a) hydratée? | b) anhydre? c') trihydratée? | c'') quadrhydratée? | c''') trihydratée?

24. Comment s'appellent les combinaisons de l'eau?

25. Dites le nom du composé que forme l'eau avec
a') l'ac. azotique. | a'') l'ac. sulfurique. | a''') l'ac. chrômique.
b') l'acide phosphorique. | b'') l'acide stannique.
b''') l'acide antimonieux.
c') la soude. | c'') la potasse. | c''') l'oxide de plomb.
d') l'iodure de zinc. | d'') la chaux. | d''') l'oxide de cuivre.
e') le brômure de manganèse. | e'') le chlorure de barium.
e''') le sulfure de magnésium.
f') le sulfate de chaux. | f'') l'azotate de strontiane.
f''') l'azotate de cuivre.

26. Nommez les composés binaires dont la réunion forme
  | a') le chlorure de calcium hydraté.
a'') l'acide iodique hydraté. | a''') l'hydrate d'alumine.

b') le borate de zinc hydraté. | b'') le sulfate de cuivre hydr.
b''') l'iodate de strontiane hydraté.

c) l'hydrate de | ') zinc. | '') plomb. | ''') chaux.

27.... Indiquez les corps simples renfermés dans le composé nommé à la question précédente.

28. On ne commettra pas d'erreur en disant:

« La *pierre à cautère* n'est pas autre chose que de la potasse; »

« L'*huile de vitriol*, c'est de l'acide sulfurique; »

« La *rouille* est un oxide de fer; »

« Le *vitriol vert* est un sulfate de protoxide de fer; »

« Le *vitriol bleu* est un sulfate de bioxide de cuivre; »

« La *pierre à plâtre* est un sulfate de chaux. »

Toutefois ces phrases n'expriment l'exacte vérité qu'autant qu'il est admis qu'il y a quelque chose de sous-entendu dans la dénomination chimique énoncée en chacune d'elles. Quel est donc le mot sous-entendu? — Dites de plus quels composés binaires vous concevez réunis dans
a') la pierre à cautère. | a'') l'huile de vitriol. | a''') la rouille.
b') le vitriol vert. | b'') le vitriol bleu. | b''') la pierre à plâtre.

29. Voyez le n° 30, et nommez les éléments contenus dans
a') la rouille. | a'') la pierre à cautère. | a''') l'huile de vitriol.
b') la pierre à plâtre. | b'') le vitriol vert. | b''') le vitriol bleu.
c'=a'. | c''=a'''. | c'''=a''. | d'=a'''. | d''=a'. | d'''=a''.
e'=b''. | e''=b'''. | e'''=b'. | f'=b''. | f''=b'. | f'''=b'.

30. Dans le sulfate de zinc (chauffé de manière à être entièrement exempt d'eau) qu'y a-t-il de plus ou de moins que dans l'acide sulfurique | a) anhydre? | b) hydraté?

31... Même question que la précédente, sauf qu'au lieu du sulfate de zinc il s'agit du sulfate de
') fer. | '') potasse. | ''') chaux.

32. Qu'est-ce que cela signifie, quand on dit qu'une substance | a) s'hydrate? | b) se déshydrate?

33. De quelle sorte sont les composés dont le nom commence par un mot terminé en
a') ure? | a'') ite? | a''') ate? | b) ide?

34. Comment appelle-t-on les corps qui ne sont composés que de métaux unis ensemble?

35. Qu'est-ce qu'un
a') hydrate? | a'') alliage? | a''') amalgame?
b') oxide? | b'') chlorure? | b''') sulfure?
c') chlorhydrate? | c'') sulfate? | c''') azotite?
d') sel hydraté? | d'') ac. hydraté? | d''') hydrate métallique?
e') acide anhydre? | e'') sel anhydre? | e''') oxide anhydre?
f') anhydride? | f'') oxacide? | f''') hydracide?

36. Nommez les composants dont la réunion forme
a') l'amalgame de cuivre. | a'') l'hydrate de potasse.
a''') l'hydrure de potassium.
b') l'hydrate de nickel. | b'') l'acide borique anhydre.
b''') l'oxide de bismuth anhydre.
c') le protochlorure de fer. | c'') l'azotate de chaux anhydre.
c''') l'acide chlorhydrique hydraté.

d') le sulfate d'argent. | *d''*) le phosphure de zinc.
d''') le chlorate de chrôme.

e') le sulfure d'argent. | *e''*) le phosphite de zinc.
e''') le chlorure de chrôme.

f') le sulfite de plomb. | *f''*) le phosphate de cobalt.
f''') le chlorite de nickel.

g') le chlorate de strontiane. | *g''*) le borate de soude hydraté.
g''') le bicarbonate de potasse hydraté.

37. Qu'est-ce qu'un

a') sous-sel ? | *a''*) sur-sel ? | *a'''*) sous-oxide ?
b') sur-sulfate de soude ? | *b''*) sous-oxide de plomb ?
b''') sous-azotite de plomb ?
c') sous-sulfure de fer? | *c''*) sous-phosphate de chaux?
c''') sur-phosphate de chaux ?
d') sel acide ? | *d''*) sel basique ?
d''') sulfate acide de potasse ?
e') sulfure $\frac{4}{3}$ de fer? | *e''*) iodure $\frac{8}{7}$ d'un métal ?
e''') oxide $\frac{4}{3}$ de plomb ?
f) un sel | *'*) multiple ? | *''*) simple ? | *'''*) double ?

38. Un sel neutre (de composition) est-il nécessairement neutre au tournesol, c.-à-d. incapable de changer et la couleur bleue du tournesol ordinaire et celle du tournesol rougi ?

39. Un sel basique a-t-il la réaction alcaline ?

40. Un sel acide a-t-il toujours la réaction acide ?

41. Quels sont les sels simples que l'on peut considérer comme formant, par leur assemblage,

a') le sulfate d'alumine et de soude ?
a'') le phosphate de magnésie et d'ammoniaque ?
a''') l'arséniate de cuivre et de chaux ?
b') le carbonate de chaux et de magnésie ?
b'') le silicate d'alumine et de potasse ?
b''') l'azotate de zinc et d'ammoniaque ?
c') le silicate de fer et de magnésie ?
c'') le sulfate de chrôme et de potasse ?
c''') le phosphate de cuivre et de chaux ?
d') le phosphate de fer, de zinc et de strontiane ?
d'') l'arséniate de cuivre, de nickel et de plomb ?
d''') le silicate de zinc, de fer et de baryte ?

42.... Quels acides et quelles bases sont réunis dans le sel indiqué au n° précédent ?

43... Nommez les corps simples contenus dans le sel indiqué à la question 41.

44. Par la réunion de quels composés plus simples peut-on représenter la composition du

a') chrômate de cuivre et d'ammoniaque hydraté ?
a'') sulfite de potasse et d'argent hydraté ?
a''') silicate d'alumine et de magnésie hydraté ?
b') phosphate hydraté de zinc et de cobalt ?
b'') fluorure d'étain et de potassium ?
b''') sulfate de chrôme et de potasse ?

c') brômure de mercure et de calcium ?
c'') chlorure de platine et de potassium ?
c''') sulfure d'or et de sodium ?
d) fluorure de silicium et de potassium ?
e) fluosilicate de fluorure de potassium ?
f) sulfure d'antimoine et de calcium anhydre ?
g) sulfure d'antimoine et de calcium hydraté ?

45... Nommez les corps simples que renferme le composé de la question précédente.

46. De quoi pensez-vous qu'est composé le corps suivant ?
a) oxichlorure de phosphore ou chloroxide de phosphore.
b) oxidochlorure ou oxichlorure de
') plomb. | *''*) cuivre. | *'''*) bismuth.
c') chloroiodure d'arsenic. | *c''*) siliciocarbure de fer.
c''') chlorosulfure d'antimoine.
d') acide chloroxiazotique. | *d''*) acide fluorhydrosilicique.
d''') cyanate d'ammoniaque.
e') acide cyanique. | *e''*) iodure de cyanogène.
e''') cyanure de fer.
f') cyanure de fer et de zinc. | *f''*) ac. cyanhydrique.
f''') sulfocyanure de potassium.
g') oxidocyanure de mercure. | *g''*) cyanhydrate d'ammon^que.
g''') cyanate de protoxide de fer.
h') ac. ferrocyanhydrique. | *h''*) ferrocyanure de potassium.
h''') ferrocyanhydrate d'ammoniaque.

47. Quel est le nom ordinaire du corps qu'on peut appeler encore *oxide*

a') magnésique? | *a''*) antimonique? | *a'''*) aluminique?
b') mercureux? | *b''*) ferreux? | *b'''*) cuivreux?
c') mercurique? | *c''*) ferrique? | *c'''*) cuivrique? *
d') manganeux? | *d''*) hydrique? * | *d'''*) zincique?
e') manganique? * | *e''*) potassique? * | *e'''*) platineux?
f') sodique? * | *f''*) barytique? * | *f'''*) platinique?

48. Quel est le nom ordinaire du corps qu'on peut appeler encore

a') chlorure sodique ? | *a''*) sulfure calcique ?
a''') iodure plombique ?
b') brômure stanneux ? | *b''*) fluorure ferreux ?
b''') chlorure aureux ?
c') brômure stannique ? | *c''*) fluorure ferrique ?
c''') chlorure aurique ?
d') sulfate calcique ? | *d''*) borate sodique ?
d''') iodate strontique ?

---

* Ordinairement dans ce système de nomenclature (dont l'emploi d'ailleurs sera évité au commencement du cours) on applique la terminaison en *ique* aux plus oxigénés des oxides capables de jouer le rôle de base, qu'il y en ait, ou non, d'autres encore plus oxigénés qu'eux. Ainsi l'oxide appelé *manganique* est le sesquioxide, et non le bioxide ou peroxide de manganèse, ce dernier ne fonctionnant jamais comme base. L'*oxide cuivrique* est un bioxide ; les *oxides hydrique, sodique, potassique*, etc., sont les oxides ordinaires d'hydrogène, etc., ce sont des protoxides.

e') phosphate ferreux ? | *e''*) azotate ferrique ?
e''') silicate cuivreux ?

{ *f'*) arséniate ferrico-calcique ?
{ *f''*) phosphate ferroso-cuivrique ?
{ *f'''*) sulfate aluminico-potassique ?

{ *g'*) oxidochlorure cuivrique ?
{ *g''*) carbonate calcico-sodique ?
{ *g'''*) fluorure stannico-barytique !

49. La substance mentionnée ci-dessous, étant de nature organique, ne porte point un nom qui rappelle les divers éléments qu'elle renferme, mais elle a une composition qui correspond à la réunion de corps, composés eux-mêmes, que son nom indique. Quels sont ces corps ?

a') Margarate de soude. | *a''*) Oxalate de chaux.
a''') Acétate de protoxide de mercure.

b') Quadroxalate de potasse. | *b''*) Bitartrate de cuivre.
b''') Tartrate de soude et de potasse.

c') Citrate d'argent et de zinc. | *c''*) Oléate de plomb hydraté.
c''') Acétate de plomb tribasique.

{ *d'*) Sulfoindigotate de soude.
{ *d''*) Picrate de cuivre et d'ammoniaque.
{ *d'''*) Chlorhydrate de morphine.

e') Bisulfate de quinine hydraté. | *e''*) Acétate de strychnine.
e''') Bioxalate de nicotine.

50. La substance dont on va trouver le nom ci-dessous n'est pas un sel proprement dit. C'est une combinaison dans laquelle un corps qu'on n'a pas coutume de classer parmi les acides, est considéré comme remplissant une fonction pareille à celle des acides dans les sels proprement dits. Nommez les composés dont la substance ci-dessous offre l'assemblage :

a') Aluminate de magnésie. | *a''*) Zincate de potasse.
a''') Platinate de soude.

b') Aurate de baryte. | *b''*) Stannite de soude.
b''') Chrômite de protoxide de fer.

{ *c'*) Sulfocarbonate de sulfure de stontium.
{ *c''*) Chloraurate de chlorure de calcium.
{ *c'''*) Fluoaluminate de fluorure de sodium.

{ *d'*) Chloroplatinate de chlorhydrate d'ammoniaque.
{ *d''*) Iodomercuriate d'iodhydrate d'ammoniaque.
{ *d'''*) Sulfostannate de sulfhydrate d'ammoniaque.

51. Nommez les corps simples que contient la substance énoncée au n° précédent.

52. Appelez le corps suivant par un nom scientifique, qui indique ses composants essentiels conformément aux règles ordinaires de la nomenclature chimique :

a') sel commun. | *a''*) nitre (ordin^re). | *a'''*) sel marin.
b') pyrite (ordin^re). | *b''*) sel ammoniac. | *b'''*) arsenic (blanc).
c') manganèse (pierre). | *c''*) vitriol (liquide oléagineux).
c''') salpêtre (ordinaire, restant cristallisé à l'air).
d') vitriol vert. | *d''*) vitriol bleu. | *d'''*) vitriol blanc.
e') ac. muriatique. | *e''*) ac. nitrique. | *e'''*) nitrate de chaux.
f') borax. | *f''*) spath fluor. | *f'''*) alcali volatil.
g') plâtre (cuit). | *g''*) pierre à chaux. | *g'''*) rouille.
h') sel gemme. | *h''*) sel de nitre. | *h'''*) sel de tartre.
i') sel d'Epsom. | *''i*) *sel de soude.* | *i'''*) *sel d'étain.*
j') *dissolution d'étain.* | *j''*) sublimé corrosif.
j''') sublimé doux.
k') marbre (ordre). | *k''*) spath calcaire. | *k'''*) fer spathique.
l') gypse ordin^re. | *l''*) gypse anhydre. | *l'''*) pierre à plâtre.
m') alun ammoniacal. | *m''*) alun cristallisé (potassique).
m''') *alun calciné* (des pharmacies).
n) couperose | *'*) bleue. | *''*) blanche. | *''*) verte.
o') albâtre calcaire. | *o''*) albâtre gypseux.
o''') pierre infernale.
p') blanc de plomb. | *p''*) blanc de zinc (ordinaire).
p''') *magnésie blanche* (non calcinée).
q') *chlorure de chaux.* | *q''*) magnésie calcinée.
q''') jaune de chrôme (à base de plomb).
r') céruse. | *r''*) colcothar. | *r'''*) mine d'aimant.
s') blende. | *s''*) pyrite de fer. | *s'''*) pyrite de cuivre.
t') malachite. | *t''*) galène. | *t'''*) fer oligiste.
u') vermillon. | *u''*) *antimoine cru.* | *u'''*) cinabre.
v') feldspath (ord.). | *v''*) argile pure. | *v'''*) sel d'oseille.
w') acide prussique. | *w''*) crême de tartre.
w''') pyrolignite de fer.
x') extrait de Saturne. | *x''*) sel ou sucre de Saturne.
x''') vert de gris, verdet en boule.
y') verdet cristallisé. | *y''*) émétique, tartre émétique.
y''') bleu de Prusse, de Berlin.
z) prussiate de potasse | *'*) ordin^re. | *''*) rouge. | *'''*) blanc.

CHAPITRE VII.

Questions touchant les relations remarquées dans les combinaisons chimiques entre les quantités des composants, et exercices sur l'emploi des équivalents.

TABLEAU DES ÉQUIVALENTS ADOPTÉS DANS LE COURS POUR LES CORPS SIMPLES.

NOMS DES CORPS.	Symboles.	ÉQUIVALENTS. Valeurs numériques		
		oxi-cen-tuples.	oxi-unitaires.	hydro-unitaires.
MÉTALLOÏDES.				
Oxigène	O	100	1	8
Hydrogène	H	12,5	0,125	1
Chlore	Cl	445	4,45	35,5
Brôme	Br	1000	10	80
Iode	I	1586	15,86	127
Fluor	Fl	237	2,37	19
Soufre	S	200	2	16
Azote	Az	175	1,75	14
ou Nitrogène	N			
Phosphore	P	388	3,88	31
Arsenic	As	958	9,58	75
Bore	B	155	1,55	10,8

NOMS DES CORPS.	Symboles.	ÉQUIVALENTS. Valeurs numériques		
		oxi-cen-tuples.	oxi-unitaires.	hydro-unitaires.
Silicium	fi	88	0,88	7
Silicium	Si	175	1,75	14
Silicium	Si	263	2,63	21
Carbone	C	75	0,75	6
MÉTAUX.				
Potassium	K	489	4,89	39,1
Sodium	Na	288	2,88	23
Barium	Ba	857	8,57	68,5
Strontium	Sr	548	5,48	45,8
Calcium	Ca	250	2,50	20
Magnésium	Mg	150	1,50	12
Aluminium	Al	171	1,71	13,7
Chrôme	Cr	529	5,29	26,5

NOMS DES CORPS.	Symboles.	ÉQUIVALENTS. Valeurs numériques		
		oxi-cen-tuples.	oxi-unitaires.	hydro-unitaires.
Manganèse	Mn	344	3,44	27,5
Fer	Fe	550	5,5	28
Cobalt	Co	369	3,69	29,5
Nickel	Ni	369	3,69	29,5
Zinc	Zn	406	4,06	32,5
Etain	Sn	737	7,37	59
Antimoine	Sb	765	7,65	61
Bismuth	Bi	1315	13,15	105
Plomb	Pb	1295	12,95	103,5
Cuivre	Cu	596	3,96	51,7
Mercure	Hg	1250	12,5	100
Argent	Ag	1350	13,5	108
Or	Au	1229	12,29	98,5
Platine	Pt	1232	12,32	98,6

1. Quand 3 grammes de carbone s'unissent à 4 gr. d'oxigène, le composé produit est de l'oxide de carbone, et quand ils se combinent avec 8 gr. d'oxigène, c'est de l'acide carbonique qui en résulte. Quel est le rapport existant entre les deux poids d'oxigène nécessaires pour former, en s'unissant à une certaine quantité de carbone, l'un de l'oxide de carbone, et l'autre de l'acide carbonique?

2. Le rapport demandé à la question précédente est-il simple ou non? — Pourquoi?

3. Sachant qu'un chat pèse 5 k, 537, et qu'un chien pèse
') 17 k, 685, | ") 17 k, 614, | ''') 5 k, 505,
dites si les poids des deux animaux sont en rapport simple, et expliquez pourquoi.

4. Le protoxide d'azote renferme, pour 100 p. (en poids) d'oxigène, 175 p. d'azote. Avec 175 gr. d'azote combien y a-t-il d'oxigène dans le protoxide d'azote, puis dans
a) le bioxide d'azote? | b) l'ac. azoteux?
c) l'ac. hypoazotique? | d) l'ac. azotique?
e) chacun des autres composés d'azote et d'oxigène?

5. Quel est le rapport des quantités d'oxigène qui se trouvent unies à une même quantité d'azote pour com-poser, d'une part, le protoxide d'azote, et d'autre part,
a) le bioxide d'azote?
b') l'ac. azoteux? | b") l'ac. hypoazotique? | b"') l'ac. azotique?

6... Le rapport demandé à la question précédente est-il un rapport simple? — Pourquoi?

7. On sait que dans le protoxide d'azote 100 p. d'oxigène sont unies à 175 p. d'azote. Si l'on convient de représenter 175 p. d'azote par la lettre a et 100 p. d'oxigène par la lettre b, comment, au moyen de ces deux lettres et du signe $+$, exprimerez-vous la réunion de ce qui est capable de composer
a) ce protoxide? | b) le bioxide?
c') l'ac. azotiq.? | c") l'ac. azoteux? | c"') l'ac. hypoazotiq?
d) tous les oxides et acides d'azote?

8. 792 p. de cuivre forment du protoxide avec 100 p. d'oxigène. Exprimez, au moyen des deux lettres b et c, 1° la réunion, en proportions convenables, des éléments nécessaires pour former du protoxide de cuivre; 2° la réunion analogue correspondant au bioxide de ce métal; et 3° celle qui correspond au quadroxide. Vous admettrez que b représente 100 p. d'oxigène et que c re-

présente | *a*) 792 p. de cuivre. | *b*) 596 p. de cuivre.

9. Lisez le n° 7, et nommez le composé que formerait la combinaison de ce qui est représenté par | *a*) $a + 4b$. *b'*) $a + 5b$. | *b''*) $a + 5b$. | *b'''*) $a + 2b$. *c'*) $5a + 15b$. | *c''*) $2a + 6b$. | *c'''*) $10a + 20b$. *d'*) $4a + 16b$. | *d''*) $100a + 100b$. | *d'''*) $2a + 10b$.

10. On a trouvé qu'un gramme de soufre s'était uni tantôt à 2^{gr},021 d'un métal et tantôt à 4^{gr},040 du même métal : dites, en exposant vos raisons, si ces résultats démontrent que les deux composés examinés satisfont exactement à la *loi des proportions multiples*, ou s'ils paraissent prouver le contraire, ou bien enfin si entre les nombres trouvés et des nombres exactement conformes à la *loi des proportions multiples*, il n'y a qu'une différence qui puisse être raisonnablement attribuée à des erreurs d'expériences : il s'agit ici d'erreurs telles qu'il peut s'en glisser même dans des opérations bien faites, attendu qu'il n'est pas possible, dans ces expériences, d'atteindre avec certitude à une précision absolue.

11. Deux corps formés des mêmes éléments ayant été analysés, l'on a obtenu les résultats rapportés ci-dessous. Comparez la composition de ces deux corps, et voyez si elle est conforme à la *loi des proportions multiples*.

1° Trouvez-vous que les nombres fournis par les analyses concordent complètement avec cette loi ? 2° Si l'accord est complet, expliquez comment vous le reconnaissez. Expliquez également la situation des choses, si, l'accord complet n'existant pas, il s'en manque seulement d'assez peu pour qu'on puisse attribuer la différence aux erreurs admissibles même dans des expériences bien faites. 5° Enfin, dans ce dernier cas, supposez qu'il n'y a eu qu'une seule erreur ayant porté sur le dernier des nombres qui sont donnés ci-dessous comme résultant des analyses, et calculez quel autre nombre devrait se trouver à sa place pour que la *loi des proportions multiples* fût rigoureusement satisfaite.

Voici ce qui résulte des analyses :

a) Il s'agit de deux oxides, dont l'un a offert 77,55 de métal pour 22,47 d'oxigène, tandis qu'on a trouvé dans l'autre 69,70 % de métal et 50,50 % d'oxigène.

b) Ce sont deux composés d'oxigène et d'un métal. On a trouvé dans 100 p. de l'un d'eux 22^p,47 d'oxigène, et dans 100 p. de l'autre
') 27^p,80 d'oxig. | '') 42 p. d'oxig. | ''') 56^p,67 d'oxig.

c) 2^{gr},512 d'un chlorure métallique ont présenté 1^{gr},645 de chlore ; 5^{gr},707 d'un autre chlorure du même métal en ont offert 1^{gr},940.

d) Métal contenu dans 10 gr. d'un chlorure = 7,404. Chlore contenu dans 7,815 d'un autre chlorure du même métal = 9,511.

e) Chlore contenu dans 6^{gr},352 d'un composé = 1,679. Métal contenu dans 10^{gr} d'une autre substance formée des mêmes éléments = | ') 6,759. | '') 6,496. | ''') 5,816.

12. Si l'un des deux composés dont il s'agit au n° 11 est un protoxide ou un protochlorure, comment l'autre devra-t-il être appelé ?

13. Pris à l'état pur et concentré, les deux acides dominants du vinaigre et du lait aigri constituent deux liquides isomères. Le premier, qui est l'acide acétique, contient, sur 15 p., 1 p. d'hydrogène, 6 p. de carbone et 8 p. d'oxigène. Quels sont les éléments de l'acide lactique ou acide du lait, et dans quelles proportions s'y trouvent-ils réunis ?

14. Il y a isomérie entre l'acide butyrique et l'éther acétique. Dans le poids de l'éther acétique l'hydrogène entre pour $\frac{1}{11}$, l'oxigène pour $\frac{4}{11}$ et le carbone pour $\frac{6}{11}$. Dans 100 p. d'acide butyrique, combien y a-t-il ') de carbone ? | '') d'oxigène ? | ''') d'hydrogène ?

15. Énoncez la *loi des proportions multiples*, *a*) sans citer d'exemples. | *b*) en citant des exemples.

16. Faites connaître la composition en volumes du corps suivant (ou, en d'autres termes, le rapport des volumes de ses composants) *a'*) eau. | *a''*) ac. chlorhydrique | *a'''*) protox. d'azote. *b'*) ac. hypoazotiq. | *b''*) ac. azoteux. | *b'''*) biox. d'azote. *c'*) ac. azotique. | *c''*) amm^{que}. | *c'''*) chlorhydr. d'amm^{que}.

17. Que trouve-t-on de remarquable en considérant les volumes qu'occuperaient séparément (dans les mêmes conditions de pression et de température) les composants gazeux qui sont réunis dans une même combinaison, et en les comparant | *a*) entre eux ? *b*) avec le volume du composé, celui-ci étant gazeux ?

18. 10 gr. d'hydrogène s'unissent à 160 gr. de soufre pour former de l'acide sulfhydrique, à 355 gr. de chlore pour former de l'acide chlorhydrique, à 190 gr. de fluor pour former de l'acide fluorhydrique. Déduisez de là *a*) la quantité de chlore qui équivaut chimiquement à 1 gr. de soufre.
b') à combien de fluor équivalent chimiquement 520 gr. de soufre.
b'') à combien de chlore équivalent chim^t. 19 gr. de fluor.
b''') à combien de soufre équivaut chim^t. 1 k. de fluor.
c) des nombres exprimant la composition du fluorure de calcium, sachant que le sulfure correspondant contient 25 de calcium pour 20 de soufre.

19. Il y a équivalence chimique entre 157 gr. de barium et 24 gr. de magnésium.

a) Expliquez ce que signifie la phrase précédente.

b) Quelle sera la quantité de barium chimiquement équivalente à la quantité de magnésium que voici :
') 235 gr. ? | '') 100 gr. ? | ''') 160 gr. ?

c) Dites la quantité de magnésium équivalant à ') 8^p,5 de barium. | '') 7 p. de barium. | ''') 1 p. de barium.

d) D'ailleurs, avec 24 p. de magnésium, il y a : 1° dans la magnésie, 16 p. d'oxigène ; 2° dans le chlorure de magnésium, 75 p. de chlore ; et 5° dans son iodure, 124 p. d'iode. Par quels nombres pouvez-vous représenter la composition du composé ci-dessous :
') chlorure de barium. | '') iodure de barium. ''') baryte.

20. Quand est-ce que deux quantités, l'une d'un corps et l'autre d'un autre, doivent être dites *chimiquement équivalentes* entre elles?

21. Quelle relation existe-t-il entre les proportions suivant lesquelles deux corps se combinent ensemble, et celles suivant lesquelles ils se remplacent dans les combinaisons qu'ils forment avec d'autres substances.

22. Enoncez la *loi des équivalents*.

23. Quel avantage trouve-t-on à faire usage des équivalents et de leurs symboles abréviatifs?

24. Les quantités qu'on est convenu d'adopter comme équivalents des divers corps simples sont-elles toujours chimiquement équivalentes d'une manière bien réelle? — Développez les motifs de votre réponse.

25. Les chimistes s'accordent-ils toujours pour attribuer tous le même nombre à l'équivalent d'un même corps?

26. Supposons que deux chimistes adoptent le nombre 100 pour l'équivalent de l'oxigène, mais que l'un des deux admette 1252 pour l'équivalent du platine, tandis que l'autre lui attribuera seulement 616. Quand il s'agira d'un oxide de platine contenant, d'après le premier chimiste, 2 éq. d'oxigène pour 1 éq. de métal, comment sa composition sera-t-elle exprimée, au moyen des équivalents, par le second chimiste?

27. Que représenterons-nous dans les formules chimiques par | a) la lettre K? | b) Na? | c) C? d') Ca? | d'') Co? | d''') Cu? | e') B? | e'') Bi? | c'') Ba? f') Au? | f'') Sb? | f''') Sn? | g') S? | g'') Sr? | g''') As?

28. Dites de quels mots ont été tirés les symboles représentatifs des équivalents, et de quelle façon ils ont été établis.

29. Voyez le tableau de la page 22; prenez les valeurs des équivalents qui y sont appelées *oxi-centuples*, et dites quel est le nombre représenté par

a') O. | a'') H. | a''') S. | b') Cl. | b'') Br. | b''') I.
c') C. | c'') P. | c''') As. | d') Az. | d'') Fl. | d''') fi.
e') B. | e'') Si. | e''') Al. | f') Ba. | f'') Sr. | f''') Ca.
g') Mg. | g'') Mn. | g''') Cr. | h') Fe. | h'') Co. | h''') Ni.
i') Zn. | i'') Bi. | i''') Pb. | j') Cu. | j'') Ag. | j''') Pt.
k') K. | k'') Na. | k''') Sb. | l') Hg. | l'') Sn. | l''') Au.

30. A quel corps se rapporte le poids représenté par

a') H? | a'') S? | a''') O? | b') Br? | b'') I? | b''') Cl?
c') P? | c'') As? | c''') Az? | d') Fl? | d'') Si? | d''') B?
e') fi? | e'') Al? | e''') Ba? | f') Sr? | f'') Ca? | f''') Mg?
g') Mn? | g'') Cr? | g''') Fe? | h') Co? | h'') Ni? | h''') Zn?
i') Bi? | i'') Pb? | i''') Cu? | j') Ag? | j'') Pt? | j''') K?
k') Na? | k'') Sb? | k''') Hg? | l') Sn? | l'') Au? | l''') C?

31. Par quel symbole représente-t-on l'équivalent

a') de l'antimoine? | a'') du potassium? | a''') du sodium?
b') de l'étain? | b'') de l'or? | b''') du mercure?
c') du plomb? | c'') du magnésium? | c''') de l'argent?
d') du platine? | d'') du zinc? | d''') du manganèse?
e') du strontium? | e'') de l'arsenic? | e''') du carbone?

32. Quels sont les poids relatifs des composants qu'il faudrait unir pour avoir le composé représenté par

a) IS? | b') As^2S^7? | b'') Hg^2Br^3? | b''') Ca^2I^5?
c') Ca^2O^2,BO^3? | c'') $SnCl,4HO$? | c''') AzH^3,BrH?

33. La pierre à chaux pure a pour formule « CaO,CO^2 ».

a) Enoncez sa composition en poids ordinaires.

b) Dans 1 k. de ce composé, combien y a-t-il de chaux?

c) Dans 40 k. de cette pierre, combien de chaux y a-t-il?

d) Dans 1 gr. de ce composé, combien y a-t-il

') de carbone? | '') d'oxigène? | ''') de calcium?

34. Donnez la formule qui exprimera, au moyen des symboles des équivalents, la composition

a) du protoxide | ') de cuivre. | '') de mercure. | ''')d'or.
b) de l'oxide | ')d'aluminium. | '')d'antim. | ''')de magnés.
c) du principal ox. de | ') chrôme. | '')bismuth. | ''')cuivre.
d') de la soude. | d'') de la potasse. | d''') de la chaux.
e') de la strontiane. | e'') de la baryte. | e''') de l'alumine.
f')de l'eau. | f'')de l'ac. hypochlor^x. | f''')du protox. d'azote.
g') des 2 oxides d'azote. | g'') des acides d'azote.

g''') de la silice, 1º avec le plus petit équivalent de silicium, et 2º avec le plus fort.

h') des acides de soufre connus à l'état libre.
h'') de l'acide borique et celle de l'ac. chrômique.
h''') de l'oxide de carbone et de l'acide carbonique.
i) de l'acide | ') chlorique. | '') brômique. | ''') iodique.
j) de l'ac. | ') phosphorique. | '') arséniq. | ''') arsénieux.
k) de l'ac. | ') iodhydriq. | '') brômhydriq. | ''') chlorhydr.
l') de l'acide sulfhydrique. | l'') de l'acide fluorhydrique.

l''') de l'ammoniaque.

35. Donnez la formule du sulfure ⎫
36. Donnez la formule du chlorure ⎪ correspondant
37. Donnez la formule du brômure ⎬ à l'oxide
38. Donnez la formule de l'iodure ⎪ mentionné
39. Donnez la formule du fluorure ⎭ au nº 33.

40. Donnez la formule du sulfate neutre de

a') potasse. | a'') zinc. | a''') cuivre (bioxidé).
b') strontiane. | b'') plomb (protox.) | b''') nickel (protox.)
c') alumine. | c'') chrôme (ord^re.) | c''') bismuth (ord^re.)
d') antimoine. | d'') protox. de mercure. | d''') argent.
e) protoxide de | ') fer. | '') manganèse. | ''') cobalt.
f) du bioxide de mercure. | g) du sesquioxide de fer.
h) protoxide de platine et de celui de bioxide du même.

41. Donnez la formule de l'azotate neutre

a') de soude. | a'') de potasse. | a''') de magnésie.
b') de chaux. | b'') de strontiane. | b''') de baryte.
c') d'alumine. | c'') de cobalt. | c''') de platine bioxidé.
d') de chrôme. | d'') de fer sesquioxidé. | d''') de zinc.
e') de bismuth. | e'') de plomb. | e''') de protox. de mercure.
f') de bioxide de mercure. | f'') de cuivre. | f''') d'argent.

42. Donnez la formule du chrômate neutre

a') de baryte. | a'') de magnésie. | a''') de strontiane.
b') de potasse. | b'') de soude. | b''') de manganèse protox.
c') d'alumine. | c'') de platine bioxidé. | c''') de chaux.

43. Présentez le nom et la formule du sel neutre que

') la magnésie　| ") la chaux　| "') la soude

forme avec l'acide　| a) chrômique.　| b) carbonique.

c) sulfureux.　| d) chlorique.　| e) nitrique.

44. Donnez la formule du　| a) bisulfate de soude.

b') trichrômate de potasse　| b") sesquisulfate de potasse.

　　b"') bicarbonate de soude (supposé anhydre).

c) chrômate de plomb bibasique.

d) nitrate quadribasique de

') plomb.　| ") mercure protoxidé.　| "') zinc.

e) sulfate sesquibasique de

') fer sesquioxidé.　| ") bismuth.　| "') mercure bioxidé.

45... Voyez le nº 34,

46... Voyez le nº 35,

47... Voyez le nº 36,

48... Voyez le nº 37,

49... Voyez le nº 38,

50... Voyez le nº 39,

51... Voyez le nº 40,

52... Voyez le nº 41,

53... Voyez le nº 42,

54... Voyez le nº 43,

55... Voyez le nº 44,

et, au-dessous de chacun des symboles dont se compose la formule qui y est demandée; écrivez le nombre qui correspond à ce symbole. Vous ferez usage, à cet effet, des valeurs appelées oxicentuples au tableau de la p. 22.

56... Voyez au nº 34

57... Voyez au nº 35

58... Voyez au nº 36

59... Voyez au nº 37

60... Voyez au nº 38

61... Voyez au nº 39

62... Voyez au nº 40

63... Voyez au nº 41

64... Voyez au nº 42

65... Voyez au nº 43

66... Voyez au nº 44

de quelle combinaison l'on parle. Vous aurez ensuite à écrire le nom de chacun des composants qu'elle contient, et à mettre, soit avant ce nom, soit après, un poids exprimant des

') gr., | ") quintaux, | "') k.,

en choisissant ces poids de façon à exprimer des quantités qui représentent la composition de la combinaison.

67... Voyez au nº 34

68... Voyez au nº 35

69... Voyez au nº 36

70... Voyez au nº 37

71... Voyez au nº 38

72... Voyez au nº 39

73... Voyez au nº 40

74... Voyez au nº 41

75... Voyez au nº 42

76... Voyez au nº 43

77... Voyez au nº 44

de quelle combinaison il s'agit, nommez-en les composants, et indiquez quel poids du dernier de ces composants se combine avec

') 1 quintal

") 1 kilogramme

"') 1 gramme

du premier, pour constituer la combinaison en question.

78... Même question qu'au nº 67, sauf qu'il faut substituer au nombre 1 le nombre

') 941.　| ") 407.　| "') 500.

79. Dites le nom du corps dont la composition est représentée par la formule ci-dessous:

a') BaO.　| a") CaO.　| a"') SrO.

b') CO.　| b") HO.　| b"') ZnO.

c') FeO.　| c") Fe^3O^4.　| c"') Fe^2O^3.

d') Mn^2O^3.　| d") MnO^2.　| d"') MnO.

e') MgO.　| e") PbO.　| e"') BO^3.

f') KO.　| f") SnO.　| f"') NaO.

g') SnO^2.　| g") Sb^2O^3.　| g"') Au^2O^3.

h') Al^2O^3.　| h") Cr^2O^3.　| h"') CrO^3.

i') CuO.　| i") Hg^2O.　| i"') Cu^2O.

j') Sb^2S^3.　| j") KI.　| j"') $NaCl$.

k') $HgCl$.　| k") Hg^2I.　| k"') $CuBr$.

l') AzO^5.　| l") AzO^2.　| l"') AzO^4.

m') Fe^2Cl^3.　| m") KS^2.　| m"') $CaFl$.

n') NaS^5.　| n") $PtBr^2$.　| n"') Au^2Cl^3.

o') NaO, SO^2.　| o") CaO, CO^2.　| o"') KO, AzO^5.

p') $KO^2, 2IO^5$.　| p") BaO, AzO^3.　| p"') SrO^3, CO^2.

q') SO^3, HO.　| q") AzO^5, HO.　| q"') PO^5, HO.

r') $KO, 2SO^3$.　| r") $NaO, 2CrO^3$.　| r"') $3CaO, PO^5$.

s') $Fe^2O^3, 3AzO^5$.　| s") $Bi^2O^3, 3SO^3$.　| s"') $PtO^2, 2SO^3$.

t') $NaO, SO^3; 10HO$.　　　| t") $AzH^3 . HO, CrO^3$.

　　　t"') $AzH^3 . HO, AzO^3$.

u') $KO, HO; 2SO^3$.　　| u") $AzH^3 . ClH, PtCl^2$.

　　u"') $Al^2O^3, 3SO^3; KO, SO^3; 24HO$.

v') $Cr^2O^3, 3SO^3; KO, SO^3$.　　　　　| v") KFl, Al^2Fl^2.

　　v"') $MgFl, BFl^3$.

x') $AzH^3 . HO, AzO^5$.　　　　| x") $CaO, CO^2; MgO, CO^2$.

　　x"') $KCl, PtCl^2$.

y') $Al^2O^3, 3SO^3; AzH^3, HO, SO^3; 24HO$.　　| y") PH^3, HI.

　　y"') $MgO, SO^3; 7HO$.

z') $CuO, SO^3, 5HO$.　　　　| z") $Fe^2O^3, 3SO^3; NaO, SO^3$.

　　z"') $Al^2O^3, 3SO^3; NaO, SO^3$.

80... * Après avoir nommé le composé que représente la formule donnée au nº précédent, énoncez, en langage ordinaire (susceptible d'être compris par tout le monde), quelles sont les proportions des composants de ce corps.

81..... * Présentez l'indication des calculs à effectuer pour trouver combien il y a d'oxigène dans 100 p. du composé dont la formule est donnée au nº 79.

82.... * Dans 100 p. du composé dont la formule est donnée au nº 79, calculez combien il y a

a) de chaque corps simple;

b) de chaque composant binaire;

et avant chacun des nombres demandés, mettez l'indication des calculs à effectuer pour l'obtenir.

83. En prenant pour les équivalents respectifs de l'oxigène et du chlore les nombres

') 8 et 35,5,　| ") 1 et 4,43,　| "') 100 et 445,

et en se basant sur les résultats qu'on va rapporter, quelle valeur numérique attribuera-t-on à l'équivalent

---

* Pour répondre à la question proposée, on consultera au besoin le Tableau des équivalents, p. 22.

** Ces résultats sont les données mêmes d'expériences exécutées par MM. Dumas, Berzelius, Deville, ou s'en déduisent forcément.

a) de l'étain? 6gr.,919 d'étain ont donné 8,805 d'acide stannique (SnO^2), pesé après calcination dans un ballon.

b) de l'étain? 18gr.,976 d'étain ont donné 20,304 d'acide stannique, chauffé au-delà du point du verre.

c) du silicium (Si)? la silice (SiO) contient 48,4 % de silicium.

d) du silicium (Si)? la silice contient 46,59 % de silicium.

e) du bore? 0gr.,6765 de chlorure de bore (BCl^3) qu'on a amené à céder son chlore à l'argent, ont donné lieu à 2gr.,477 de chlorure d'argent ($AgCl$).

f) du bore? Avec le chlore de 0gr.,923 de chlorure de bore on a obtenu 3gr.,395 de chlorure d'argent.

84. Les équivalents des corps simples étant entre eux dans les rapports que nous avons adoptés, p. 22, combien la quantité représentée par Hg pèse-t-elle de fois autant que celle qui est exprimée par

a') S? | a'') O? | a''') H? | b') Cl? | b'') Az? | b''') Br?

c') K? | c'') Na? | c''') Ca? | d') Fe? | d'') Ca? | d''') Zn?

e') I? | e'') Ag? | e''') Pb? | f') B^7? | f'') C^{40}? | f''') K^2?

g') HO? | g'') CO? | g''') CO^2?

h') SO^3? | h'') AzO^5? | h''') SO^2?

i') K^2HPO^8? | i'') $Al^{1/3}Na^{1/4}SO^4$? | i''') $K^2FeC^6Az^3$?

85. En conservant entre les équivalents des corps simples les rapports que nous avons adoptés, si l'on admettait 2 pour la valeur numérique de O,

a) que vaudrait | ') H? | ") Cl? | ''') Az?

b) que vaudrait | ') Pt? | ") Hg? | ''') S?

c) quel serait le poids total représenté par la formule
') CO^2? | ") HO? | ''') AzH^3?

d) quel serait le poids total représenté par
') $KO,2SO^3$? | ") NaO,AzO^5? | ''') $C^4H^6O^2$?

86. Sauf que le nombre 16 ⎱ doit être substitué au nom-

87. Sauf que le nombre 50 ⎰ bre 2, la question est la même

88. Sauf que le nombre 48 ⎰ qu'au n° 85.

89. Combien la quantité représentée par H^2O^2 pèse-t-elle de fois autant que

a') Br? | a'') H? | a''') S? | b') SO^2? | b'') SO^3? | b''') KO?

c') Fe^2O^3? | c'') MnO^2? | c''') PO^5?

d') $C^4H^3O^3$? | d'') C^4H^6O? | d''') C^2HO^4?

e') $AzH^3,2HO,2SO^3$? | e'') KO,NaO,HO,PO^5?

e''') $Al^2O^3,3SO^3$?

90. En attribuant aux équivalents les nombres inscrits au tableau de la p. 22 sous le nom de valeurs

') oxi-unitaires, | ") hydro-unitaires, | ''') oxi-centuples, et admettant que pour ces nombres le gramme sert d'unité, ou, en d'autres termes, que ces nombres désignent des grammes, dites ce que pèse la quantité représentée par

a) S. | *b*) O. | *c*) Br. | *d*) H. | *e*) Ca. | *f*) Mg. | *g*) HO.

h) AzH^3. | *i*) HCl. | *j*) PO^5; | *k*) AsO^5. | *l*) Mn^2O^3.

m) CaO,AzO^5. | *n*) FeO,SO^3. | *o*) KO,ClO^5.

p) $FeO,SO^3,7HO$. | *q*) $Al^2O^3,3SO^3$. | *r*) $KO,Al^2O^3,4SO^3$.

s) $KO,Al^2O^3,4SO^3,24HO$. | *t*) $PbO,C^4H^3O^3$.

u) $3PbO,C^4H^3O^3$. | *v*) $K^2C^4Az^2,FeC^2Az,5HO$.

91. Dans une équation destinée à représenter une réaction chimique, que met-on avant le signe $=$, et que met-on après?

92. Présentez l'équation de la préparation

a) de l'oxigène par le | ') chlorate de potasse.
") bioxide de manganèse, en mettant, ou non, des fractions.
''') bioxide de manganèse, sans employer de fractions.

b) de l'hydrogène par | ') le zinc et l'ac. sulfurique.
") le fer et l'acide sulfurique.
''') le fer et l'eau : le fer devient oxide 4/5.

c) du chlore par peroxide de manganèse, plus
') ac. chlorhydrique. | ") sel marin et ac. sulfurique.
''') ac. chlorhydrique et ac. sulfurique, de manière à utiliser tout le peroxide.

d) de l'arsenic, par ac. arsénieux et charbon.

e) de l'ac. sulfureux 1° par soufre et oxigène, 2° par ac. sulfurique et | ') mercure. | ") soufre. | ''') cuivre.

f) de l'ac. sulfurique anhydre par | ') bisulfate de soude.
") sulfate neutre de peroxide de fer.
''') sulfate sesquibasique de peroxide de fer.

g) du protoxide d'azote.

h) du bioxide d'azote par acide azotique, plus
') mercure. | ") cuivre. | ''') sulfate ferreux et ac. s^{que}.

i) de l'ac. hypoazotique par azotate de plomb.

j) de l'ac. hypoazotique par bioxide d'azote et oxigène.

k) de l'ac. azotique hydraté par bioxide d'az., oxigène et eau.

l) de l'ac. sulfurique quadrhydraté par ac. sulfureux, ac. hypoazotique et eau.

m) de l'ac. azotique en se servant | ') de nitre.
") de nitrate de soude. | ''') d'azotate de potasse.

n) du gaz de l'eau régale (AzO^2Cl).

o) de l'ac. arsénique par ac. arsénieux et ac. azotique.

p) de l'oxide de carbone par ac. carbonique et carbone.

q) de l'oxide de carbone, accompagné d'ac. carb^{que}. par
') ac. oxalique (C^2O^3,HO) décomposé au feu.
") ac. oxalique (C^2O^3,HO) mis en présence d'un corps avide d'eau.
''') oxalate de potasse (KO, C^2O^3) et ac. sulfurique.

r) de l'acide carbonique par le
') procédé ordinaire des fabriques d'eau gazeuse.
") carbonate de chaux et l'ac. chlorhydrique.
''') bicarbonate de soude et l'ac. sulfurique.

s) de l'acide | ') chlorhydrique. | ") fluorhydrique.
''') sulfhydrique par sulfure d'antimoine.

t) de l'acide sulfhydrique par acide
') sulfurique (étendu) et protosulfure de fer.
") azotique (étendu) et sulfure de barium.
''') chlorhydrique et sulfure de calcium.

u) de l'ammoniaque par chaux et | ') sel ammoniac.
") sulfate d'ammoniaque. | ''') carbonate d'amm.

v) de l'hydrogène bicarboné, en le produisant, en même temps que de l'eau, par un dérangement entre les éléments de l'alcool $C^4H^6O^2$ ou C^2H^3O.

x) du fluorure de silicium par silice, ac. fluorhydrique et une matière avide d'eau.

y) de l'acide iodhydrique, au moyen du periodure de phosphore PI^5 et de l'eau.

z) de l'ac. fluorhydrosilique au moyen de l'eau et du fluorure de silicium: dans cette opération, le 1/3 du silicium passe à l'état de silice.

93... Dites quelles sont les substances qui se décomposent ou qui réagissent les unes sur les autres dans la préparation dont l'équation est demandée au n° précédent, ainsi que celles qui se produisent, et en même temps énoncez en langage ordinaire les rapports de poids existant entre elles toutes.

94... Pour produire un gramme du corps de la préparation duquel on parle au n° 92, quelles substances faut-il employer, et quelle quantité de chacune d'elles faut-il prendre, ou du moins décomposer?

95... Quand on produira 100 gr. de la substance dont le n° 92 mentionne la préparation, quels autres corps se formeront en même temps et en quelle quantité se produiront-ils?

96... Répondez d'abord à la question 92. Ensuite indiquez brièvement les circonstances à réaliser pour la production du corps qu'il s'agit de préparer, puis, s'il y a lieu, les matériaux qu'il faut employer en excès (c.-à-d. dont la dose doit dépasser la quantité qui se décomposera). Enfin nommez les substances qu'il peut être nécessaire d'ajouter à celles que l'équation indique.

97... Parmi les matériaux nécessaires pour la préparation dont il s'agit au n° 92, considérez seulement la substance métallique ou le composé dans lequel se trouve un métal, et calculez combien il faut en consommer, quand le corps à préparer doit peser 347 gr.

98... Parmi les matériaux nécessaires pour la préparation dont il s'agit au n° 92, considérez seulement la substance qui ne contient point de métal, et calculez combien il faut en consommer quand le corps à préparer doit peser 347 gr.

99...Voyez le n°94,
100...Voyez le n°95,
101...Voyez le n°97,
102...Voyez le n°98, { et au lieu du nombre ou des nombres que l'on y demande, présentez seulement l'indication des calculs à effectuer pour arriver à ce nombre, ou à chacun de ces nombres.

103. Exprimez, au moyen des lettres servant de symboles abréviatifs quelle est la quantité

a) de soufre qui est chimiquement équivalente à
') 5 O | ") 7 O | ''') 3 O.

b) de chlore, qui est chimiquement équivalente à
') 4 *Br*. | ") Br^9. | ''') I^8.

c) de chaux, qui est chimiquement équivalente à
') K^2O^2 | ") 5 NaO. | ''') 2 BaO.

d) d'ac. carbonique qui neutralisera autant d'alcali que
') Cl^3H^3. | ") (AzO^5, HO). | ''') S^2O^6.

104. Présentez, au moyen des symboles en lettres habituels, des poids chimiquement équivalents entre eux des substances suivantes :

a') chlore, brôme, iode.
a'') chlore, fluor.
a'''') soufre, oxigène.

b') chlore, *b''*) brôme, *b'''*) fluor { et oxigène, en considérant l'eau comme correspondant aux hydracides, et la potasse comme étant l'analogue du chlorure, du brômure, et de l'iodure de potassium, etc.

c') potassium et calcium. | *c''*) calcium et plomb.
c''') magnésium et zinc.

d') soude et baryte. | *d''*) chaux et strontiane.
d''') magnésie et potasse.

e') peroxide de fer, *e''*) bioxide de platine, *e'''*) alumine { et soude, en considérant comme équivalentes entre elles les quantités de bases capables de former des sels neutres avec une même dose d'acide.

f) azote et chlore, dans le cas où l'on voudra regarder comme se correspondant l'un à l'autre
') l'acide chlorhydrique et l'ammoniaque.
") l'acide chlorique et l'acide azotique.
''') l'acide hypochloreux et le protoxide d'azote.

105. Ecrivez l'équation de la décomposition

a') de l'eau par le carbone fortement incandescent et en excès.

a'') de l'eau par le chlore au rouge.

a''') qu'éprouve, sous l'influence de la lumière, la petite portion d'eau chlorée qui donne de l'ac. hypochlreux (ClO).

b) de l'acide sulfurique concentré et bouillant par
') l'hydrogène. | ") le carbone. | ''') le soufre.

c) de l'acide azotique par
') le bioxide d'azote. | ") le soufre. | ''') l'argent.

d) de l'acide chlorhydrique par la
') soude. | ") potasse. | ''') baryte.

e) de l'acide arsénieux par l'acide sulfhydrique.

f) de l'eau chlorée | ') par l'acide arsénieux.
") par l'ac. sulfhydrique. | ''') par l'ac. sulfureux.

g) de l'eau iodée par l'ac. sulfhydrique.

h) de l'ac. sulfhydrique par le chlore en excès, les gaz étant secs : S *Cl* est la formule du perchlorure de soufre.

i) de l'acide sulfhydrique par
') le carbonate de plomb. | ") la soude. | ''') la litharge.

j) de l'ammoniaque par
') le chlore, les gaz étant pris secs et froids.
") l'oxide de cuivre au rouge.
''') l'iode, de manière à former de l'iodhydrate d'ammoniaque et de l'iodhydrure ($AzHI^2$).

106. Donnez la formule (en équivalents) des composés dont il est question au n° 11, en admettant que le métal qui y est désigné sans être nommé est le | *a*) manganèse.
b) manganèse. | *c*) fer. | *d*) cuivre. | *e*) platine.

107. Donnez la formule de la combinaison dont l'analyse fournirait les résultats suivants :

a) hydrogène = 0,077 ; carbone = 0,923.

b) carbone = 52,2 p. 100 ; hydrogène = 13,0 % ; oxigène = 34,8 %.

c) oxide de chrôme (ordinaire) = 15,9 %; ac. sulfuriq. = 51,8 %; potasse = 9,4 %; eau = 42,9 %.

108. Dites, en exposant vos raisons, combien il faut

a) d'équivalents d'azote pour constituer un poids de ce gaz occupant autant de place que la quantité O (à température et pression identiques); vous vous baserez

') sur ce que la densité de l'azote est 0,97, et que celle de l'oxigène est 1,105.

") sur ce que la composition du protoxide d'azote se représente en volumes par 2 d'azote et 1 d'oxigène, puis en poids par 175 du 1er et 100 du 2me.

"') sur ce que le bioxide d'azote se compose de volumes égaux des deux éléments, et qu'il contient, en poids, 200 p. d'oxigène pour 175 p. d'azote.

b) de vol. de

') vapeur de brôme pour que sa quantité équivaille chimiquement à 1 volume d'oxigène ;

") chlore pour déplacer 1 vol. d'oxigène, en transformant une combinaison oxigènée en une combinaison chlorée qui lui corresponde ;

"') chlore pour que sa quantité soit chimiquement équivalente à 1 vol. de vapeur de brôme ;

vous regarderez comme composés qui se correspondent, soit l'eau et les •acides chlorhydrique ou brômhydrique, soit la potasse avec le chlorure et le brômure de potassium. Sachez, d'ailleurs, que l'oxigène, la vapeur de brôme et le chlore ont pour densités respectives 1° 1,105; 2° 5,55, et 5° 2,45.

c = a ; } mais présentez le nombre demandé sur vos planchettes,
d = b ; } et le raisonnement sur vos ardoises.

109. Rappelez-vous que l'oxigène a pour densité 1,105; prenez pour unité de volume la mesure que remplirait le poids d'oxigène représenté par O, et dites combien de ces unités (c.-à-d. de ces mesures) occupera la quantité suivante (il est bien entendu que l'on suppose son mesurage et celui de l'oxigène faits à la même température et sous la même pression) :

a) Cl, c.-à-d. le poids de chlore que vous représentez par ce symbole. La densité du chlore est 2,45.

b) H. L'hydrogène est 16 fois moins dense que l'oxigène.

c) HCl. Lisez une des deux lignes précédentes, et rappelez-vous que le gaz chlorhydrique occupe le même volume que ses éléments non combinés.

d) $Az.$
e) $AzO.$
f) $AzO^2.$
g) $AzH^3.$ } La densité de l'azote est 0,97. D'ailleurs, il a été reconnu que dans 1 vol., soit de protoxide d'azote, soit de son bioxide, soit d'ammoniaque, il y a une quantité d'azote qui, à l'état libre, n'occupe qu'un $\frac{1}{2}$ vol.

h) $CO.$
i) $CO^2.$ } Avec la quantité de carbone convenable, 1 vol. d'oxigène forme 1 vol. d'acide carbonique et 2 vol. d'oxide.

j) $SO^2.$
k) $SH.$ } L'élément uni au soufre, soit dans l'acide sulfureux, soit dans l'acide sulfhydrique, occupe, à l'état libre, à peu près le même volume que le composé.

110. Vous trouverez ci-dessous une formule qui concerne un corps, soit simple, soit composé, puis la densité de la vapeur de ce corps. On vous rappelle, d'ailleurs, que l'oxigène a pour densité 1,105. (Si vous voulez vous servir de celle de l'hydrogène, elle est 0,069.) Basez-vous sur ces données, et, en prenant l'unité de volume indiquée au n° précédent, cherchez par quel nombre s'exprimera le volume de vapeur occupé par la quantité que représente la formule

a) HO; Densité de la vapeur d'eau = 0,625.

b) SO^3; Densité de la vapeur = 2,8.

c) AzO^4; Densité de la vapeur = 1,6.

d') P; $D^{té}$ de vapeur = 4,4. | d'') I; $D^{té}$ de vapeur = 8,7.

d''') Hg; Densité de la vapeur de mercure = 7,0.

e') CS^2; $D^{té}$ de vap. = 2,64. | e'') $Cr^3O^6Cl^3$; $D^{té}$ de vap. = 5,5.

e''') PH^2, IH; Densité de vapeur = 2,80.

f) $C^{20}H^{10}O^2$ (camphre); Densité de vapeur = 5,347.

g) C^2Az, H (ac. cyanhydrique); $D^{té}$ de vap. = 0,9456.

h) C^4H^5O (éther); Densité de vapeur = 2,565.

i) $C^4H^6O^2$ (alcool); Densité de vapeur = 1,6135.

111. D'après les conventions de langage symbolique admises parmi les chimistes, que signifie ce qui suit :

a) « AzH^3 = 4 vol. » ? | b') « IH = 4 vol. » ?

b'') « HFl = 2 vol. » ? | b''') « BFl^3 = 4 vol. » ?

c') « CH^2 = 4 vol. » ? | c'') « C^2H^2 (gaz oléfiant) = 2 vol. » ?

c''') « C^4H^4 (gaz oléfiant) = 4 vol. » ?

d') « C^8H^8 (gaz butylène) = 4 vol. » ?

d'') « C^2H^3Cl (gaz éther chlorhydrique) = 4 vol. » ?

d''') « C^4H^4 (gaz butylène) = 2 vol. » ?

e') « Hg = 2 vol. » ? | e'') « HO = 2 vol. » ?

e''') « H^2O^2 = 4 vol. » ?

f') « $SnCl^2$ = 2 vol. » ? | f'') « Sb^2Cl^3 = 4 vol. » ?

f''') « C^2S^4 = 4 vol. » ?

g') « $C^4H^4O^4$ (acide acétique concentré) = 4 vol. » ?

g'') « $C^4H^3O^3$ (anhydride acétique) = 2 vol. » ?

g''') « C^4H^5O (éther) = 2 vol. » ?

112. Si l'on convient, en prenant le gramme pour unité, de faire usage des équivalents *oxi-unitaires* de la p. 22, que signifiera la phrase suivante : « Un litre de telle eau tient en dissolution | a) 2 équivalents de chlore » ? b') $\frac{1}{20}$ éq. de brôme » ? | b'') la soude de 5 éq. de sodium » ? b''') l'ac. carbonique produit par 10 éq. de carbone » ?

115. Si nous donnons le nom d'*équivalents oxigrammiques* à nos équivalents oxi-unitaires considérés comme exprimant des grammes, combien y aura-t-il d'équivalents oxi-grammiques dans | a') 100 gr. de chlore ? a'') 40 gr. de soufre ? | a''') 10 gr. d'hydrogène ? b) 456 gr. de | ') potassium ? | '') sodium ? | '') plomb ?

114. Comme nous l'avons fait dans le n° précédent, appelons équivalents oxigrammiques ceux du système où

$O = 1$ gr. (les rapports admis entre eux étant d'ailleurs ceux des nombres inscrits sur une même colonne, p. 22). Convenons de plus : 1° que quand un oxide, tel que par ex. la potasse, contiendra 1 éq. d'oxigène pour 1 éq. de l'autre élément, la réunion de ces deux équivalents s'appellera l'équivalent du composé ; 2° que l'équivalent d'un acide (ou du moins d'un de ceux dont nous parlerons ci-dessous), c'est le poids qu'il en faut pour former un sel neutre avec 1 éq. de potasse (ou d'une autre base analogue).

Ceci étant établi, calculez combien

a) il y a de grammes dans 1 éq. oxigrammique

') de soude. | ") d'ox. d'argent. | "') d'ac. azotiq. anhydre.

b) d'équivalents oxigrammiques il y a dans un poids d'oxide de zinc égal à

') 1 kilogr. | ") 797 gr. | "') 861 gr.

c) d'éq. oxigrammiques sont contenus dans 1200 gr. de ') stroutiane. | ") baryte. | "') magnésie.

d) d'éq. oxigr^{iques} sont contenus dans 1000 gr. d'acide ') sulfuriq. (anhydre). | ") chlorhydriq. | "') carboniq.

e) il faut d'éq. oxigr^{ques} d'alcali pour neutraliser 100 gr. d'ac. sulfuriq. monhydraté, quand l'alcali est

') la potasse. | ") la chaux. | "') la baryte.

115. En admettant qu'il s'agit d'*équivalents oxigrammiques*, et en attribuant à cette expression la signification établie dans le n° précédent, calculez

a) combien de grammes d'acide sulfurique monhydraté il faut ajouter à l'eau, pour former un acide étendu, qui occupe 10 litres et qui contienne par litre

') 20 éq. d'ac. | ") 1 éq. d'ac. | "') $\frac{1}{10}$ d'éq. d'ac.

b) quel poids de potasse sera neutralisé par

') 55 centim. c. | ") 60$^{\text{centim. c.}}$,6 | "') 20 centim. c.

de l'acide dont il s'agit à la question a.

116.. Répondez à la question 113 }en y remplaçant « *équivalents oxigrammiques* » par « *éq. hydrogrammiques,* »

117. Répondez à la question 114 }c.-à-d. en prenant les éq. qui correspondent à $H = 1$ gr.

118. Quand le chlorate de potasse coûte 6 fr. le kilogr., à combien revient le gramme d'oxigène préparé au moyen de ce sel, | a) si l'on ne tient compte de rien autre ?

b) si l'on compte en outre uniquement le combustible consommé, et si 0$^{fr.}$,55 est le prix de ce qu'il en faut employer pour décomposer chaque k. du chlorate ?

c) s'il faut compter 0$^{fr.}$,55 de combustible pour la décomposition de chaque k. de ce sel, et de plus 0$^{fr.}$,80 pour la main-d'œuvre, puis 0$^{fr.}$,25 pour l'usure et les chances de casse des ustensiles ?

119.... Mesuré à 0° sous 0^m,76, }

120.... Mesuré à 0° sous 0^m, }

') 749, | ") 640, | "') 885, }   à combien revient le litre d'oxigène dans les conditions établies au n° 116 ?

121... Mesuré sous 0^m,720 et à }

') 25°, | ") 51°, | "') — 10°, }

122. Combien faut-il consommer, pour le moins, d'acide chlorhydrique à 20° B. (contenant 32,2 °/₀ d'acide réel), et combien de peroxide de manganèse impur renfermant 50 °/₀ d'impuretés dépourvues d'action sur les acides, quand il s'agit de préparer | a) 1 k. de chlore ?

b') 545 k. de chlore ? | b") 2$^{\text{quintaux m.}}$,5 de chlore ?

b"') 510 k. de chlore ?

123... A combien revient la quantité de chlore dont il est question au n° précédent, en ne tenant compte que du prix des matières consommées, et en admettant que celles-ci coûtent, savoir : l'acide muriatique à 20° B., 8$^{fr.}$,25 c. les 100 k., et le *manganèse* impur, 11$^{fr.}$,50 les 100 k. ?

124. On se propose de fabriquer du *chlorure de chaux* contenant 46 °/₀ de chlore. A cet effet, l'on se servira de chaux et des matériaux mentionnés au n° précédent ; le quintal m. d'ac. se paie 8 ^{c}, 25 c., et celui de *manganèse* impur 11$^{fr.}$,50 le q^{nt}. Pour produire 100 k. du *chlorure* susdit, combien, au minimum, faut-il

a) consommer d'acide chlorhydrique (à 20° B.) ?

b) consommer du *manganèse* en question ?

c) dépenser pour l'achat de l'acide ?

d) dépenser pour l'achat du *manganèse* ?

e) dépenser en tout, la chaux hydratée qui se retrouvera dans le produit, avec le chlore, coûtant 5$^{fr.}$, 50 les 100 k. ? — En ne comptant que le prix des matières premières, à combien évaluerait-on le prix de revient de 675 k. du chlorure de chaux ?

125. On consomme pour la fabrication de l'acide sulfurique 100 fois moins d'acide nitrique que de soufre : celui-ci coûte 22 fr. les 100 k., et l'acide nitrique 54 fr. D'ailleurs, on a de l'eau à discrétion. Quel est le prix total des matières premières nécessaires pour fabriquer 100 k. d'huile de vitriol, en supposant

a) que l'acide fabriqué est monhydraté et que rien ne se perd ?

b) qu'on perd $\frac{7}{1000}$ de l'acide qu'on devrait former, et que la concentration de l'acide y laisse, en sus de l'acide monhydraté, une dose d'eau s'élevant, sur 100 p. de liquide, à | ') 2 p. ? | ") 7 p. ? | "') 5 p. ?

CHAPITRE VIII.

Questions de forme indéterminée, destinées à avoir leur signification complétée par la désignation des corps auxquels on les appliquera.

OBSERVATION.

Chaque fois que l'interrogateur proposera une des questions de ce chapitre, il y ajoutera, afin de préciser sa demande, l'indication de la substance ou des substances qu'il aura en vue *. A cet effet, il en dira le nom avant ou après le numéro de la question.

* Il pourra arriver que l'interrogateur indique plusieurs corps à la fois à l'occasion d'une question dont l'énoncé n'en mentionnera qu'un. Il est clair qu'en pareil cas l'élève devra substituer dans cet énoncé le pluriel au singulier.

Qu'une question ait été posée, par exemple, en disant « *soufre*, 39 *a'''* » : l'élève regardera dans ce chapitre la question 39 *a'''*, et alors il verra qu'on demande : « *Que produit le soufre avec le carbone?* »

De même, dans le cas où l'on dirait « *sels ammoniacaux*, 48 *a* », les élèves de la 1re série auraient à exposer les effets que les sels ammoniacaux produisent avec la potasse; ceux de la 2me série, les effets que ces sels produisent avec la soude; ceux de la 3me, les effets qu'ils produisent avec la chaux.

1. Enoncez | *a*) les composants du corps.

b') ses composants, en le considérant comme formé de corps déjà composés eux-mêmes.

b'') ses éléments, c.-à-d. les corps simples dont il contient la réunion.

b''') combien de métaux et combien d'éléments non métalliques sont contenus dans le corps dont il s'agit.

$c = b' + b''$.

2. Faites connaître la composition du corps

a) en volumes, c.-à-d. en indiquant le rapport des volumes qu'occuperaient ses composants séparés.

b) en énonçant sa formule en symboles chimiques.

c) en exprimant de la manière que vous voudrez les quantités *pondérales* relatives de ses composants (c.-à-d. leurs proportions *en poids*).

d) en énonçant combien de chacun de ses composants il y a dans 1 kilogramme de ce corps.

e) exprimée en centièmes. C'est-à-dire énoncez les quantités (pondérales) des composants contenues dans 100 p. du corps; ou bien encore, en d'autres termes, dites combien il y a de chaque composant dans 100 p. du corps en question.

3. Faites connaître le rapport qui existe entre le volume occupé par le corps dont il s'agit, à l'état aériforme, et celui qu'occuperait à l'état libre (dans la même situation de température et de pression) un de ses composants gazeux (que vous aurez soin de nommer).

4. Indiquez au moyen des signes algébriques les opérations d'arithmétique que vous effectueriez afin de cal-culer le poids de chacun des composants, contenus dans une quantité du corps en question pesant :

a) 100 kil. | *b*) 499 grammes. | *c*) 18^k,748.
d) 243 grammes. | *e*) 1068 k. | *f*) 597 milligr.
g) 78^k,760. | *h*) 12^{gr},91. | *i*) 55^k,385.
j') 708 grammes. | *j''*) 8801 kil. | *j'''*) 7800 kil.
k') 48^k,07. | *k''*) 89 milligr. | *k'''*) 97^{gr},94.

5... Donnez les résultats des calculs mentionnés au n° 4.

6... Après avoir présenté les indications des calculs mentionnés au n° 4, présentez aussi les résultats.

7... Voyez le n° 4,) et ne répondez qu'en ce qui concerne
8... Voyez le n° 5, } {') le métal. | ") l'oxigène.
9.... Voyez le n° 6,) {''') le métalloïde autre que l'ox.
10.. Voyez le n° 4,) et ne répondez que pour | ') l'ox.
11.. Voyez le n° 6, } ")le m^{oïde} autre que l'ox. | ''')le métal.
12... Voyez le n° 4,) et répondez seulement pour ce
13... Voyez le n° 5, } qui concerne
14... Voyez le n° 6,) ') l'acide. | ") la base. | ''') l'eau.

15. Quels sont les divers produits auxquels ce nom s'applique quelquefois ou habituellement?

16. Si vous lui connaissez d'autres noms, énoncez-les.

17. Le produit que ce nom désigne
a) d'ordinaire est-il anhydre ou hydraté?
b) a-t-il été obtenu dégagé de toute combinaison?
c) est-il connu à l'état libre ou du moins simplement hydraté?

18. Voyez, au besoin, dans les *Explications*, la densité du corps en question, et calculez le poids qu'il en

faudrait pour remplir un vase capable de contenir (sous la même pression et à la même température) un poids d'air égal à | a) 1 gramme.

b') 2 kil. | b'') 10 gr. | b''') 100 gr.
c') 36 ^{gr},06. | c'') 9 ^{gr},036. | c''') 36 ^{k},802.
d') 0 ^{gr},326. | d'') 46 ^{k},066. | d''') 18 ^{gr},03.

19. Cherchez, au besoin, dans les *Explications*, la densité du corps, et calculez ce qu'il pèsera sous le volume suivant :

a') 1 décim. c. | a'') 1 mètre c. | a''') 1 centim. c.
b') 6 décim. c. | b'') 50 mèt. c. | b''') 18 centim. c.
c') 0 $^{m.c.}$,456. | c'') 0 $^{m.c.}$,036. | c''') 0 $^{m.c.}$,553.
d') 309 décim. c. | d'') 0 $^{m.c.}$,453. | d''') 0 $^{m.c.}$,964.
e') 0 $^{m.c.}$,534. | e'') 0 $^{m.c.}$,987. | e''') 0 $^{m.c.}$,789.
f') 9 $^{m.c.}$,675. | f'') 7 $^{m.c.}$,34. | f''') 8 $^{m.c.}$,03.

20... Quel volume occupera le corps, s'il a le poids énoncé au n° 4?

21. Dans les circonstances ordinaires quel est l'état physique du corps dont il s'agit ?

22. Quels changements d'état physique ce corps peut-il subir, et dans quelles circonstances ?

23. Qu'en fait-on quand on veut l'avoir
a') solide ? | a'') liquide ? | a''') à l'état gazeux ?
b) successivement sous chacun des trois états physiques.

24. Dites-en, au moins approximativement, le point
a) de fusion. | b) d'ébullition. | c) de congélation.

25. Indiquez-en | a) la couleur. | b) l'odeur.
c) la saveur. | d) la couleur de la vapeur. | $e = a + b + c$.

26. Exposez ce que vous savez sur sa | a) dureté.
b') ductilité. | b'') ténacité. | b''') malléabilité.
c') fusibilité. | c'') volatilité. | c''') volatilité à froid.
d) facilité à cristalliser, et sur la forme de ses cristaux.

e) densité : dites, au moins, si sa densité est supérieure ou inférieure à 1. S'il est essayé dans les arts au moyen d'un aréomètre, dites quel degré aréométrique il doit présenter.

f) conductibilité pour la chaleur.

27. Décrivez les moyens de l'avoir à l'état cristallisé.

28. Le corps est-il polymorphe ? — S'il l'est, dites ce que vous savez sur les moyens de l'obtenir sous chacune des formes incompatibles qu'il peut offrir.

29. Ce corps | a) peut-il être ou devenir anhydre ?
b) peut-il, étant pris hydraté, se déshydrater par la chaleur seule ou bien en étant exposé dans un espace sec ?
c) comment peut-il être amené à l'état anhydre ?
d) donne-t-il toujours lieu, quand une base y est ajoutée, à un sel dans lequel se retrouvent en totalité les éléments de la base et les siens. Présentez un exemple.

30. Si le corps est susceptible d'être dénaturé par la
a) chaleur, dites en quoi il se transforme alors (en l'absence de l'air), et vers quelle température cela a lieu.
b) lumière, dites ce qui en résulte.

31. Dites ce que la calcination de ce corps
a) opère. | b) en fait dégager. | c) donne pour résidu.

32. Que fait l'eau avec ce corps,
a) à une température peu élevée ? | b) à la chaleur rouge ?
c) quand elle est chauffée à son point d'ébullition ?
d) à froid, et à des chaleurs plus ou moins fortes ?

33. Dites ce que vous savez sur sa solubilité
a) dans l'eau. | b) dans des liquides autres que l'eau.

34. Si quelque action peut avoir lieu entre ce corps et la vapeur aqueuse contenue dans l'air, dites-en les effets.

35. Ce corps, soit seul, soit accompagné d'eau, est-il à froid altérable par l'air ? Si l'air peut l'altérer, expliquez par quelle cause et ce qu'il devient.

36. Que produit ce corps | a) en brûlant ?
b) quand l'oxigène surabonde autour de lui et que la température est très-élevée ?

37. Quelles sont les circonstances capables de déterminer ce corps à se combiner avec l'oxigène, et quels composés en résulte-t-il ?

38. A quels produits et à quels phénomènes de toutes sortes ce corps donne-t-il lieu en présence du chlore ?

39. Que produit ce corps avec
a') le soufre ? | a'') l'hydrogène ? | a''') le carbone ?
b') le chlore ? | b'') l'iode ? | b''') le brôme ?
c') l'eau iodée ? | c'') l'eau brômée ? | c''') l'eau chlorée ?
d') l'oxigène ? | d'') le phosphore ? | d''') l'azote ?
e) le chlore et l'eau, à une haute température ?
f) un combustible enflammé, tel que bougie ou allumette ?

40. Comment se comporte ce corps avec les principaux
a) métaux ? | b) métalloïdes ? | c) acides ?
d) alcalis ? | e) chlorures ? | f) oxides métalliques ?

41. Que produit ce corps avec
a') le fer ? | a'') le zinc ? | a''') l'étain ?
b') l'étain ? | b'') le fer ? | b''') le manganèse ?
c') l'antimoine ? | c'') le bismuth ? | c''') le cuivre ?
d') le plomb ? | d'') le mercure ? | d''') l'argent ?
e') le platine ? | e'') l'or ? | e''') le cuivre ?
f') le potassium ? | f'') le sodium ? | f''') l'aluminium ?
g) l'ammoniaque ? | h) l'eau régale ? | i) l'oxide de carbone ?

42. Que produit le corps dont on parle avec l'acide
a') sulfurique ? | a'') azotique ? | a''') chlorhydrique ?
b') sulf ^{que} étendu ? | b'') sulf ^{que} conc.? | b''') nitrique ?
c') brômhydrique ? | c'') iodhydrique ? | c''') fluorhydrique ?
d') sulfhydrique ? | d'') sulfureux ? | d''') arsénieux ?
e) nommé à la ligne précédente, accompagné d'eau ?
f') carbonique ? | f'') borique ? | f''') silicique ?
g) phosph ^{que} anh.? | h) fluorhydrosilicique ? | i) chrômique ?
j) acétique ? | k) tannique ? | l) cyanhydrique ?
m') oxalique ? | m'') tartrique ? | m''') citrique ?

43. Répondez à la question du n° précédent en mettant l'équation de la réaction produite, ou les équations des réactions, s'il y a lieu d'en mentionner plusieurs.

44. Que produit la dissolution du corps dont on parle avec celle du corps suivant :

a') potasse ? | *a''*) soude ? | *a'''*) chaux ?
b') ammoniaque? | *b''*) carb^{ate} de soude? | *b'''*) carb^{ate} d'amm.?
c') sulfhydrate d'ammoniaque ? | *c''*) hydrogène sulfuré ?
        c''') sulfure de potassium ?
d') protochlorure | *'*) d'étain? | *''*) de fer ? | *'''*) de cuivre?
e') chlorure de | *'*) potassium ? | *''*) barium ? | *'''*) platine ?
f') chlorure | *'*) d'aluminium? | *''*) d'antimoine? | *'''*) d'or?
g') perchlorure | *'*) de fer ? | *''*) d'étain ? | *'''*) de cuivre ?
h') *prussiate de potasse* | *'*) *jaune* ? | *''*) *rouge* ? | *'''*) *blanc* ?
i') sulfate | *'*) potassique ? | *''*) ferrique ? | *'''*) cuivrique ?

45.... Comme réponse à la question du n° précédent, mettez l'équation de la réaction produite.

46. Que produit sa dissolution avec celle d'azotate de

a') potasse ? - | *a''*) soude? | *a'''*) baryte ?
b') strontiane ? | *b''*) chaux ? | *b'''*) magnésie ?
c') ammoniaque? | *c''*) manganèse ? | *c'''*) chrôme ?
d') alumine ? | *d''*) protoxide de fer ? | *d'''*) perox. de fer?
e') nickel ? | *e''*) zinc ? | *e'''*) cobalt ?
f') mercure protoxidé ? | *f''*) plomb ? | *f'''*) bismuth?
g') bioxide de mercure? | *g''*) argent? | *g'''*) cuivre?

47.... Comme réponse à la question du n° précédent, mettez l'équation de la réaction produite.

48. Dites ce que vous savez sur les effets que produit ce corps avec la substance suivante, en ayant soin de vous expliquer sur la température et, au besoin, sur les autres circonstances dans lesquelles ces effets ont lieu :

a') chaux. | *a''*) potasse. | *a'''*) soude.
b') alumine. | *b''*) baryte. | *b'''*) magnésie.
c) oxide | *'*) d'argent. | *''*) de zinc. | *'''*) de cuivre.
d) peroxide de | *'*) fer. | *''*) manganèse. | *'''*) plomb.
e) sesquioxide de | *'*) plomb. | *''*) manganèse. | *'''*) fer.
f') litharge. | *f''*) ac. stannique. | *f'''*) biox. de mercure.
g') sel marin. | *g''*) chlorure de zinc. | *g'''*) sel ammoniac.
h) brômure de potassium. | *h''*) iodure de sodium.
       h''') fluorure de sodium.
i) sulfate de | *'*) soude. | *''*) chaux. | *'''*) strontiane.
j) vitriol | *'*) bleu ? | *''*) blanc ? | *'''*) vert ?
k') sulfite de soude. | *k''*) azotite de potasse.
       k''') arsénite de soude.
l') phosphate de soude. | *l''*) arséniate de soude.
    l''') borax, dans les feux, soit réductifs, soit oxidants.
m') ph^{ate} de soude et d'amm. | *m''*) verre. | *m'''*) silice.
n') un chlorate. | *n''*) un nitrate. | *n'''*) *chlorure de chaux.*
o) azotate de | *'*) potasse. | *''*) plomb. | *'''*) cobalt.
p) carbonate de | *'*) soude. | *''*) ammoniaque. | *'''*) potasse.
q') bicarbonate de soude. | *q''*) craie. | *q'''*) céruse pure.
r') chrômate de potasse neutre. | *r''*) bichrômate de potasse.
   r''') chrômate de potasse et acide sulfurique.
s) permanganate de potasse, sans acide.
t) permanganate de potasse, le corps étant en dissolution étendue et acidulée par l'acide

') sulfurique. | *''*) chlorhydrique. | *'''*) muriatique.
u') sulfate de protoxide de fer. | *u''*) protochlorure de fer.
      u''') sulfate ferreux avec excès d'acide.
v) tournesol. | *x*) papier. | *y*) alcool. | *z*) éther.

49.... Mettez l'équation de la réaction produite dans le cas énoncé au n° précédent.

50. Quel est le degré de puissance acide ou basique de ce corps, et près de quelles autres substances doit-il être placé dans un classement établi sur cette considération?

51. Donnez la formule d'un de ses sels neutres.

52. Que remarque-t-on de plus saillant parmi ses propriétés chimiques?

53. Ce corps | *a*) est-il un poison ?
b) est-il vénéneux ? S'il l'est, indiquez-en les contrepoisons, et dites comment ils agissent.

54. Dites sous quelles formes ce corps se présente habituellement | *a*) dans le commerce.
b) dans la nature; ou dites au moins s'il s'y trouve libre.

55. Parmi les circonstances où il s'en produit, signalez
a) l'une des principales. | *b*) les plus intéressantes.

56. Parmi les matières renfermant à l'état libre ou combiné le corps dont on parle, quelles sont les plus remarquables de celles qui
a) se trouvent dans la nature?
b) s'emploient dans l'industrie ?
c) s'utilisent dans les laboratoires ?

57. Quelle est la matière d'où l'on fait sortir ordinairement ce corps, ou bien quels sont les matériaux où l'on puise les composants nécessaires pour le constituer, quand il s'agit | *a*) de le préparer pur ?
b) d'en produire pour les besoins des arts?

58. Quand on veut préparer ce corps, dites
a) ce qu'il faut faire, et tout ce qui a lieu.
b) quelles opérations successives doivent être faites.
c') quels matériaux il faut employer.
c'') dans quelles sortes d'appareils et à quelle température l'opération doit se faire.
c''') quelles autres substances on produit en même temps que lui.
d) comment a lieu sa séparation d'avec les autres substances qui se sont formées en même temps que lui, ou qui l'accompagnent naturellement.

59. Exprimez la nature et les proportions des matières employées pour sa préparation, ainsi que celles des matières produites pendant cette préparation, en faisant usage
a) des formules chimiques disposées sous forme d'équation.
b) du langage ordinaire.

60. Considérez le cas où l'on veut préparer 1 kil. du corps ; nommez les matières qu'il faudra prendre, et après le nom de chacune d'elles mettez d'abord l'indication (par signes algébriques) des opérations d'arithmétique à effectuer pour en calculer la quantité, puis cette quantité

quand vos calculs seront terminés. Pour indiquer les calculs à faire,

') servez-vous, non des valeurs numériques des équivalents, mais seulement de leurs symboles.

") mettez les valeurs numériques des équivalents.

"') employez d'abord les symboles des équivalents, puis dans une 2me indication, leurs valeurs numériques.

61. Même question qu'au n° précédent, en substituant toutefois à « 1 kil. » la quantité qui suit :

a') 1000^{k}.	a'') 10^{k}.	a''') 0^{k},1.
b') 45^{gr}.	b'') 58^{k}.	b''') $90^{milligr}$.
c') 52^{k},7.	c'') 1^{gr},087.	c''') 6^{k},59.
d') 200^{k}.	d'') 250^{k}.	d''') 100^{k}.
e') 459^{gr}.	e'') 278^{gr}.	e''') 709^{gr}.
f') 947^{gr}.	f'') 1185^{k}.	f''') $574^{milligr}$.
g') 47^{gr},6.	g'') 58^{k},9.	g''') 247^{k},5.
h') 18^{k},575.	h'') 0^{k},3485.	h''') 29^{gr},185.

62. Quand on prépare 1 kilogr. du corps dont il s'agit, quelles sont les autres substances qui se forment en même temps, et en quelles quantités se produisent-elles ? Répondez à cette question en écrivant, pour chacune de ces substances, d'abord son nom, puis l'indication (par signes algébriques) des calculs à faire pour déterminer combien il s'en produit, et enfin son poids en kilogr. ou en gr. Présentez l'indication des calculs à faire

') en y faisant figurer les symboles des équivalents.

") en employant les valeurs numériques des équivalents.

"') de deux manières, 1° avec des lettres propres à représenter les valeurs numériques des équivalents, 2° avec des nombres seulement.

63. Même question qu'au n° précédent, sauf la substitution expliquée au n° 61.

64 (calculez...). (Après le mot « calculez » l'interrogateur ajoutera le nom de la substance qu'il jugera convenable de proposer, parmi celles qui s'emploient pour la préparation du corps dont il aura parlé, ou qui se produisent dans cette préparation.) Pour répondre à cette question, indiquez d'abord par la lettre E ou P si, dans la préparation dont on parle, la substance que l'interrogateur aura nommée à la suite du mot « calculez » doit être *employée* ou *produite*. — Ensuite, cherchez la quantité qui s'en consomme ou bien qui s'en produit, dans le cas où le poids du corps préparé est 1 kilogramme (en supposant, d'ailleurs, qu'il ne se fasse aucune perte); et, avant d'écrire le nombre obtenu, mettez l'indication (par les signes algébriques) des opérations d'arithmétique qui vous y ont conduit, en faisant comme il est dit au n° 62.

65...(calculez...) Répondez comme il est dit au n° précédent, en admettant que le poids du corps préparé, au lieu d'être 1 kilog., soit la quantité qui suit :

a') 0^{k},1.	a'') 1000^{k}.	a''') 10^{k}.
b') $90^{milligr}$.	b'') 45^{gr}.	b''') 58^{k}.
c') 6^{k},59.	c'') 52^{k},7.	c''') 1^{gr},087.
d') 100^{k}.	d'') 200^{k}.	d''') 250^{k}.
e') 709^{gr}.	e'') 159^{gr}.	e''') 278^{gr}.
f') $374^{milligr}$.	f'') 947^{gr}.	f''') 1185^{k}.
g') 217^{k},5.	g'') 47^{gr},6.	g''') 58^{k},9.
h') 29^{gr},185.	h'') 18^{k},575.	h''') 0^{k},3485.

66. Comment purifie-t-on le corps dont il s'agit ?

67. Quelles impuretés est-on surtout exposé à y rencontrer ?

68. Comment peut-on reconnaître les impuretés qui s'y trouvent le plus fréquemment ?

69. Que résulte-t-il de plus saillant de la présence des impuretés qu'il est très-sujet à contenir ?

70. Quels en sont les principaux usages ?

71. Dites quelle utilité on en peut tirer et de quelle façon.

72. Pour caractériser ce corps, c.-à-d. pour le distinguer des autres, dites | a) ce qu'il faut faire.

b) quels réactifs vous emploieriez.

c) laquelle ou lesquelles de ses propriétés vous mettriez à profit.

73. Quand il y en a dans un produit quelconque, quels moyens permettent d'en

a) constater la présence ? | b) déterminer la dose ?

74. Comment distinguera-t-on un corps de cette sorte d'avec ceux qui ont

a) un acide différent ? | b) une base différente ?

75. Nommez ou indiquez ceux de ces corps que vous savez être | a') incolores. | a'') colorés. | a''') odorants.

b') infusibles. | b'') fusibles. | b''') fixes.

c) volatils sans décomposition.

d) du nombre des plus denses ;) si vous en savez la den-
e) du nombre des plus légers ;) sité, dites-la.

f) solubles (dans l'eau). | g) insolubles. | h) peu solubles.

i) insolubles ou peu solubles dans l'eau pure ou acidulée.

j) solubles dans | ') l'alcool. | ") l'éther. | "') l'ac. azot.

k) déliquescents. | l) efflorescents.

m) décomposables par la chaleur.

n) indécomposables par
') la chaleur seule. | ") l'oxigène. | "') le carbone.

o) altérables à l'air.

p) décomp. par | ') l'hydrogène. | ") le soufre. | "') le chlore.

q) inattaquables par les alcalis.

r) inattaq. par l'ac. | ') az^{que}. | ") $sulf^{que}$. | "') chorhydr.

s) trouvés quelquefois dans la nature.

t) employés dans les arts. — Dites-en l'usage.

u) les plus importants par l'emploi qu'on en fait.

76. Exposez, pour les principaux d'entre eux,

a) le mode de préparation.

b) les propriétés les plus intéressantes.

c) les usages. | $d = a + b + c$.

77. Exposez ce que vous savez sur ses principales propriétés | a) physiques. | b) chimiques.

78. Faites-en l'histoire chimique complète.

CHAPITRE IX.

Questions sur l'air, l'oxigène, l'azote et l'hydrogène.

1. Expliquez ce qui arrive à l'air, quand se trouvant contenu dans un vase fermé intérieurement par un liquide, a') on le chauffe (étant seul). | a'') il se refroidit fortement.

   a''') la pression à laquelle il était soumis s'accroît.

   b') on y abandonne du phosphore, à froid.

   b'') il est mis en présence du phosphore chaud.

   b''') il reste longtemps en présence du mercure, chauffé jusque vers son point d'ébullition.

2. Quelle action chimique se passe-t-il quand on chauffe à l'air | $'$) du phosphore? | $''$) du mercure? | $'''$) du cuivre?

3. Nommez les deux composants essentiels de l'air a) en commençant par celui qui est | $'$) le plus abondant. $''$) absorbable par le phosphore. | $'''$) le moins abondant. b) en en indiquant les proportions en volumes.

4. Pour composer de l'air, quels corps simples faut-il prendre, et que faut-il en faire ?

5. Nommez un corps capable d'absorber l'oxigène de l'air

   $'$) même à froid. — A chaud que ferait-il?

   $''$) à une chaleur ménagée, et de l'abandonner ensuite à une chaleur plus forte. — Comment faut-il chauffer?

   $'''$) complètement. — Que laissera-t-il?

6. Avec du mercure, du phosphore et de l'air, comment pourrait-on obtenir | a) de l'oxigène pur? | b) de l'azote?

7. Expliquez en détails la manière d'analyser l'air a) au moyen du mercure. — Cette méthode convient-elle pour fournir des résultats très-précis sur les proportions des composants? b) au moyen du phosphore, 1° à chaud, 2° à froid.

8... Quels sont les deux mesurages de gaz que l'on a à faire dans l'analyse dont il est question au n° précédent? — Pourquoi les gaz, quand on les mesure, doivent-ils être non seulement sous la même pression, mais encore au même degré de chaleur, si l'on veut obtenir des résultats exacts sans être obligé à des calculs de correction?

9. Comment distinguer entre eux l'air, l'oxigène et l'azote? Ou, en d'autres termes, si l'on vous remettait ces trois matières contenues dans 3 éprouvettes différentes, comment reconnaîtriez-vous le gaz renfermé dans chacune d'elles?

10. Dites la quantité d'oxigène contenu dans l'air qui occupera | a) 100 litres. | b) 1 litre. | c) 20 litres. d') 100 mètres cubes. | d'') 100 cent. c. | d''') 100 décim. c. e') 42 litres. | e'') 54 litres. | e''') 26 litres. f') 1889 litres. | f'') 5076 litres. | f''') 758 litres. g') 52$^{\text{lit.}}$, 25. | g'') 44$^{\text{lit.}}$, 37. | g''') 103$^{\text{lit.}}$, 55.

11... D'abord même question qu'au n° précédent, sauf qu'il faut remplacer *oxigène* par *azote*. — Dites de plus si le gaz, dont votre réponse indiquera le volume, aurait ce volume, même dans le cas où il aurait été mesuré dans d'autres conditions de température ou de pression que l'air primitif. — Dites enfin dans quel sens serait la différence, si le gaz dont il s'agit eût été mesuré $'$) plus chaud que l'air. | $''$) sous une moindre pression.

   $'''$) à une plus basse température que l'air.

12. L'azote et l'oxigène qui existent ensemble dans une même quantité d'air étant pris séparément, combien a) le 1er occuperait-il de fois autant de place que le 2me? b) le 2me occuperait-il de fois autant de place que le 1er?

13. Combien faut-il prendre de litres d'air pour qu'il contienne a') 24 lit. d'oxigène? | a'') 79 lit. d'azote? | a''') 1 lit. d'ox.? b') 10 lit. d'azote? | b'') 1 centil. d'azote? | b''') 1 litre d'azote? c') 23 lit. d'azote ? | c'') 54 lit. d'azote? | c''') 47 lit. d'azote? d') 18054 lit. d'az.? | d'') 9054 lit. d'az.? | d''') 4987 lit. d'az. e') 157$^{\text{lit.}}$, 75 d'az.? | e'') 49$^{\text{lit.}}$, 05 d'az.? | e''') 8$^{\text{lit.}}$, 175 d'az.? f') 32 lit. d'ox. ? | f'') 45 lit. d'ox. ? | f''') 74 lit. d'ox. g') 8$^{\text{lit.}}$, 7 d'ox. ? | g'') 9$^{\text{lit.}}$, 4 d'ox. ? | g''') 12$^{\text{lit.}}$, 5 d'ox.?

14. Des deux gaz qui constituent essentiellement l'air, quel est celui

   a') qui ne saurait suffir à la respiration des êtres animés?

   a'') qui entretient l'inflammation de nos combustibles ?

   a''') qui est indispensable à la respiration ?

   b) qui se laisse absorber par le phosphore?

15. Les nombres qui expriment les proportions des composants de l'air en volumes, expriment-ils aussi la composition de l'air en proportions pondérales (c.-à-d. en poids) ? — S'il y a une différence, dans quel sens est-elle?

16. La densité de l'oxigène est 1,106 et celle de l'azote est 0,97. Le litre d'air pesant 1,299, quel est le poids a) de l'oxigène contenu dans ce litre d'air? b) de l'azote qui y est contenu ?

17. Voyez les densités données au n° précédent, et dites : 1° le poids du gaz oxigène qui remplira une mesure capable de contenir juste 1 gramme d'air (pris dans les mêmes conditions); 2° ce que pèsera l'air qui occupera 100 mesures semblables, et 3° a) le poids de l'oxigène que cet air contiendra. b) le poids de l'azote qui s'y trouvera.

18... Comme réponse à chacune des trois demandes que comprend la question précédente, présentez seulement les indications des calculs à effectuer.

19. Combien 1 kilogramme d'air contient-il d'oxigène et d'azote ?

20. Les deux gaz qui constituent essentiellement l'air sont-ils combinés ou bien à l'état de simple mélange ? — Donnez les motifs de votre réponse.

21. Quelle vapeur se joint toujours dans l'air ordinaire aux deux composants principaux ?

22. Quel gaz est ajouté à l'air par les combustibles employés pour le chauffage et pour l'éclairage ?

23. En quoi se change la chaux dissoute dans l'eau, puis laissée à l'air ?

24. Comment peut-on reconnaître la nature du corps qui se forme dans l'eau de chaux exposée à l'air ?

25. Pourquoi le chlorure de calcium, exposé à l'air, s'y change-t-il en liquide ?

26. Comment peut-on reconnaître la nature du liquide mentionné au n° précédent ?

27. Une expérience faite pour doser l'humidité et l'acide carbonique de l'air, avec l'appareil décrit dans le cours, a fourni les données suivantes :

Avant l'exp^{ce} : { Tube à chlorure de calcium $= 21^{gr},142$.
{ Tubes à potasse.......... $= 39^{gr},738$.

Après l'exp^{ce} : { Tube à chlorure de calcium $= 22^{gr},297$.
{ Tubes à potasse.......... $= 40^{gr},579$.

Eau écoulée $= 123$ litres.

a) Combien y avait-il de vapeur d'eau dans le volume d'air qui a passé dans l'appareil ?

b) Combien de vapeur dans un litre d'air ?

c) Combien d'acide carbonique dans le volume d'air qui a traversé l'appareil ?

d) Combien d'acide carbonique dans un litre d'air ?

28.... Même question qu'au n° précédent, si ce n'est qu'après l'expérience le tube contenant la matière desséchante pesa | ') $22^{gr},457$, | ") $22,849$, | ''') $22,975$, et que les tubes à potasse offraient un poids de
') $39^{gr},955$. | ") $40,062$. | ''') $40,101$.

29. Dites quels sont dans l'air
a) les deux composants essentiels et leurs proportions.
b) les deux composants accessoires principaux.

30. Que savez-vous sur la proportion
a) de l'acide carbonique dans l'air atmosphérique ?
b) de la vapeur aqueuse dans l'air ?

31. L'hygromètre à cheveu | a) en quoi consiste-t-il ?
b) qu'annonce-t-il quand il marque | ') 0° ? | 100° ? | 50° ?

32. Les degrés que marque l'hygromètre à cheveu sont-ils toujours proportionnels aux quantités de vapeur d'eau existant dans l'air où est l'instrument, quand la température varie ou quand elle reste invariable ?

33. Dans l'air saturé aux $\frac{2}{5}$, l'hygromètre à cheveu marque-t-il un degré deux fois plus fort que dans l'air qui n'est saturé qu'au $\frac{1}{5}$?

34. Lorsque, la température s'étant élevée, le degré indiqué par l'hygromètre se trouve le même, y a-t-il eu augmentation ou diminution dans la quantité de vapeur d'eau contenue dans l'air (considéré toujours sous le même volume) ?

35. Expliquez pourquoi les murs extérieurs se recouvrent habituellement d'une humidité abondante, quand survient un brusque dégel.

36. Dites, au moins à peu près, combien pèserait l'oxigène qui remplirait un vase capable de contenir (dans les mêmes conditions de température et de pression)
a') 100 gr. d'air. | a") 1 kilogr. d'air. | a''') 10 kil. d'air.
b') 54 gr. d'air. | b") 790 gr. d'air. | b''') 770 gr. d'air.
c') $10^{gr},5$ d'air. | c") $8^{gr},4$ d'air. | c''') $4^{gr},9$ d'air.

37. Quelle est la nature chimique de ce qui se produit lors de la combustion d'un corps simple ?

38. Quels corps se produit-il lors de la combustion
a') du fer ? | a") du carbone ? | a''') du phosphore ?
b) de l'acier (qui est composé de fer et de carbone) ?

39. Quel est l'état physique de la substance ou des substances que produit la combustion du
a') du fer ? | a") du carbone ? | a''') du phosphore ?
b' $= a$", | b" $= a$'''. | b''' $= a$'.

40... Quelle est la couleur de la substance qui résulte de la combustion mentionnée au n° précédent ?

41. Définissez ce que c'est qu'une *combustion*, en donnant à ce mot la signification la plus restreinte.

42. De quelle sorte sont les combinaisons qui se produisent pendant les combustions dont nous tirons parti pour nous chauffer ou pour nous éclairer ?

43. Lorsqu'une combustion proprement dite a lieu, quels sont les effets accessoires que l'on peut remarquer, indépendamment de la substance ou des substances pondérables qui se produisent ?

44. Nommez une matière qui puisse servir commodément à donner de l'oxigène, et dites ce qu'il y aurait à en faire pour cela. Il faut que cette matière soit
a) une pierre noire. | b) un sel blanc.

45. Quel nom donne-t-on au peroxide de manganèse,
a) quand on veut indiquer son degré d'oxigénation ?
b) dans les arts, en faisant usage d'une dénomination impropre ?

46. Le peroxide de manganèse,
a) de quels éléments est-il composé ?
b) de quelle couleur est-il ?
c) quelle fraction de l'oxigène total contenu en lui, laisse-t-il dégager par une forte chaleur ? (C.-à-d. en abandonne-t-il $\frac{1}{2}$, ou $\frac{1}{3}$, ou $\frac{1}{10}$, etc. ?)
d) quel est le corps qu'il laisse à sa place, après avoir été fortement calciné ?

47. Quel poids d'oxigène peut-on retirer d'une quantité de peroxide de manganèse contenant une dose d'oxigène égale à | ') 885 gr. ? | ") 406 gr. ? | ''') 198 gr. ?

48. Avec 100 gr. d'oxigène il faut 345 gr. de manganèse pour former du protoxide de ce métal. Quand il y a la même quantité de manganèse en combinaison avec la

quantité d'oxigène convenable pour former du peroxide, combien pèse | *a*) cet oxigène?

b) le peroxide qui en résulte?

c) l'oxigène que ce peroxide peut abandonner par calcination?

d) l'oxigène que conserve le résidu laissé par ce peroxide après forte calcination?

e) le résidu que laisse ce peroxide fortement calciné?

49. Donnez le nombre qui répond à la question 48*d*, puis le rapport de ce nombre à la quantité d'oxigène contenue dans le protoxide, en exprimant ce rapport

a) comme vous voudrez. | *b*) en fraction décimale.

c) en fraction ordinaire, réduite à sa plus simple expression.

50. En se décomposant par la chaleur, que laisse dégager | ') le peroxide de manganèse?

'') le chlorate de potasse? | ''') l'oxide de mercure?

51. Voyez le n° précédent. Dites ce qu'il reste ensuite.

52. La préparation de l'oxigène, au moyen du composé nommé au n° 50, peut-elle se faire dans un vase de verre? — Pourquoi?

53. Quels effets voit-on se produire successivement en chauffant le chlorate de potasse?

54. Regardez au ch. VIII, et répondez à la question : « *Oxigène*, 1 *a* ».

55. Répondez aux questions : « *Oxigène*, 21 et 22 ».

56. *a* = *Oxigène*, 25 *c*. | *b* = *Oxigène*, 39 *f*'. *c* = *Oxigène*, 55 *a*.

57. Qu'est-ce que | *a*) l'ozone? | *b*) l'air ozonisé?

58. Signalez des cas où il se produit de l'ozone.

59. Quelles sont les principales différences que présentent entre elles les deux modifications allotropiques de l'oxigène sous le rapport des propriétés

a) physiques? | *b*) chimiques?

60. Répondez, pour l'azote, à la question du Ch. VIII, *a*) 23 *a*. | *b*) 25 *c*. | *c*) 33 *a*. | *d*) 39 *f*. | *e*) 53 *a*. | *f*) 56 *a*. *g*) 26 *c*. | *h*) 39 *a*. | *i*) 40 *a*. | *j*) 44 *a*'''. | *k*) 58 *a*.

61. Parmi les corps simples importants quels sont ceux qui, étant pris seuls et mis avec de l'azote, entrent en combinaison avec lui | ') à froid? | '') à 100°? | ''') au rouge?

62. Que feriez-vous pour vous procurer de l'azote sec?

63. Répondez, relativement à l'hydrogène, aux questions 21, 25 *c* et 22 du ch. VIII.

64 = *Hydrogène*, | *a*) 33 *a*. | *b*) 37. | *c*) 55. *d*) 39 *f*. | *e*) 53 *a*. | *f*) 56 *a*. | *g*) 69. | *h*) 67.

65. Pour indiquer de quoi l'eau est composée, quel est le nom à lui donner?

66. Que faut-il enlever à l'eau pour avoir de l'hydrogène?

67. Que fait la vapeur d'eau avec le fer chauffé au rouge?

68. Le fer, le zinc, l'étain, le nickel, à la chaleur rouge, se comportent tous les quatre avec la vapeur d'eau d'une manière analogue. Quels produits donnera la réaction qui s'accomplira entre la vapeur aqueuse (c.-à-d. la vapeur d'eau) et | ') le zinc? | '') l'étain? | ''') le nickel?

69. Que produit le zinc en présence de l'acide sulfurique

fortement étendu (c.-à-d. accompagné d'une grande quantité d'eau)?

70. La densité de l'hydrogène = 0,0692.

a) Quel poids de ce gaz contiendrait la mesure qui, remplie d'air, en renfermerait juste 1 gramme?

b) Dans les conditions de mesurage dites *normales* 1 lit. d'air pèse 1 gr.,3. Dans ces mêmes circonstances, quel sera le poids

') que pourra soulever un ballon de 40 litres plein d'hydrogène sec et formé par une substance pesant 5 gr., son épaisseur étant d'ailleurs négligeable?

'') que devra offrir une enveloppe dont la capacité est de 49 lit. et dont l'épaisseur est négligeable, pour que, remplie d'hydrogène, elle se tienne en équilibre au milieu de l'air?

''') de 38 litres d'hydrogène?

71. Si vous connaissez le produit de la combustion de l'hydrogène, dites

') l'état physique qu'il offre habituellement.

'') le nom qu'on lui donne ordinairement.

''') comment on l'appelle à l'état où l'amène un grand froid.

72. Expliquez par quelles causes ont lieu les détonations auxquelles l'hydrogène peut donner lieu.

73. Dites de quoi l'eau est composée, et expliquez comment on peut le prouver au moyen du fer.

74. Si la décomposition de 198 gr. d'eau donne 22 gr. d'hydrogène, quel est des deux éléments de l'eau celui qui y entre pour le plus fort poids, et combien pèse-t-il de fois autant que l'autre?

75. On a fait agir 244 gr. de fer sur de l'eau en vapeur; le fer en se dénaturant a augmenté de poids, de façon à peser 279 grammes.

a) Quelle est la cause de cette augmentation?

b) On croit qu'il y a eu 76 gr. d'eau décomposée. Que conclura-t-on de cette expérience relativement aux proportions des deux éléments de l'eau?

76. Dans quelles proportions sont les volumes des deux gaz qui, en se combinant, forment de l'eau?

77. De la réponse à la question précédente déduisez le rapport, en poids, des composants de l'eau.

78. Expliquez la préparation de l'hydrogène par le procédé ordinaire.

79. Avec 849 gr. de zinc, totalement utilisés, on peut obtenir 25 gr. d'hydrogène. Combien de zinc faudrait-il pour préparer une quantité d'hydrogène égale à

a) 1 gr.? | *b*') 100 gr.? | *b*'') 5 gr.? | *b*''') 425 gr.? *c*') 149 gr.,5? | *c*'') 17 gr.,75? | *c*''') 55 gr.,125? *d*') 27 lit.,6, | *d*'') 57 m. cubes, | *d*''') 576 litres, mesurés à 0° sous la pression 0m,76?

80. De quelle manière pourrait-on préparer de l'hydrogène avec du zinc et de l'eau seulement?

81. Lisez la 1re phrase du n° 79, rappelez-vous que, quand l'oxigène et l'hydrogène sont combinés en formant de l'eau, le 1er pèse 8 fois autant que le 2me, et calculez

combien d'eau peut être décomposée par | a) 810 gr. de zinc.
b') 1 gr. de zinc. | b'') 100 gr. de zinc. | b''') 1 k. de zinc.
c') 427 k. de zinc. | c'') 609 k. de zinc. | c''') 854 gr. de zinc.
d') 18^{gr},7 de zinc. | d'') 1^k,57 de zinc. | d''') 22^{gr},8 de zinc.

82. La préparation de 25 grammes d'hydrogène, par le procédé habituel, fait consommer 819 de zinc; et si, dans cette opération, le zinc est remplacé par du fer, la consommation de celui-ci monte à 700 grammes.

Vous devez vous rappeler-que l'oxigène de l'eau pèse 8 fois autant que l'hydrogène avec lequel il est combiné. Sachez d'ailleurs: 1° que dans l'acide sulfurique anhydre le poids du soufre est les 2/3 du poids de l'oxigène, et 2° que quand l'acide sulfurique et un oxide métallique se réunissent pour former un sulfate neutre, l'oxigène de l'acide est le triple de l'oxigène de l'oxide.

D'après cela, calculez combien il y aurait d'oxigène total dans le sulfate de zinc qui se produirait en même temps que 25 gr. d'hydrogène.

83. Dans le cas mentionné au n° précédent, combien, pour le moins, faudrait-il ajouter d'acide à l'eau en supposant que cet acide soit de l'acide sulfurique anhydre?

84. Dans le cas mentionné au n° 80, quel poids de sulfate de zinc (anhydre) se produirait-il?

85. Dans le sulfate de zinc cristallisé ordinaire il y a de l'eau jointe au sulfate anhydre; cette quantité d'eau est telle que son oxigène est 10 fois plus abondant que celui de la base du sel. Sachant cela, calculez combien de sulfate de zinc cristallisé on obtiendrait dans le cas mentionné au n° 82. (Supposez, bien entendu, qu'il ne s'en perdra pas.)

86. Même question qu'au n° 82, sauf que pour le poids de l'hydrogène on substituera à 25 gr. ce qui suit :

a) 1 gr. | b') 22 gr. | b'') 30 gr. | b''') 125 gr.
c') 0^{gr},365. | c'') 18^{gr},04 | c''') 97 gr.
d') 39^k,05 | d'') 15^k,8. | d''') 149^k,05.
e') 7^{gr},33. | e'') 36^{gr},497. | e''') 107^k,5.

87. Après avoir lu, au besoin, la question 82, calculez combien d'acide sulfurique anhydre s'emploierait pour former le sulfate neutre de zinc produit en même temps que

') 22 grammes | ") 30 grammes | ''') 125 grammes

d'hydrogène; présentez l'indication des calculs à faire, puis le résultat.

88. En même temps que 357 gr. d'hydrogène, combien se produirait-il de sulfate de zinc pesé anhydre? Présentez d'abord l'indication des calculs à faire pour résoudre ce problème, puis le nombre qui répond à la question.

89. Même question que la précédente, sauf qu'on supposera que le sulfate de zinc, au lieu d'être anhydre, est à l'état d'hydratation qu'offrent habituellement les cristaux. Voyez, au besoin, les n°s 82 et 85.

90. Comme au n° 84, ⎫
91. Comme au n° 86, ⎬ sauf substitution du mot *fer* au mot *zinc*.
92. Comme au n° 88, ⎭

93. Le fer et l'oxigène réunis dans le rapport de 7 p. du 1er à 2 p. du 2me offriraient la composition du protoxide. Mais l'oxidation du fer par la vapeur d'eau donne de l'oxide 4/3. Sachant cela, calculez combien

a) d'oxide résultera de la décomposition de la vapeur d'eau par 100 gr. de fer.

b) de vapeur d'eau pourront décomposer 100 gr. de fer.

c) d'hydrogène donnera la vapeur d'eau décomposée par

') 20 gr. de fer. | ") 50 gr. de fer. | ''') 100 gr. de fer.

CHAPITRE X.

Fin des questions sur les corps simples non métalliques.

1. Voyez le Ch. VIII, et répondez à la question
« Chlore, | a) 21 ». | b) 25 a et b ». | c) 30 a ».

2. A volume égal, le chlore pèse 2 fois, 45 autant que l'air. Le litre d'air pesant 1 gr, 3, combien doit peser 1 lit. de gaz chlore?

3. Nommez les corps simples qui ne peuvent être combinés directement avec le chlore.

4. Dans quelles circonstances le chlore et l'hydrogène, mis en présence l'un de l'autre,
a) se combinent-ils? | b) se mélangent-ils sans se combiner?

5. Le composé qui résulte de l'union du chlore avec l'hydrogène a) comment s'appelle-t-il ?
b) sous quel état physique s'offre-t-il ?
c) offre-t-il une solubilité faible, ou grande, ou nulle?

6. Sous quel nom désigne-t-on encore la dissolution du chlore dans l'eau?

7. Comment prépareriez-vous | a) de l'hydrate de chlore?
b) du chlore dissous? | c) du chlore sec?

8. Que faut-il pour que l'eau chlorée se conserve le mieux possible?

9 = « Chlore, | a) 55 a ». | b) 52 a ». | c) 52 b ».
d) 59 f ». | e) 41 d'' ». | f) 41 a ». | g) 41 e ».

10. Pourquoi ne recueille-t-on pas le chlore sur la cuve à mercure, quand on le prépare?

11. Quel inconvénient rencontre-t-on, si, en préparant du chlore, on le recueille sur la cuve à eau?

12. Quelle couleur offre, | a) ordinair^{mt}, | b) en vapeurs,
') le brôme? | ") l'iode? | ''') le chlore?

13. Il s'agit de l'acide chlorhydrique pur et absolument seul : dites-en
') l'état physique. | ") la couleur. | ''') le degré de solubilité.

14. Qu'est-ce que l'*acide chlorhydrique liquide*, tel qu'on le trouve dans le commerce?

15. Nommez les deux matières que l'on fait réagir l'une sur l'autre dans le procédé le plus habituel pour la préparation du chlore.

16. Nommez les éléments essentiels des deux matières qu'on prend le plus habituellement pour la préparation du chlore. Que les noms, mis au besoin en abrégé, soient inscrits de façon que votre 1re ligne renferme les éléments d'une des deux matières, puis qu'une 2e ligne renferme ceux de la seconde matière; enfin, ayez soin que l'oxigène et le corps auquel il s'unit dans la préparation dont il s'agit soient inscrits l'un au-dessus de l'autre.

17. Après avoir fait ce qui est dit au n° précédent, tracez un trait vertical entre les noms inscrits ; ensuite répétez le nom du corps simple dont une partie devient libre dans la préparation dont il s'agit.

18. Après avoir exécuté ce qui a été commandé au n° précédent, effacez les quatre noms des éléments qui, après la réaction, se retrouvent à l'état combiné, et à la place des noms de ces éléments, écrivez ceux des composés formés par eux.

19. Dans la préparation du chlore
a) au moyen de l'acide chlorhydrique, que devient
') l'hydrogène de l'acide chlorhydrique?
") le métal du peroxide employé ?
''') l'oxigène du peroxide employé ?
b) au moyen du sel, qu'ajoute-t-on à celui-ci?

20. Dans le protoxide de manganèse, 100 p. d'oxigène sont unies à 344 p. de métal, et dans l'eau elles sont unies à 12 p, 5 d'hydrogène. 12 p, 5 d'hydrogène se joignent à 443 p. de chlore pour former de l'acide chlorhydrique. Dites 1^{nt} le poids du peroxide de manganèse qui contient 344 gr. de métal, et 2^{nt} le poids
a) de l'eau qu'il produira en réagissant sur l'ac. chlorh^{que}.
b') de l'ac. chlorhydrique (anhydre) qu'il décomposera.
b'') du chlore que produira sa réaction sur l'ac. chlorh^{que}.
b''') du chlorure de manganèse que laissera son traitement par l'acide chlorhydrique.
c) de l'eau que produirait la réaction de l'ac. chlorhydrique sur une quantité de protoxide de manganèse contenant aussi 344 gr. de métal, puis 3^{nt} le poids de l'acide chlorhydrique que consommerait cette réaction, 4^{nt} celui du chlorure de manganèse qui se formerait, 5^{nt} celui du chlore libre qui se dégagerait.

$$d = a + b' + b'' + b'''.$$

21. Quel corps simple détruit une foule de matières organiques colorées, et est susceptible d'emplois basés sur cette propriété?

22. Quels sont les deux corps qui ressemblent le mieux au chlore, par la nature de leurs affinités, et l'analogie de leurs composés?

23. Nommez le chlore et les deux corps indiqués au numéro précédent, en les plaçant par ordre
') de plus grande affinité pour l'hydrogène.
") de plus grande affinité pour les métaux.
''') de moins grande affinité pour l'hydrogène.

24. En se basant au besoin sur l'analogie qu'on sait exister entre les composés du chlore, du brôme, de l'iode, nommer les produits que l'on obtiendra, en chauffant du peroxide de manganèse avec une dissolution d'acide

') bromhydrique. | ") iodhydrique. | "') chlorhydrique.

25. Que fait le chlore avec l'acide

') iodhydrique? | ") chlorhydrique? | "') brômhydrique?

26. Que fait le brôme avec l'acide

') brômhydrique? | ") chlorhydrique? | "') iodhydrique?

27. Comment la vapeur de brôme se comporte-t-elle en présence de l'eau?

28. Comment le brôme et l'iode, dissous dans l'eau, se comportent-ils quand le liquide est agité avec

a) de l'éther? | b) un peu de chloroforme?

29. Par quel moyen peut-on reconnaître dans l'eau quelques millionièmes d'iode libre?

30. Si l'iode était combiné avec un métal, que faudrait-il faire pour pouvoir reconnaître cet iode?

31. Quel est le corps simple

a) qui émet dans l'air une vapeur rouge?

b) dont la vapeur est violette (à la clarté du jour)?

32. Que présente de particulier le fluor?

33 = « Soufre, | a) 24 ». | b) 24 a et 24 b ». | c) 26 b ».
d) 25 a ». | e) 25 b ». | f) 25 d ». | g) 26 e ». | h) 26 f ».

34 = Ch. III, 14 + 15 + 16 + 17.

35 = Ch. I, 52 e' + 52 e'" + 52 f' + 52 f".

36. Quel effet particulier le soufre éprouve-t-il, quand il est chauffé | a) vers 200 à 250°?

b) entre 300 et 450°, puis brusquement refroidi?

37. Signalez les principaux cas où les molécules du soufre changent de disposition entre elles, sans le secours de la chaleur (et sans l'intervention d'aucun corps étranger).

38. Quelles différences observe-t-on dans le soufre après les changements dont il est question au n° précédent?

39. Quels sont les divers moyens d'obtenir du soufre cristallisé? Indiquez-les

a) en quelques mots. | b) avec détails.

40. Les cristaux de soufre ont-ils toujours des formes compatibles?

41 = « Soufre, 28 ».

42 = « Soufre, | a) 33 a et b ». | b) 33 ». | c) 57 ».
d) 39 b' | e) 39 a'" et d'" ». | f) 44 a ». | g) 48 a ». | h) 70.

43. Quest-ce que le soufre en | a) fleurs? | b) canons?

44 = « Soufre, | a) 54 a ». | b) 57 b ». | c) 58 d ».

45. Comment obtient-on le soufre | a) brut?

b) en canons? | c) en fleurs? | d) mou? | e) en cristaux?

46 = Phosphore ordinaire pur, | a) 25 a.

b) 25 b. | c) 24 a et b. | d) 33 a et b. | e) 35.
f) 36 b. | g) 38. | h) 50 a. | i) 50 b.

47. Quelles variations remarquables le phosphore est-il susceptible de présenter sous le rapport de ses propriétés

a) physiques? | b) chimiques?

48. Entre les deux modifications fort dissemblables sous lesquelles peut s'offrir le phosphore, quelles différences y a-t-il sous le rapport de

a) la couleur? | b) l'odeur? | c) la fusibilité?

d) la facilité de se combiner avec d'autres corps?

e) la propriété de luire dans l'obscurité?

f) l'aptitude à se dissoudre? | g) la qualité vénéneuse?

49. Que trouve-t-on de plus ou de moins dans le phosphore rouge que dans le phosphore ordinaire?

50. Comment peut-on changer le phosphore

a) ordinaire en phosphore rouge?

b) rouge en phosphore ordinaire?

51. Des deux modifications allotropiques du phosphore quelle est la plus dangereuse? et pourquoi?

52. Comment se comporte le phosphore au contact de

') l'air froid? | ") l'air, à chaud?
"') l'oxigène pur et chaud?

53. Quel effet chimique s'accomplit-il, quand le phosphore brille dans l'obscurité? — Y brille-t-il dans toutes les circonstances possibles?

54. Quelles sont les deux principales catégories de choses qui existent dans les os?

55. Vous devez savoir que la cendre d'os est constituée principalement par deux sels. | a) Quels sont-ils?

b) Que fait l'acide sulfurique sur chacun d'eux?

56. Après la réaction de l'ac. sulfurique sur la cendre d'os, telle qu'on l'effectue dans les fabriques de phosphore,

a) quels sont les deux nouveaux sels qui restent?

b) comment sépare-t-on l'un de l'autre les deux nouveaux sels produits?

c) comment obtient-on le sel qui doit servir à l'extraction du phosphore?

57. Dites 1° le nom du sel mentionné à la question 56 c, 2° ce que l'on y ajoute lorsqu'on se propose d'en extraire du phosphore libre, 3° ce que l'on fait du mélange, 4° ce qui se produit quand le mélange est fortement calciné.

58. Ayant du biphosphate-de chaux, par l'addition de quelle matière, et par quelle réaction obtient-on du phosphore libre?

59. Comment purifie-t-on le phosphore brut?

60. A quoi sert le phosphore dans les allumettes chimiques?

61 = Phosphore, | a) 57 b. | b) 58 b. | c) 58 b.
d) 54 a. | e) 53 a. | f) 70.

62. L'arsenic ordinaire du commerce est de l'acide arsénieux. 1° De quoi est composé cet arsenic? 2° En quoi diffère-t-il de l'arsenic proprement dit (c.-à-d. du vrai arsenic des chimistes)?

63. Quelle différence de composition y a-t-il entre l'acide arsénieux et l'acide arsénique?

64. a = Arsenic, 15. | b = Arsenic (proprement dit), 16.

65 = Arsenic, | a) 24. | b) 24 a et b.
c) 26 b"'. | d) 25 a. | e) 25 b.

66. Que présente de particulier l'arsenic relativement à son odeur?

67 = Arsenic, | a) 33 a. | b) 27. | c) 35.
d) 36 a et b. | e) 38. | f) 40 a. | g) 44 a.

68 = Arsenic, | a) 54 b. | b) 57 b. | c) 58 d. | d) 58 a.

69. Il se dégage un gaz de nature composée pendant le grillage du sulfo-arséniure de fer. (Grillage signifie calcination au contact de l'air.)　| *a*) Quel est ce gaz ?
b) Il se dégage aussi une vapeur. Quelle est-elle ?
c) Qu'y a-t-il dans le résidu ?

70. Où existe-t-il du silicium et à quel état ?

71. Dites la nature de la silice, et énoncez-en d'autres noms.

72 = *Silicium*, 77 *a* et *b* + 24.

73 = *Bore*, 77 *a* et *b* + 24.

74. Quelles sont les principales sortes de carbone allotropiques ?

75. Considérez le carbone sous toutes ses diverses modifications, et dites les principales
a) propriétés physiques qu'il présente constamment.
b) différences que ces modifications présentent entre elles.

76. Le diamant est-il aisé
') à fondre ?　| ") à volatiliser ?　| '") à faire brûler ?

77. Qu'éprouve le charbon par une forte calcination, à l'abri de l'air ?

78. Dans quel cas le carbone est-il bon conducteur
a) de la chaleur ?　| *b*) de l'électricité ?

79. Quels sont les corps qui peuvent s'unir directement au carbone ?

80. Que produit ordinairement le carbone en brûlant ?

81. Que produit l'acide carbonique en présence du carbone fortement échauffé ?

82. Quelles sont les cendres que laisse la combustion complète du carbone pur ?

83. Comment, au moyen de l'oxigène, peut-on reconnaître la nature d'une variété quelconque de carbone ?

84. Presque toutes les sortes de carbone qu'on rencontre, même après avoir été bien desséchées, produisent un peu d'eau quand on les brûle. Sont-elles alors du carbone pur ? Que s'y trouve-t-il d'étranger ?

85. Le carbone peut-il se combiner directement
') avec le soufre ?　| ") avec le chlore ?　| '") avec l'oxig. ?

86. Qu'est-ce que　| *a*) le coke ?　| *b*) le noir animal ?
c) le noir animal lavé ?　| *d*) le noir de fumée ?

87. Comment obtient-on　| *a*) le coke ?
b) le charbon de bois dans les fabriques de vinaigre ?
c) le charbon de bois dans les forêts ?
d) le noir animal ?
e) le fusain qui sert pour le dessin ?
f) le noir de fumée ?　| *g*) du carbone pur ?

88. Qu'éprouve le noir animal traité par l'acide chlorhydrique, et quel utilité peut-il y avoir à lui faire subir ce traitement ?

89. Développez les effets qui s'observent avec le charbon mis en présence des gaz ?

90. Que fait le charbon de bois dans une cave humide ?

91. Tous les charbons sont-ils décolorants ?

92. Parmi les charbons communs quel est celui qui décolore le mieux ?

93. Que devient la matière colorante dans le cas d'une décoloration par　| *a*) le charbon ?　| *b*) le chlore ?

94. Quels sont les charbons　| *a*) qui ne décolorent pas ?
b) qui ont un pouvoir décolorant intense ?

95. Le charbon ne peut-il absorber dans les dissolutions que des matières colorantes ? — Donnez-en des exemples ?

96. Pourquoi le chlore ne détruit-il pas l'encre d'imprimerie aussi bien qu'il détruit l'encre ordinaire ?

97. Quelles sont les différentes sortes de carbone natif ?

98. Qu'est-ce que l'anthracite, et　| *a*) où le trouve-t-on ?
b) comment peut-on le distinguer de la houille ?

99. Quelles principales différences y a-t-il entre l'anthracite et la houille, sous le rapport, 1° de leur composition, 2° des effets qu'y produit la calcination, 3° de leur manière de brûler ?

100. Quel est le plus dur de tous les corps de la nature ?

101. Comment peut-on reconnaître qu'un corps n'est que du carbone ?

102. Comment peut-on changer
a) le diamant en charbon ?　| *b*) le charbon en graphite ?
c) le charbon en diamant ?

103. Indiquez les principaux usages　| *a*) du diamant.
b) du graphite.　| *c*) de l'anthracite.　| *d*) des charbons.

104. Nommez les principaux métalloïdes | *a*) liquides.
b) solides par ordre de fusibilité.
c) gazeux, et dites lesquels on peut liquéfier ?

105. Lequel des métalloïdes résiste le mieux à la chaleur sans perdre son état solide ?

106. Nommez en les plaçant par ordre de volatilité les métalloïdes qui donnent des vapeurs　| *a*) incolores.
b) colorées, et dites la couleur de celles-ci.
c) quelconques.　| *d*) d'odeur alliacée.

107. En brûlant à une température élevée au milieu d'oxigène pur, abondant et sec, que produisent l'hydrogène, le chlore, le soufre, le phosphore, l'azote, le carbone ?

108. Nommez les métalloïdes avec lesquels l'oxigène
a) ne se combine jamais directement.
b) se combine directement à froid ou à chaud, et ajoutez le nom du composé formé.
c) ne forme en se combinant, soit directement, soit indirectement, que des composés non acides.

109. Nommez les métalloïdes qui, par leur union avec l'hydrogène, donnent lieu à des composés
a) acides.　| *b*) alcalins.　| *c*) neutres au tournesol.

110. Si l'on avait 4 flacons contenant chacun un gaz simple différent, comment ferait-on pour reconnaître chaque gaz ?

CHAPITRE XI.

Questions sur les combinaisons de l'oxigène avec les autres métalloïdes.

1. Regardez au Ch. VIII, et répondez, relativement à l'*eau*, | *a*) à la question 1 *a*. | *b*) à 2 *a*. | *c*) à 2 *c*.

2. Que présente l'eau de remarquable dans les variations de volume qu'elle éprouve

a) en changeant de température, sans cesser d'être liquide ?

b) au moment de ses changements d'état physique ?

3. Voyez, dans les *Explications*, le *Tableau des variations de volume de l'eau*, et calculez quel est le volume de l'eau qui pèse

a) 100 kilogr. à | ') 0°. | ") 4°. | ''') 8°.

b) 10 k. à | ') 6°. | ") 20°. | ''') 42°.

c) 10 gr. à | ') 6°. | ") 20°. | ''') 25°.

d) 14 gr. à | ') 10°. | ") 50°, | ''') 95°.

e') 15 k. à 70°. | *e''*) 449^{gr},25 à 24°. | *e'''*) 0^{gr},8765 à 12°.

4. Combien pèserait l'eau qui remplirait à 4° le même volume que celle dont le poids et la température sont donnés au n° précédent ?

5. Calculez, d'après le *Tableau* donné dans les *Explications*, ce que pèserait l'eau qui occuperait

a) 100 litres à | ') 0°. | ") 4°. | ''') 8°.

b) 40 lit. à | ') 6°. | ") 20°. | ''') 25°.

c) 10 lit. à | ') 6°. | ") 20°. | ''') 25°.

d) 14 lit. à | ') 10°. | ") 50°. | ''') 95°.

e') 15^{lit},7 à 70°. | *e''*) 449^{lit},25 à 24°. | *e'''*) 0^{lit},8765 à 12°.

6. Citez les effets les plus remarquables de l'expansion que l'eau éprouve en se congelant.

7. Voyez le *Tableau de la force élastique maximum de la vapeur d'eau*, et dites

a) de combien s'augmente la pression d'un gaz qui se sature de cette vapeur, en conservant son volume et sa température, cette température étant de

') — 10°. | ") 40°. | ''') 50°.

b) à quelle température bouillirait l'eau dans un espace où la pression de l'air serait égale à

') 0^m,004. | ") 0^m,02. | ''') 0^m,52.

8. Signalez les circonstances capables d'influer sur le point d'ébullition de l'eau.

9. Nommez les métalloïdes solubles dans l'eau

a) en la colorant. | *b*) sans la colorer.

10. Nommez les métalloïdes capables de décomposer l'eau en s'emparant de son | *a*) hydrogène. | *b*) oxigène.

11. Dites les noms des composés formés lors de la décomposition dont il s'agit au n° précédent.

12. A quelle température l'hydrate de chlore *a*) se forme-t-il ? | *b*) se détruit-il, et en quoi se décompose-t-il ?

13. Comment peut-il se faire que les flammes d'un incendie s'accroissent par suite de l'arrivée sur les matières embrasées d'une quantité d'eau trop peu abondante ?

14. Quels sont les gaz que tient en dissolution l'eau ordinaire ? Nommez-les par ordre

a) de plus grande solubilité.

b) de plus grande abondance où ils se trouvent dans l'eau distillée, abandonnée à l'air.

15. Si les gaz dissous dans les eaux communes se rencontrent ordinairement dans d'autres proportions que dans l'air, dites dans quel sens est la différence, puis exposez-en la cause.

16. Comment peut-on dépouiller l'eau

a) des gaz qu'elle tient ordinairement en dissolution ?

b) des matières salines qui peuvent s'y trouver dissoutes ?

17. Comment pourrait-on 1° recueillir les gaz mentionnés au n° 14, 2° en faire l'analyse ?

18. Parmi les sels que les eaux potables sont sujettes à contenir fréquemment, quels sont | *a*) les principaux ?

b) ceux qui ont la réaction alcaline ? — A quels signes peut-on les reconnaître ?

c) ceux qui décomposent le savon ?

19. Décrivez un moyen rapide d'évaluer approximativement les sels dont il s'agit à la question 18 *c*.

20. En employant l'hydrogène avec l'eudiomètre pour analyser de l'air,

a) quelles opérations successives a-t-on à faire ?

b) les gaz employés pour l'expérience doivent-ils être secs ou humides ?

c) pour quelle part entre l'oxigène dans le volume de gaz que la détonation fait disparaître ?

d) supposez que l'on ait eu les données suivantes :

') Air = 500 p. (en volume) ; Hydrogène ajouté = 500 p. ; Gaz resté après la détonation = 715 p. ;

") Air = 200 vol. ; Hydrogène ajouté = 200 vol. ; Gaz resté après la détonation = 274 vol. ;

''') Air = 500 vol. ; Hydrogène ajouté = 150 vol. ; Gaz resté après la détonation = 261 vol. ;

et dites 1° quelle est la quantité de gaz qui, après la détonation, s'est trouvée de moins qu'avant le passage de l'étincelle électrique ; — 2° ce qu'est devenu le gaz qui a ainsi disparu ; — 3° quelle était la dose d'oxigène contenu dans le volume d'air employé pour l'analyse ; — 4° si l'hydrogène ajouté était suffisant, et quelle preuve on en a ; — 5° la composition de l'air analysé, en admettant qu'il ne contînt que de l'oxigène et de l'azote, et en exprimant les proportions des composants contenus dans 100 parties.

21 ⚌ « *Bioxide d'hydrogène*, | a) 52 ». | b) 2 a ». c) 16 ». | d) 21 ». | e) 55 a ».

22 ⚌ Acide hypochloreux,) a) 52. | b) 55 a.
23 ⚌ Acide hypochlorique, ﹜ c) 21. | d) 25 a.

24 ⚌ Acide sulfureux, | a) 21. | b) 22. c) 25 a et b. | d) 59 f. | e) 50 a. | f) 55. g) 52 a. | h) 59 a'''. | i) 59 c. | j) 44 a. | k) 55 b. l) 57 a et b. | m) 58 a. | n) 70. | o) 72 c.

25. Quels produits obtient-on en réunissant, en présence de beaucoup d'eau, de l'ac. sulfureux et
a') du brôme? | a'') de l'iode? | a''') du chlore?
b) de l'ac. iodique en excès?
c) de l'ac. iodique, l'ac. sulfureux étant en excès.

26. Dans l'acide sulfureux l'oxigène et le soufre sont en égale quantité; de plus, pour la même quantité de soufre l'acide sulfurique contient 1 fois et 1/2 d'oxigène que l'ac. sulfureux. Sachant cela, dites
a) la composition de l'acide sulfurique (anhydre).
b) quelle fraction de son oxigène doit perdre l'acide sulfurique pour devenir acide sulfureux.
c) combien d'acide sulfurique il faudrait partiellement désoxigéner pour obtenir 100 gr. d'acide sulfureux.
d) quels poids d'oxigène et d'ac. sulfureux donnerait la décomposition par le feu d'un poids d'ac. sulfurique égal à | ') 60 gr. | ") 55 gr. | ''') 500 gr.

27 ⚌ Acide sulfurique, | a) 15. | b) 54 a. c) 50. | d) 51. | e) 72 a.

28 ⚌ Ac. sulfurique anhydre, | a) 21. | b) 25 a et c. c) 30 a. | d) 32 a. | e) 54.

29. Pourquoi se produit-il des fumées quand on laisse à l'air | a) l'ac. sulfurique anhydre?
b) l'ac. sulfurique de Saxe? | c) l'ac. azotique concentré?

50. Pour former de l'ac. monhydraté avec 500 p. d'ac. sulfurique anhydre, il faut y ajouter 112 p. 1/2 d'eau, Calculez d'après cela
a) quel poids d'eau devrait s'ajouter à 500 gr. d'ac. sulfurique anhydre, afin de former de l'acide
') sesquihydraté. | ") bihydraté. | ''') quadrhydraté.
b) combien il y a d'acide anhydre dans 1 kil. de l'acide
') trihydraté. | ") bihydraté. | ''') quadrhydraté.

31 ⚌ Ac. sulfurique ordin^re, | a) 16. | b) 25 a et b. c) 24 b. | d) 26 c. | e) 59 a'. | f) 50 a". | g) 59 a'''. h) 59 b' et d'. | i) 40 a. | j) 48 a. | k) 44 b. | l) 46 a'''. m) 17 a. | n) 29 b. | o) 57 b. | p) 41 c' et e". q) 58 a. | r) 67. | s) 66. | t) 68. | u) 70.

32. Nommez les produits de la réaction de l'ac. sulf^que.
a) sur le | ') carbonate de zinc. | ") sulfate de chaux.
　　　　　''') carbonate de plomb.
b) étendu sur le | ') zinc. | ") fer. | ''') manganèse.
c) concentré sur le | ') mercure. | ") bismuth. | ''') cuivre.

33... Voyez le n° 25,) et donnez l'équation de la réac-
34... Voyez le n° 32, ﹜ tion qui y est mentionnée.

35. Nommez une base formant avec l'ac. sulfurique un sel bien dépourvu de solubilité dans l'eau et les ac. étendus.

36. 1° De quoi les yeux sont-ils frappés quand on ajoute du chlore à de l'eau contenant en dissolution à la fois de l'azotate de baryte et de l'ac. sulfureux? — 2° Expliquez la réaction.

37. Donnez l'équation de la réaction du n° précédent.

38. Quel est à peu près le degré que marque à l'aréomètre de Baumé, l'ac. sulfurique, tel qu'on le sort a') des chambres de plomb? | a") du vase de platine? a''') des chaudières où se fait la 1re concentration?

39. Dans la fabrication de l'ac. sulfurique, quel est le rôle de l'acide d'azote?

40. A l'aide de la *Table* que vous avez dans les *Explications*, dites
a) la densité qu'offre à 15° de température l'ac. sulfurique étendu qui contient | ') 28 % d'ac. monhydraté. ") 45 % d'ac. monhydraté. | ''') 55 % d'ac. monhydraté.
b) le degré que marque à l'aréomètre de B. l'ac. de la question a.
c) la densité et le degré aréométrique qu'offrirait à la température 0° l'ac. de la question a.
d) la densité à 15° d'un mélange d'ac. sulfurique et d'eau contenant | ') 77 % d'acide anhydre. ") 59 % d'ac. anhydre. | ''') 75 % d'ac. anhydre.
e) le degré aréométrique d'un mélange d'eau et d'ac. sulfurique monhydraté, dans lequel l'eau ajoutée est entrée dans la proportion de | ') $\frac{1}{6}$. | ") $\frac{1}{20}$. | ''') $\frac{1}{4}$.
f) le degré aréométrique du mélange formé en mélant
(') 150 p. d'ac. sulfurique avec 50 p. d'eau.
") 57 p. d'eau avec 15 p. d'ac. sulfurique anhydre.
''') 58 p. d'eau avec 49 p. d'huile de vitriol contenant 94 % d'ac. monhydraté.
g) la proportion d'ac. anhydre contenu dans l'ac. sulfurique qui offre, à la température de 15°,
') 27° 1/2 B. | ") 55° B. | ''') une densité de 1,757.
h) les doses d'ac. sufurique monhydraté et d'eau qu'il faudrait réunir pour que le produit eût une densité ') de 1,608. | ") de 1,115. | ''') correspondant à 64° B.

41. De combien d'eau faut-il étendre 1 k. d'ac. sulfurique à 50° B., pour qu'il marque 58°?

42. Combien faut-il d'ac. sulfurique à 50° B. (la température étant de 15°), pour qu'il contienne autant d'ac. réel que 100 k. d'ac. à 55° 1/2?

43. Si l'ac. sulfurique à 65° 1/2 B. coûte 19 fr. les 100 k., quel devra être le prix de 100 k. d'ac. à 50°, pour que l'ac. réel, contenu dans ces deux produits, soit payé au même prix?

44. Que feriez-vous s'il s'agissait d'employer de l'ac. sulfurique
a) anhydre pour produire de l'ac. sulfurique hydraté?
b) très-étendu, pour obtenir du même ac. concentré?

c) hydraté, pour obtenir de l'ac. sulfurique anhydre ?

d) ordinaire, pour produire de l'ac. sulfureux ?

45. Qu'arrive-t-il quand on fait bouillir de l'ac. sulfurique | a) étendu? | b) assez fort pour être fumant?

46. Nommez les métaux que vous savez n'être jamais attaqués par l'ac. | a) sulfurique pur. | b) azotique pur.

47. Comment feriez-vous pour constater s'il y a de l'acide sulfurique ou un sulfate dans une dissolution ?

48 = *Protoxide d'azote*, | a) 21. | b) 25 a. | c) 39 f. d) 35 a. | e) 58 c. | f) 58 a. | g) 72 c. | h) 2 a.

49 = Ch. V, 25.

50 = *Bioxide d'azote*, | a) 2 a. | b) 21. | c) 25 a et b. d) 35. | e) 39 d'. | f) 39 d". | g) 39 f. | h) 53 a. i) 44 j"'. | j) 44 d". | k) 48 u"'. | l) 44 g'. | m) 46 d"'. n) 55 b. | o) 57 a. | p) 58 a. | q) 72 c.

51. Que fait le bioxide d'azote avec la dissolution de protochlorure de fer ou d'un sel quelconque à base de protoxide de fer?

52 = Ac. azoteux, | a) 21. | b) 25 a. | c) 32 a. | d) 2 a.

53 = Ac. hypoazotique, | a) 21. | b) 25 a et b. c) 52 a. | d) 40 d. | e) 44 d". | f) 58 a. | g) 2 a.

54. Expliquez pourquoi la couleur rouge existant dans un flacon plein de vapeurs d'ac. hypoazotique disparaît lorsqu'on y ajoute de l'eau et qu'on agite, puis reparaît quand on débouche le flacon, ensuite disparaît une seconde fois si l'on agite de nouveau, et peut encore plusieurs autres fois, tour à tour, reparaître par l'arrivée de l'air et disparaître par l'agitation avec l'eau?

55. Dans l'expérience du n° précédent, peut-on faire disparaître et reparaître indéfiniment la couleur rouge?

56. Quand on réunit de l'ac. hypoazotique, de l'ac. sulfureux, plus une très-petite quantité d'eau,

a) sous quel aspect s'offre le composé qui se forme?

b) le composé qui se produit peut, si l'on veut, être regardé comme un sulfate hydraté. En l'envisageant comme tel, de quelles combinaisons binaires offrira-t-il la réunion?

c) quels éléments se trouvent dans le composé qui se fait?

57. Quels sont les gaz incolores qui rallument les combustibles présentant seulement quelques points rouges de feu?

58. Quelle est la solubilité des gaz indiqués au n° pr¹.?

59. Comment les gaz du n° 57 se distinguent-ils l'un de l'autre par le moyen | a) de l'eau? | b) du bioxide d'azote?

60. Si les éléments du bioxide d'azote étaient séparés, ils occuperaient chacun la moitié du volume occupé par le volume du composé; calculez d'après cela

a) la composition en volumes des autres combinaisons d'oxigène et d'azote.

b) la densité de ce bioxide, sachant que celles de l'oxigène et de l'azote sont 1,106 et 0,97.

61. A une température suffisamment élevée, l'ac. azotique se décompose; il ne donne alors ni azote, ni protoxide d'azote: en quoi se décompose-t-il?

62. En quoi l'ac. azotique se change-t-il quand il abandonne les 3/5 de son oxigène? Donnez les motifs de votre réponse.

63. Quelle fraction de son oxigène l'ac. azotique doit-il abandonner pour être transformé en | a) ac. azoteux? b') ac. hypoazotique. | b") protoxide d'azote? b"') bioxide d'azote?

64. Quelle est la densité d'un ac. azotique étendu au point de ne contenir que ') 8 % d'ac. anhydre? | ") 16 % d'ac. anh.? "') 14 % d'ac. anhydre?

65. Quel degré marque à l'aréomètre l'ac. nitrique dans lequel il y a, pour 100 p. d'ac. anhydre, | a) 50 p. d'eau? b') 80 p. d'eau? | b") 120 p. d'eau? | b"') 40 p. d'eau?

66. Combien d'acide réel anhydre y a-t-il dans 100 p. d'un ac. azotique étendu de façon à marquer à l'aréomètre de Baumé ') 30°? | ") 22°? | "') 10°?

67. Que produit le bioxide d'azote avec l'ac. azotique, quand celui-ci est pris soit très-étendu, soit de plus en plus concentré?

68 = *Ac. azotique*, | a) 17 a. | b) 16. | c) 21. d) 25 a. | e) 25 c. | f) 26 e. | g) 30 b. | h) 39 a'. i) 40 a. | j) 44 e. | k) 48 p. | l) 48 u'. | m) 50. n) 55. | o) 56 a. | p) 56 b. | q) 58 a. | r) 67. s) 66. | t) 68. | u) 70. | v) 72 a.

69. Que fait à l'air l'ac. azotique concentré? et pourquoi?

70. Qu'arrive-t-il à l'ac. azotique très-étendu quand on le fait bouillir? — S'il s'y trouvait un aréomètre et un thermomètre, que remarquerait-on à l'égard de ces deux instruments?

71. Equation de la transformation du soufre et de l'acide azotique en acide sulfurique et en bioxide d'azote.

72. Quand on emploie le sulfate de protoxide de fer pour reconnaître l'ac. azotique,

a) que faut-il y ajouter si l'ac. est étendu de beaucoup d'eau?

b) quels sont les effets qui ont lieu?

73. Quel nom donne-t-on au liquide qui résulte de la réunion de l'ac. azotique et de l'ac. chlorhydrique?

74. Expliquez la décomposition que les deux acides nommés au n° préc¹ peuvent se faire subir l'un à l'autre.

75. Quels gaz sont dégagés par la chaleur du liquide mentionné au n° 73?

76. Avec quoi prépare-t-on l'eau régale?

77. Expliquez comment il se fait que l'eau régale remplit facilement le rôle d'agent | a) chlorurant. | b) oxigénant.

78. Qu'elle est la couleur

a) de l'eau régale? | b) du gaz de l'eau régale?

79. Comment le gaz chloroxiazotique se comporte-t-il

a) avec l'eau. | b) avec le mercure?

c) avec la dissolution | ') de sulfate de protoxide de fer. ") d'azotate d'argent? | "') de protochlorure de fer.

80. L'eau régale est-elle | a) un composé défini? b) d'une composition invariable? — A quoi sert-elle?

81. = *Ac. phosphorique*, | a) 25 c. | b) 26 c' et c". c) 55 a. | d) 54 a. | e) 29 b | f) 30 a. | g) 59 d', d" et d"'.

82. Etant chauffé à l'état hydraté, comment se comporte
a) l'acide phosphorique?
b) un acide de phosphore moins oxigéné que l'acide phosphorique.

83 ═ Ac. arsénieux, | a) 21. | b) 24 a et b.
c) 53 a. | d) 39 a" et d". | e) 39 c. | f) 42 a".
g) 42 d'. | h) 36 b. | i) 53 b. | j) 58 a. | k) 70.

84. Dites la différence qu'on trouve, en comparant l'ac. arsénieux vitreux et celui qui est devenu opaque, sous le rapport de la | a) composition. | b) solubilité.

85. Quels changements spontanés (c.-à-d. se faisant de soi-même) peuvent avoir lieu dans l'ac. arsénieux?

86. L'action du chlore sur l'ac. arsénieux dissous ressemble à celle sur l'ac. sulfureux :
a) que produit-elle? | b) donnez-en l'équation.

87. Comment à l'aide de l'ac. arsénieux peut-on reconnaître celle de deux eaux chlorées qui est la plus chargée de chlore?

88 ═ Ac. arsénique, | a) 21. | b) 51 a. | c) 35 a.
89 ═ Ac. borique, | a) 21. | b) 26 c' et c". | c) 53 a.
d) 51 a. | e) 39 a" | f) 57 b. | g) 58 a | h) 70.

90. Qu'est-ce que le borax? — Que faudrait-il faire pour en retirer de l'ac. borique?

91. Comment peut-on se rendre compte de la quantité d'eau jointe à l'ac. anhydre dans l'ac. borique cristallisé?

92 ═ Silice, | a) 21. | b) 25 e. | c) 26 c'.
d) 26 c". | e) 53 a. | f) 54 b. | g) 70.

93. Comment peut-on obtenir de la silice gélatineuse.

94. Quand la silice est-elle soluble? — Comment peut-on lui faire perdre sa solubilité?

95. Quelles sont les principales sortes de silice naturelles?

96. Comment s'appelle la silice en minéralogie? — Quel nom particulier donne-t-on à la silice naturelle cristallisée?

97. Qu'est-ce que l'agate? — Quel avantage les mortiers d'agate ont-ils sur ceux de marbre?

98 ═ Oxide de carbone, | a) 21. | b) 25 c.
c) 53 a. | d) 56 a. | e) 55 a. | f) 71. | g) 3.

99. L'oxide de carbone forme-t-il des sels avec les bases?

100 ═ Acide carbonique, | a) 3. | b) 23 b.

c) 24 c. | d) 25 a et b. | e) 26 e. | f) 53 a.
g) 39 a''' et 39 d'. | h) 39 f. | i) 30 a. | j) 40 a.
k) 44 a'". | l) 58 a. | m) 54 b. | n) 53 a. | o) 70.

101. 100 gr. d'oxigène brûlent 57^{gr},5 de carbone en le changeant en acide carbonique. Combien
a) 1 gr. d'acide carbonique renferme-t-il de carbone?
b) 1 gr. de carbone exige-t-il d'oxigène pour se changer en acide carbonique?
c) 225 gr. de carbone absorbent-ils d'oxigène en brûlant?

102. Expliquez pourquoi l'ac. carbonique s'accumule au fond de certains puits, et dites si l'hydrogène en ferait tout autant dans le cas où il y aurait une production semblable de ce dernier gaz.

103. Que faudra-t-il faire quand on voudra changer
a) l'ac. carbonique en oxide de carbone?
b) l'oxide de carbone en ac. carbonique?

104. Pour obtenir 346 litres d'oxide de carbone quel volume d'acide carbonique faudrait-il dénaturer, en faisant agir sur celui-ci | a) du carbone? | b) du fer?

105. Ayant un mélange d'ac. carbonique, d'azote et d'oxigène, comment feriez-vous pour déterminer pour quelle part entre chacun d'eux dans le volume du mélange.

106. De quelle nature sont les bulles qui forment la mousse dans l'eau gazeuse, la bière, etc. ?

107. Comment la dissolution d'ac. carbonique qui se trouve dans le commerce | a) s'appelle-t-elle ?
b) s'obtient-elle? | c) se comporte-t-elle au contact de l'air ?

108. Si de l'eau pure se sature d'ac. carbonique à 0° sous la pression de 8^m,36, quelle sera la proportion exprimée en poids, du gaz qu'elle aura dissous ?

109. Donnez l'indication des calculs à faire pour trouver quel est le poids de gaz dissous par 1 lit. d'eau dans le cas indiqué au n° précédent.

110. Qu'arrive-t-il quand on mêle ensemble de l'eau gazeuse et de l'eau de chaux?

111. Comment se comporte, quand on les chauffe, chacun des acides suivants: acide sulfureux, sulfurique, azoteux, carbonique, phosphorique, borique, silicique, arsénieux, arsénique ?

CHAPITRE XII.

Fin des questions sur les combinaisons inorganiques des métalloïdes entre eux.

1. *Ac. chlorhydrique,* | a) 16. | b) 2 a. | c) 3.
d) 21. | e) 54 a. | f) 50. | g) 25 c. | h) 26 c.
i) 29 b. | j) 29 d. | k) 30 a. | l) 55 a. | m) 54.
n) 36 a. | o) 58. | p) 59 f. | q) 39 a. | r) 44 a.
s) 44 e' et e". | t) 42 a". | u) 44 a. | v) 46 g".
w') 48 e". | w") 50. | w"') 55 b. | x) 58 a,
y') 67. | y") 66. | y"') 75 a. | z) 70.

2. Pour préparer 1 litre de gaz chlorhydrique en combinant directement ses éléments, combien faut-il de chaque corps ?

3. Dans les conditions normales de mesurage, 1 litre de chlore pèse 3 $^{gr.}$,48 et 1 li. d'hydrogène pèse 0 $^{gr.}$,0896. Calculez d'après cela
a) quel est le poids d'un litre de gaz chlorhydrique.
b) quel volume occupent 100 gr. d'ac. chlorhydrique.

4. Donnez un moyen commode et rapide pour reconnaître le plus riche en acide réel de deux acides chlorhydriques du commerce.

5. Nommez les oxacides par lesquels vous savez que l'ac. chlorhydrique peut être décomposé.

6. Dites quels produits donne l'ac. chlorhydrique avec
a') l'oxide d'argent. | a") la chaux. | a"') la soude.
b') le carbonate de bioxide de cuivre.
b" le carbonate de potasse.
b"' l'azotate d'argent dissous.

7. Quels effets chimiques et quels résultats immédiatement visibles ont lieu, quand l'ac. chlorhydrique est ajouté à une dissolution de sulfate d'argent ?

8. Qu'est-ce que l'ac. chlorhydrique sédécihydraté ?

9. Qu'arrive-t-il quand on fait bouillir de l'ac. chlorhydrique du commerce ?

10. Jusqu'à quel point la chaleur peut-elle servir à concentrer l'ac. chlorhydrique très-étendu ?

11. Quelle est la nature du composé qui se trouve à l'état de vésicules dans les fumées qui paraissent sortir d'un flacon débouché contenant de l'acide chlorhydrique très-concentré ?

12. Quand l'ac. chlorhydrique dissous contient les 2/3 de son poids d'eau, quelle est la densité et quel est le degré aréométrique du liquide ? (Consultez le tableau que vous voudrez.)

13. Si l'on neutralise par le gaz chlorhydrique 100 gr. de chaux pure, lesquels contiennent 71 $^{gr.}$,4 de calcium,
a) quel poids d'eau obtiendra-t-on ?
b) combien consommera-t-on d'acide ? A volume égal le chlore pèse 35 fois 1/2 autant que l'hydrogène.
c) quel sera le corps produit pendant la réaction, en même temps que l'eau, et combien pèsera-t-il ?

14. Comment reconnaîtrait-on dans l'ac. chlorhydrique la présence | a) de l'ac. sulfurique? | b) de l'ac. arsénieux?
c) de l'ac. sulfureux ? | d) du chlore libre ?

15 = *Ac. brômhydrique,* | a) 21. | b) 25 a.
c) 25 b. | d) 55 a. | e) 48 a. | f) 54. | g) 46 g".
16 = *Ac. iodhydrique,* | a) 21. | b) 25 a.
c) 25 b. | d) 55 a. | e) 46 g". | f) 54.

17. Que doit faire le chlore avec l'acide
') iodhydrique? | ") chlorhydrique? | "') brômhydrique?

18 = *Ac. fluorhydrique,* | a) 21. | b) 55 a.
c) 54. | d) 48 a. | e) 48 m"'. | f) 48 m".

19 = *Ac. sulfhydrique,* | a) 21. | b) 25 a et b.
c) 56 a. | d) 59 f. | e) 59 c'. | f) 40 f. | g) 44 i"'.
h) 46 f". | i) 53 b. | j) 58 c'. | k) 58 c".
l) 72 a. | m) 71. | n) 3.

20. Dites ce que devient le gaz sulfhydrique en présence
a) d'une petite portion de chlore.
b) du chlore mis en excès, et en l'absence de l'humidité.
c) de l'air, quand il est dissous dans l'eau.
d) de l'iode et d'eau abondante. | e) de l'acide azotique.
f) de l'acide sulfurique. | g) de l'acide arsénieux.
h) de l'acide arsénique. | i) d'un sel de plomb dissous.

21. Sachant qu'avec les substances dont il va être question, l'ac. sulfhydrique donne lieu à des effets analogues à ceux que produit l'ac. chlorhydrique, dites ce que produira la réaction du 1er acide sur
a') la chaux. | a") la soude. | a"') le bioxide de cuivre.
b') le carbonate de plomb. | b") l'azotate d'argent dissous.
b"' le carbonate d'argent.

22. Expliquez comment il est possible, au moyen de l'iode, de reconnaître laquelle de deux dissolutions d'ac. sulfhydrique en contient le plus, et même combien de fois elle en est plus chargée que l'autre.

23. Pour prendre la place de 1 gr. de soufre, il faut 7 $^{gr.}$,9 d'iode. Afin de décomposer l'ac. sulfhydrique qu'une eau tenait en dissolution, il a fallu verser 12 $^{c.c.}$,6 d'une solution qui contenait 10 milligr. d'iode par centim. cub.
a) Quel poids d'iode a-t-on consommé ?
b) Combien cette eau renfermait-elle de soufre à l'état d'acide sulfhydrique ?

24 = *Ammoniaque*, | a) 16. | b) 54 a. | c) 21.
d) 25 e. | e) 2 a. | f) 5. | g) 50 a. | h) 59 f.
i) 59 d'. | j) 38. | k) 42 a. | l) 42 c.
m) 50. | n) 57 a. | o) 57 b. | p) 58 a.
q) 67. | r) 66. | s) 72. | t) 75.

25. Que produit habituellement l'ammoniaque avec ') un hydracide? | ") un oxacide hydraté? | "') l'ac. carb.?

26. Que fait le chlore avec un excès d'ammoniaque?

27. Dites ce qui peut se produire de plus que dans le cas précédent, quand on fait réagir les deux mêmes corps en prenant l'ammoniaque en dissolution et le chlore en excès.

28. Par la réunion de quels composés binaires représenteriez-vous la composition du produit formé dans le cas de la question 25"?

29. Qu'est-ce que l'ammonium? — A-t-il une existence réelle à l'état isolé?

30. Donnez la composition de l'ammonium en volumes.

31. A la place du nom qui va suivre, énoncez-en un autre qui désigne le même corps et qui ne rappelle que des composants connus à l'état isolé :
a) chlorure d'ammonium. | b) sulfate d'ammonium.
c') brômure ammonique. | c") bichrômate ammonique.
c"') sulfure ammonique.
d') phosphate d'ammonium. | d") borate d'ammonium.
d"') chlorure double de platine et d'ammonium.

32... Donnez la formule qui correspond au nom que vous avez présenté comme réponse à la question précédente, puis celle qui correspond au nom donné dans l'énoncé de la question.

33 = *Hydrogène protophosphoré*, | a) 21. | b) 25 b.
c) 55 a. | d) 56 a. | e) 72 a.

34 = *Hydrogène perphosphoré*, | a) 21. | b) 25 b.
c) 55 a. | d) 56 a. | e) 72 a. | f) 55 a. | g) 52.

35 = *Hydrogène arsénié*, | a) 21. | b) 25.
c) 55 a. | d) 56 a. | e) 56 b. | f) 58.
g) 72. | h) 55 a. | i) 55 b.

36. Quand l'ac. chlorhydrique et l'arséniure de zinc sont chauffés ensemble, il y a échange de position entre l'hydrogène et le métal. Nommez les corps qui se produisent.

37. Que deviennent les éléments de l'acide arsénieux, quand il est introduit dans un appareil à hydrogène?

38. Qu'est-ce qu'un appareil de Marsh?

39. Quand de l'acide arsénieux a été introduit dans un appareil de Marsh, quel est le gaz dont la décomposition occasionne un dépôt? — Dites de plus
a) d'où vient qu'il se décompose.
b) quel est le corps qui se dépose, et quelle en est la couleur.

40. Quelles dispositions prend-on pour obtenir à l'appareil de Marsh, s'il y a lieu,
a) des taches arsenicales sur la porcelaine?
b) un anneau d'arsenic dans un tube?

41. Après avoir obtenu à l'appareil de Marsh un dépôt arsenical, comment peut-on en vérifier la nature?

42. Que doit faire un dépôt formé par de l'arsenic,
a) quand on le chauffe dans un courant d'hydrogène?
b) quand on le traite à chaud par un excès d'ac. azotique, puis qu'après avoir évaporé l'excès d'acide avec précaution, on verse sur le résidu refroidi une solution d'azotate d'argent neutre?
c) quand on fait d'abord arriver sur lui, très-lentement, de l'air mêlé d'un peu de chlore, puis qu'on fait agir l'acide sulfhydrique?

43... Qu'arriverait-il par suite du traitement mentionné à la question précédente, si le dépôt était de nature antimoniale ou charbonneuse, au lieu d'être arsenical?

44 = *Hydrogène protocarboné*, | a) 16. | b) 54 b.
c) 55 b. | d) 21. | e) 25 a et b. | f) 55 a. | g) 56 a.

45. Qu'appelle-t-on corps *isomères*? — Citez-en des exemples pris parmi les carbures d'hydrogène.

46 = *Gaz oléfiant*, | a) 55 a. | b) 50 a. | c) 56 a.
d) 58. | e) 42 a. | f) 5.

47. Qu'est-ce que l'*huile des Hollandais*?

48. Quel est l'hydrogène carboné le moins éclairant?

49. Qu'appelle-t-on *feu grisou*?

50. Qu'est-ce que la *Lampe de Davy*? — Expliquez la théorie de son usage.

51 = *Les carbures d'hydrogènes liquides*, | a) 50 a.
b) 56 b.

52. Quels sont les principaux composants du gaz d'éclairage?

53. Avec quoi obtient-on le gaz d'éclairage?

54. Décrivez la préparation du gaz d'éclairage
a) de la houille. | b) de l'huile.

55. Dans les usines à gaz de houille, quelle est la destination et quelle est la disposition habituelle
a) des cornues? | b) du barillet? | c) des condenseurs?
d) des laveurs? | e) des épurateurs? | f) des gazomètres?

56. Dans les usines à gaz de houille, à quoi sert
a) ce qui reste dans les cornues?
b) le liquide aqueux qui se condense?
c) la partie goudronneuse?
d) la chaux qui sort des épurateurs?

57. Dites quelles substances nuisibles sont sujettes à se trouver dans le gaz d'éclairage, puis
a) de quels inconvénients elles sont susceptibles.
b) si le gaz de l'huile et celui de la houille sont exposés également à en être souillés.
c) comment on peut en reconnaître la présence.
d) quels agents sont employés pour les enlever.

58. Nommez par ordre les principales parties dont se compose l'appareil de fabrication du gaz de la houille.

59 = *Les Chlorures de soufre*,
60 = *Protochlorure de Phosphore*,   } a) 21. | b) 25 b.
61 = *Perchlorure de Phosphore*,   } c) 52 a. | d) 58 a.
62 = *Chlorure d'Arsenic*,

63. Quelle est la propriété la plus saillante du chlorure d'azote et de l'iodhydrure d'azote?

64. Dans quelles circonstances se produit-il
a) du chlorure d'azote? | *b)* de l'iodhydrure d'azote?

65 = *Fluorure de Silicium*, | a) 21. | b) 52 a.
c) 34. | d) 72 a. | e) 55 a.

66. Quel danger peut offrir le fluorure de silicium se rencontrant avec de l'humidité dans des tubes d'appareils?

67. L'ac. fluorhydrosilicique, | *a)* comment se produit-il?
b) par la réunion de quels composés binaires peut-il être représenté?
c) quel est le résultat auquel il donne lieu habituellement avec les dissolutions des sels qu'il peut décomposer?
d) abstraction faite des éléments qui s'y trouvent dans les proportions constituantes de l'eau, contient de quoi former du fluorure de silicium et de l'ac. fluorhydrique en doses telles que le fluor du 1er serait double de celui du second. Donnez l'équation de l'action de l'ac. fluorhydrosilicique sur le
') chlorate de potasse. | ") nitrate de baryte.
"') chlorure de barium.

68 = *Les Sulfures d'Arsenic*, | a) 16. | b) 21.
c) 25 a. | d) 55 a. | e) 56 b. | f) 70. | g) 58 a.

69. Qu'arrive-t-il au sulfure jaune d'arsenic,
a) quand on le calcine?
b) quand on verse dessus de l'ammoniaque, puis quand le gaz alcalin passe du liquide dans l'atmosphère?
c) quand on le traite à chaud par l'acide azotique en excès?

70. Equation de la formation du sulfure d'arsenic par l'ac. arsénieux. — Dites de plus la couleur de ce sulfure.

71. Eq^{on} de la réaction du sulfure de barium sur l'ac. sulfurique accompagné d'ac. arsénieux et non trop concentré.

72 = *Sulfure de Carbone*, | a) 21. | b) 26 c".
c) 36. | d) 58 a.

73 = *Cyanogène*, | a) 21. | b) 52 a.
c) 56 a. | d) 48 a. | e) 58 a. | f) 72 a.

74. Signalez une série de faits dans lesquels le cyanogène fonctionne à la manière d'un corps simple.

75. Que doit produire en éprouvant une combustion complète | *a)* un hydrogène phosphoré?
b) l'hydrogène arsénié? | *c)* un hydrogène carboné?

d) l'oxide de carbone? | *e)* l'acide carbonique?
f) le cyanogène? | *g)* l'acide sulfhydrique?
h) le sulfure de carbone? | *i)* un sulfure d'arsenic?

76... Quand le gaz nommé à la question précédente brûle dans une éprouvette, | *a)* que produit-il?
b) comment est la flamme qu'il offre en brûlant?

77 = *Chlorhydrate d'Ammoniaque*, | a) 16.
b) 26 c' et c". | c) 33 a. | d) 42 c. | e) 40 f.

78 = *Sulfhydrate d'Ammoniaque*, | a) 21.
b) 25 a. | c) 25 b. | d) 26 c'". | e) 55 a.
f) 55. | g) 40 d. | h) 46 f. | i) 58 a.

79. Que ferait le chlore en arrivant peu à peu sur le sulfhydrate d'ammoniaque?

80 = *Sulfate d'Ammoniaque*, | a) 21. | b) 25 a.
c) 25 b. | c) 26 c'". | d) 30 a. | e) 33 a.
f) 48 a. | g) 46 a'".

81 = *Azotate d'Ammoniaque*, | a) 55 a. | b) 30 a.
c) 58 a. | d) 48 b'". | e) 48 b'.

82 = *Phosphate d'Ammoniaque*, | a) 55 a.
b) 31 b et c. | c) 58 a.

83 = *Les Carbonates d'Ammoniaque*, | a) 24.
b) 25 a et b. | c) 26 c". | d) 55 a. | e) 58 a.

84 = *Les Sels ammoniacaux*, | a) 17 a. | b) 24.
c) 25 a. | d) 55 a. | c) 50 a. | f) 40 d.
g) 75 a. | h) 75 c. | i) 75 g. | j) 75 n'.
k) 75 q. | l) 76 a. | m) 76 c. | n) 73 b.

85. Exposez les effets que produit la chaleur sur le sel d'ammoniaque suivant:
a') borate. | *a")* chlorhydrate. | *a'")* azotate.
b') bisulfhydrate. | *b")* sulfate. | *b'")* phosphate.
c) azotite. (Comme l'azotate, en se décomposant par la chaleur il laisse tout son hydrogène passer à l'état d'eau).

86... Equation de la décomposition produite dans le cas mentionné au n° précédent.

87. Equation de la réaction qui s'accomplit à chaud quand du sulfate d'ammoniaque a été ajouté à de l'acide sulfurique nitreux.

88. Combien y a-t-il de sels d'ammonium que la chaleur puisse changer, totalement ou partiellement, en eau qui se dégage, et en sel n'offrant plus que les éléments de l'ammoniaque et d'un anhydride? — Nommez-les,

CHAPITRE XIII.

Questions sur les métaux.

1. Nommez les métaux | *a*) liquides (à froid).
(*b'*) que vous savez n'offrir jamais aucune saveur.
(*b''*) qui ne sont ni blancs ni gris, en ajoutant après le
    nom de chacun d'eux sa couleur habituelle.
(*b'''*) qu'on peut amener à être transparents. — Dites-en
    la couleur vue 1° par réflexion, 2° par transmission.
c') ductiles. | *c''*) cassants. | *c'''*) malléables.

2. Dites ce que vous savez 1° sur l'odeur des métaux,
2° sur leur saveur.

3. Quelle est la couleur habituelle | *a*) de l'or?
b') du cuivre? | *b''*) de l'argent? | *b'''*) du platine?

4. 1° Quelle est la couleur de l'or regardé de façon à ce
qu'on voie la lumière qu'il laisse passer par transparence?
2° puis celle du plomb, vu de même par transparence?

5. Dans quelles circonstances et jusqu'à quel point les
métaux sont-ils sujets à varier d'éclat et de couleur? —
Citez quelques exemples.

6. Quelles circonstances sont capables de déterminer
la cristallisation des métaux, ou du moins de certains
d'entre eux? — Citez-en un ou plusieurs exemples.

7. Qu'est-ce que | *a'*) la trempe d'un métal?
a'') l'écrouissage d'un métal? | *a'''*) le recuit d'un métal?
b') la dureté? | *b''*) la malléabilité? | *b'''*) la flexibilité?
c') la ténacité? | *c''*) la ductilité? | *c'''*) la dilatabilité?

8. Expliquez-vous sur l'influence que peut avoir sur la
ténacité des métaux et sur quelques autres de leurs qualités,
a) leur cristallisation et en général leur texture.
b) leur état de pureté.

9. Considérés sous le rapport de la densité, comment
les métaux peuvent-ils se partager en 2 catégories bien
tranchées? — Leur densité est-elle invariable?

10. Nommez, parmi les métaux usuels, | *a*) le plus tenace.
b) ceux qui sont assez durs pour rayer le marbre.
c) celui qui est assez mou pour être aisément rayé par
    l'ongle et pour laisser une trace grise quand on le
    frotte sur le papier.
d) ceux qui sont à la fois cassants et aisés à fondre. —
    Comment peut-on reconnaître chacun d'eux sans
    expérience chimique?
e') les plus légers. | *e''*) les plus lourds. | *e'''*) les plus mous.
f) les 3 ou 4 plus | *'*) durs. | *''*) ductiles. | *'''*) malléables.
g') les moins fusibles. | *g''*) les plus fusibles.
        g''') les plus volatils.
h) les plus dilatables. | *i*) les moins dilatables.

11. Nommez un métal qui ait un rang plus élevé pour
la malléabilité que pour la ductilité, et un autre pour lequel ce soit l'inverse.

12. Nommez les métaux, placés par ordre de fusibilité,
en faisant suivre le nom de chacun d'eux de l'indication
approximative de la température à laquelle il se fond.

13. Dites quels sont les métaux
a) qu'on peut distiller en vases de verre, puis ceux qu'on
    peut distiller, mais non dans des cornues de verre.
b) non distillables aux feux ordinaires, mais offrant une
    volatilité sensible à la température du simple blanc,
    et indiquez à peu près leur rang de volatilité.
c) qui n'ont pas de volatilité bien sensible à la chaleur
    blanche ordinaire.

14. Nommez les métaux très-visiblement attirables à
l'aimant, par ordre de plus grande énergie magnétique.

15. Qu'appelle-t-on réduire | *a*) un oxide
') sans rien dire de plus? | *''*) à l'état de poudre?
    ''') à un moindre degré d'oxigénation?
b) un métal de son | *'*) oxide? | *''*) chlorure? | *'''*) sulfure?

16. Qu'est-ce qui caractérise les métaux que nous som-
mes convenus d'appeler | *a'*) non hydroréductibles?
a'') alcaligènes ou alcalins? | *a'''*) hydroréductibles?
b' = *a''*. *b''* = *a'''*. *b'''* = *a'*. | *c'* = *a'''*. *c''* = *a'*. *c'''* = *a''*.

17. Quels caractères distinguent les métaux | *a'*) nobles?
b') alcalino-terreux? | *b''*) alcalins proprement dits?

18. Nommez les métaux que l'eau
a) attaque vivement, même quand elle est froide.
b) change en oxides | *'*) à saveur caustique.
    '') non alcalins et inaltérables par l'hydrogène.
    ''') insipides et inaltérables par le carbone.
c) oxide, puis qui se laissent désoxider | *'*) par l'hydrogène.
    '') par le carbone et non par l'hydrogène.
    ''') par l'hydrogène et non par le carbone.
d) n'oxide que vers le degré de la chaleur blanche.
e) seule ne peut jamais transformer en oxide.

19. Nommez les métaux *non hydroréductibles*, en les
partageant en groupes, et signalant les propriétés qui ca-
ractérisent chaque groupe.

20. Faites pour les métaux *hydroréductibles* ce qui est
demandé au n° précédent pour les *non hydroréductibles*.

21. Nommez les métaux
a) transformables par grillage en des composés qui peu-
    vent être placés parmi les acides, le tournesol étant
    rougi, sinon par ces composés eux-mêmes, du moins
    par les composés hydratés qui leur correspondent.
b) irréductibles de leurs oxides par l'hydrogène et
    (*'*) aussi par le carbone.
    (*''*) réductibles par le carbone en se volatilisant.
    (*'''*) réductibles par le carbone sans se volatiliser.

c) capables, au rouge, tantôt de s'oxider dans la vapeur d'eau, et tantôt d'être désoxidés complètement par l'hydrogène en formant de l'eau.

d) formant avec l'oxigène des composés | ') colorés. ") à saveur caustique. | ''') insipides et blancs.

22. 1° Donnez l'explication des deux sortes d'effets, contradictoires en apparence, signalés à la question 21 *c*; 2° indiquez la manière de faire les expériences.

23. Dites les noms des métaux | *a) nobles?* *b') alcalino-terreux?* | *b'') terreux?* | *b''') alcalins pr¹ dits?*

24... D'où vient la dénomination mentionnée au n° pr¹?

25... Voyez le n° 18, \ et donnez, pour chacun des mé-
26... Voyez le n° 19, / taux indiqués à ces numéros,
27... Voyez le n° 20, \ les formules des principaux
28... Voyez le n° 21, / ') oxides. | ") chlorures.
29... Voyez le n° 23, / ''') sulfures.

30. Quels métaux conservent le mieux leur brillant en restant à l'air?

31. Indiquez des moyens propres à faciliter la conservation des métaux sujets à s'altérer à l'air.

32. Quels avantages pensez-vous qu'on puisse trouver pour la conservation d'un objet en fer, à le recouvrir | *a)* de zinc? *b)* d'étain? | *c)* d'argent? | *d)* d'or? | *e)* de platine?

33. Quels métaux sont toujours inattaquables par *a)* l'oxigène? | *b')* le soufre? | *b'')* le chlore? | *b''')* l'azote? *c')* l'ac. sulfurique concentré? | *c'')* l'ac. azotique? *c''')* l'eau régale?

d) l'ac. chlorh^que, même au contact de l'air? | *e)* le nitre?

34. Quels sont les métaux attaquables par l'acide ') sulfurique étendu? | ") chlorhydrique avec rapidité? ''') azotique, avec production d'un acide?

35. Nommez les métaux qui, chauffés avec de l'ac. azotique, donnent un précipité blanc ne se dissolvant ni dans l'eau, ni dans cet acide étendu. — Ajoutez le nom du produit insoluble qui se forme alors habituellement.

36. Quels sont les résultats les plus saillants que donnent avec les métaux | *a)* le carbone? | *b)* l'arsenic? *c)* le phosphore? | *d)* la silice accompagnée de carbone?

37. Donnez la formule des composés qu'on obtient en traitant le fer et l'étain | *a)* par l'ac. chlorhydrique. *b)* par le chlore en excès. | *c)* par l'eau régale en excès. *d)* par l'ac. sulfurique peu ou médiocrement concentré. *e)* par l'ac. azotique en excès.

38. Parmi les cas où l'attaque d'un métal par un acide est contrariée par un état de trop forte concentration de celui-ci, citez-en de relatifs à l'acide *a)* azotique. | *b)* sulfurique.

39. A quelle cause paraît habituellement due la situation mentionnée au n° précédent?

40. Qu'arrive-t-il, si, à de l'eau saturée de *a)* sulfate ferreux ou de sulfate ferrique, on ajoute de l'ac. sulfurique concentré? *b)* nitrate de baryte, on ajoute de l'ac. nitrique concentré?

c) chlorure de barium, on ajoute de l'ac. chlorhydrique concentré?

41. Que signifient ces mots : « eau saturée de ') sulfate ferreux? » | ") nitrate de baryte? » ''') chlorure de barium? »

42. Quelle température doit avoir habituellement l'ac. sulfurique concentré pour attaquer rapidement les métaux?

43. Dans le cas dont il est question au n° précédent, *a)* quel genre de dénaturation éprouve ordinair¹ le métal? *b)* quel est le gaz qui se dégage? *c)* se dégage-t-il de l'hydrogène? — Comment ce que vous venez de répondre peut-il se prévoir, dès qu'on connaît l'action de l'hydrogène sur l'acide sulfurique?

44. Quand les métaux sont attaqués par l'acide azotique en excès, | *a)* en quoi se changent-ils habituellement? *b)* quels produits gazeux est-on sujet à voir se former?

45. Nommez les métaux que l'acide azotique ') ne dissout pas. | ") attaque sans les dissoudre. ''') n'attaque jamais.

46. 1° Si un métal placé dans de l'eau acidulée par l'ac. azotique, enlève de l'oxigène à la fois à l'eau et à l'acide, et s'il leur en prend la totalité, quel sera l'élément abandonné par l'oxigène de l'eau, et quel sera celui que laissera l'oxigène de l'acide? — 2° Quel composé connu de vous, peut résulter de l'union des deux éléments dont vous venez d'écrire les noms? — 3° Que fait ce composé, quand il est en présence de l'acide azotique?

47. Equation de la réaction dans laquelle l'acide azotique produit, sans qu'il y ait dégagement de gaz, la dissolution | ') de l'étain. | ") du fer. | ''') du zinc.

48. Equation de la réaction dans laquelle l'étain se dissoudrait dans l'eau régale en ne produisant que du sel ammoniac et du protochlorure d'étain, sans dégagement de gaz.

49. Quels sont les métaux qui, outre le composé dans lequel ils passent quand l'ac. azotique les attaque, donnent *a)* seulement de l'ac. hypoazotique ou du bioxide d'azote? *b)* souvent du protoxide d'azote, ou du gaz azote? *c)* lieu à la formation d'azotate d'ammoniaque?

50. Que faut-il, dans le cas dont il s'agit à la question *a)* 49 *a*, pour qu'il se forme uniquement ou principalement soit de l'acide hypoazotique, soit du bioxide d'azote? *b)* 49 *b*, pour qu'il se dégage du bioxide d'azote aussi pur que possible, le métal employé étant de ceux qui ne peuvent décomposer l'eau au simple rouge? *c)* 49 *c*, pour que le métal s'attaque sans production de gaz?

51. Quelle utilité peut-il y avoir à ajouter un peu de carbonate de soude à l'eau dans laquelle on doit laisser plongés des objets de nature métallique?

52. Quand un métal plongé dans la dissolution d'un sulfate ou d'un chlorure d'un autre métal, occasionne la précipitation de celui-ci, quelle est ordinairement la réaction qui a lieu?

53. Quels sont les métaux qui peuvent précipiter à l'état libre de la dissolution d'un de ses sels

7

a') le potassium ? | *a''*) le sodium ? | *a'''*) le barium?
b') le calcium ? | *b''*) l'étain ? | *b'''*) l'aluminium?
c') le cuivre ? | *c''*) le mercure? | *c'''*) le zinc.
d') le cobalt ? | *d''*) le nickel ? | *d'''*) l'or ?
e') le magnésium? | *e''*) l'antimoine? | *e'''*) le manganèse?
f') le plomb ? | *f''*) le cuivre? | *f'''*) le chrôme?
g') l'argent? | *g''*) le platine ? | *g'''*) le fer ?
h) un des métaux | *'*)nobles? | *''*) terreux? | *'''*)alcalins?

54. Quels sont les principaux métaux qui se trouvent dans la nature à l'état

a) de liberté ou d'alliage? | *b*) de sulfures? | *c*) d'oxides?
d) de carbonates? | *e*) de silicates? | *f*) de sulfates?
g) d'arséniures ou de sulfoarséniures ?

55. Quand on veut qu'un métal, soit libre, soit accompagné encore d'autres éléments, se rassemble en descendant à l'état fondu au bas d'un fourneau métallurgique,

a) quels inconvénients peuvent offrir les matières terreuses ou pierreuses ?

b) que fait-on habituellement pour que les matières pierreuses ou terreuses ne s'y opposent pas ?

56. Quelles sont les principales manières de traiter les composés dont on retire les métaux dans les arts?

57... Entre l'ac. chlorhydrique seul
58... Entre l'ac. chlorhydrique, l'air
59... Entre l'ac. sulfurique étendu
60... Entre l'ac. sulf^{que} conc^{tré} bouillant
61... Entre l'ac. azotique ordinaire
62... Entre l'ac. azotique très-étendu
63... Entre le sulfate de cuivre dissous
64... Entre le sulfate d'argent dissous
65... Entre le bichlor^{re} de mercure diss.

         et le métal nommé au n° 53, que se fait-il ? Répondez en donnant l'éq^{on} de la réaction. Si plusieurs réactions ont lieu, faites pour chacune une équation.

66. Chauffé peu à peu jusqu'au blanc,
67. Soumis au grillage,
68. Laissé dans l'air humide,
69. Traité par le chlore,
70. Traité par le soufre,
71. Traité par l'azote,
72. Avec de l'eau froide, sans air,
73. Dans la vapeur d'eau,
74. Dans l'eau froide, aérée,
75. Avec l'acide sulfurique,
76. Avec l'acide azotique,
77. Avec l'acide chlorhydrique,
78. Avec l'eau régale,
79. Avec les alcalis,
80. Avec le nitre, au rouge,
81. Avec un sel d'argent dissous,
82. Avec un sel de cuivre dissous,
83. Avec un sel de fer dissous,
84. Avec un sel de mercure dissous,
85. Avec un sel de plomb dissous,
86. Avec un sel de zinc dissous,

     que fait
a) le potassium ?
b) le sodium ?
c) le barium ?
d) le strontium ?
e) le calcium ?
f) le magnésium ?
g) l'aluminium ?
h) le manganèse ?
i) le chrôme ?
j) le fer ?
k) le nickel ?
l) le cobalt ?
m) le zinc ?
n) l'étain ?
o) l'antimoine ?
p) le bismuth ?
q) le plomb ?
r) le cuivre ?
s) le mercure ?
t) l'argent ?
u) l'or ?
v) le platine ?

87... Voyez le n° 74,
88... Voyez le n° 75,
89... Voyez le n° 76,
90... Voyez le n° 77,
91... Voyez le n° 78,

     et donnez l'équation ou les équations qui représentent les résultats demandés à ce n°.

92. Exposez les propriétés physiques du métal nommé à la question 66, et dites de plus comment il se comporte avec l'oxigène, le chlore, le soufre, l'ac. sulfurique, l'ac. azotique et l'eau (à froid et au rouge).

93... Formules de l'oxide ou des oxides
94... Formules du chlorure ou des chlor^{es}
95... Formules du sulfure ou des sulfures
96... Formules du sulfate ou des sulfates
97... Dites la couleur habituelle des sels

     principaux du métal nommé au n° 66.

98.... Exposez les propriétés physiques principales
99.... Décrivez les propriétés chimiques principales
100... Nommez les principaux minerais
101... Indiquez sommairement les principales opérations que comprend l'extraction
102... Ecrivez les équations des principales réactions qui se passent dans l'extraction
103.... Dites les principaux usages

     du métal nommé à la question 67.

104... $= 98 + 99 + 100 + 101 + 102 + 103$.

105. Expliquez tous les effets qui ont lieu quand un globule de potassium est jeté dans un vase contenant de l'eau.

106. Combien connaît-on d'oxides de potassium, et quel est celui qui sert de base aux sels de ce métal?

107. Indiquez les principales qualités qui font du fer un métal si utile.

108. 1° Dans quelles circonstances le fer seul décompose-t-il l'eau ? — 2° Qu'en résulte-t-il ? — 3° Dites si l'on peut lui faire décomposer toute la vapeur d'eau que l'on conduit sur lui, et donnez les motifs de votre réponse.

109. Indiquez un moyen de former, avec du fer et un des acides ordinaires, un sel | *a*) ferreux. | *b*) ferrique.

110. Que fait le fer dans l'ac. | *a*) azotique concentré?
b) azotique non concentré, le métal étant en grand excès?
c) azotique moyennement étendu et en grand excès ?
d) sulfurique concentré? | *e*) sulfurique étendu ?
f') chlorhydriq.? | *f''*) fluorhydriq.? | *f'''*) brômhydriq.?

111. Que faut-il ajouter à l'eau quand on veut que le fer qui s'y trouvera plongé s'y conserve parfaitement intact ?

112. Nommez les principaux composants binaires qui sont ordinairement réunis dans le laitier.

113. Quels sont les éléments contenus dans la fonte?

114. Quels sont les produits qui se forment lors de l'affinage de la fonte, c'est-à-dire lorsqu'on en retire le fer?

115. Equation de l'affinage de la fonte, en supposant qu'elle soit représentée par Fe^{20}C^{2}fi?

116. Que présente de particulier le zinc sous le rapport de sa malléabilité et de sa ductilité ?

147. Donnez les équations des réactions au moyen desquelles on passe du sulfate de nickel au métal, en employant comme agents chimiques la chaux et le charbon.

148. Quels dangers présentent, en cas d'incendie, les toitures en zinc?

119. Quel effet remarque-t-on ordinairement

a) en ployant l'étain qui a été moulé en barreau ou baguette?

b) en enlevant par un acide la couche extérieure d'une masse d'étain ou la partie superficielle de l'étain d'un objet étamé?

120. Quels sont les divers phénomènes qui peuvent avoir lieu en traitant l'étain par l'acide azotique?

121. Chauffé avec une dissolution de potasse que produit | a) le zinc? | b) l'étain?

122. Indiquez deux procédés pour extraire l'étain d'un de ses oxides.

123. Indiquez deux procédés pour amener l'étain à l'état de | a) protochlorure. | b) bichlorure.

124. Equation de la réaction du fer sur le sulfure d'antimoine.

125. Equation de l'effet d'un grillage complet, effectué

a') sur l'*antimoine cru*. | a") sur le cinabre.

a''') sur l'argent sulfuré.

b) à une température extrément élevée sur la

') pyrite ord^{re}. | ") pyrite de cuivre ($CuFeS^2$). | ''') blende.

c) sur la galène, 1° dans le cas où le métal passe à l'état d'oxide, 2° dans celui où il devient sulfate.

d) sur le mispickel ($Fe^2 As S^2$), en supposant qu'il ne se forme pas d'arséniate.

126. Equation de la réaction qui se produit à une chaleur intense entre la galène et

a) l'oxide de plomb. | b) le sulfate de plomb.

127. Pour que la réaction entre le sulfure et l'oxide donne lieu à 100 k. de métal, quel poids faut-il prendre de ') galène et de litharge? | ") bioxide et de bisulfure de cuivre? ''') bioxide et de protosulfure de cuivre?

128. Le chlorure qui fait fonction d'acide dans le chloroplatinate de sel ammoniac y apporte deux fois autant de chlore qu'il y en a dans le chlorhydrate qui fait fonction de base. Présentez l'équation de

a) la formation de ce chloroplatinate.

b) la décomposition par le feu du chlorure platinico-ammonique.

129. Avec du platine spongieux, comment peut-on confectionner des fils, des feuilles et des ustensiles divers de ce métal?

130. Exposez les principaux phénomènes particuliers que certains métaux très-divisés produisent avec l'hydrogène, ainsi qu'avec d'autres gaz.

151. Qu'est-ce que le *noir de platine?*

152. Dans quels cas et comment le platine peut-il provoquer des combinaisons ou d'autres effets chimiques entre des gaz qui, sans la présence du métal, resteraient à l'état de simples mélanges? — Citez-en des exemples.

155. Indiquez en quoi consiste la lampe-briquet à hydrogène et à platine spongieux.

154. Quels corps simples peuvent attaquer le platine?

155. Parmi les circonstances sujettes à se réaliser facilement, citez les principales de celles dans lesquelles le platine peut s'attaquer sans avoir été mis directement en contact ni avec l'eau régale, ni avec les corps simples capables de se combiner avec lui.

CHAPITRE XIV.

Questions à propos des généralités concernant les oxides métalliques et les sels.

1. Nommez les oxides métalliques que vous savez être
a') blancs ou blanchâtres. | a") verts. [a"') rouges.
b) jaunes ou d'une couleur plus ou moins jaunâtre.
c) noirs ou noirâtres, même à l'état de poudre ténue.
d) doués d'une forte saveur, et dites comment elle est.
f) susceptibles de s'échauffer beaucoup en s'hydratant.
g') déliquescents. | g") solubles dans l'alcool.
g"') susceptibles de s'hydrater à l'air sans déliquescence.
h) capables de se dissoudre dans moins de 1000 fois leur poids d'eau, et placez-les par ordre de solubilité.
i) sensiblement solubles, et moins à chaud qu'à froid.
j) susceptibles d'être dissous dans l'eau à la dose de plusieurs millionièmes, mais non à la dose de 1/1000.
k) dépourvus de causticité, mais capables de former des sels solubles ne rougissant pas le tournesol violet.
l) tels que leurs combinaisons solubles avec n'importe quel acide rougissent toujours le tournesol bleu ou violet.
m) capables de former des halosels, mais qui ne donnent pas habituellement d'oxisels.
n) décomposables au feu en oxigène et métal.
o) désoxidables seulement en partie par la chaleur.
p) inaltérables et infusibles, même au blanc.
q) fusibles | ') au-dessous du rouge. | ") au rouge peu vif.
   "') seulement au rouge vif.
r) volatils au rouge, — puis ceux qui le sont au-dessus du rouge.
s) indécomposables à la chaleur rouge par
   ') l'hydrogène. | ") le carbone. | "') le chlore.
t) indécomposables par le carbone, et déc. par l'hydrog.
u) suroxidables
   ') par grillage. | ") par le chlore.—Que se fait-il en outre?
   "') par l'air, à froid, quand ils sont hydratés.
v) incapables de se suroxigèner par le grillage.
w) attaquables, avec dégagement d'un gaz, par l'acide
   ') chlorhydrique. | ") sulfurique. | "') oxalique.
x) susceptibles de donner des sels colorés avec les acides incolores.
y) incapables de donner des sels colorés en se dissolvant dans les acides incolores.
z) aptes à former ord' des solutions salines d'une couleur
   ') verte. | ") jaune, ou d'un rougeâtre tirant au jaune.
   "') rose ou rouge;—puis ceux qui en donnent des bleues.
2... Donnez les formules des oxides dont les noms sont demandés au n° précédent.

3. Nommez le gaz dégagé dans le cas de la question 1 w.
4. Dites la couleur de chaque sorte de sel que comprend la question 1 x.
5. Chauffé dans l'hydrogène que devient
a) l'oxide de | ') bismuth ? | ") chrôme ? | "') zinc ?
b) le bioxide de | ') manganèse? | ") cuivre? | "') plomb?
c) le protoxide de | ') cuivre? | ") barium? | "') manganèse?
d') la soude? | d") l'alumine? | d"') la potasse?
e') la litharge? | e") la magnésie? | e"') l'oxide de zinc?
f) l'oxide de | ') calcium ? | ") cobalt? | "') antimoine?
g) l'acide | ') stannique? | ") antimonieux? | "') chrômique?
6... Eq^{on} de ce qui se produit dans le cas de la q^{on} pr^{te}.
7... Dites ce qui résulte) de l'action du carbone sur le
8... Présentez l'équat^{on} } composé mentionné au n° 5.
9... Par 1 gr.) agissant sur le composé nommé au n° 5,
d'hydrogène (combien de métal sera réduit? — Pré-
10... Par 1 gr. (sentez, avant le résultat, l'indication des
de carbone) calculs qui y conduisent.
11. Donnez les formules des hydrates métalliques indécomposables par la chaleur.
12. Nommez les hydrates métalliques
a) blancs, qui se colorent en se déshydratant.
b') blancs, insolubles dans l'eau et se colorant à l'air. —
   Dites la nuance de cette coloration.
b") que la potasse dissout, mais non l'ammoniaque.
b"') que la potasse dissout et l'ammoniaque aussi.
13. Nommez les bases dont les solutions salines donnent
a') avec la potasse) un précipité coloré.—Dites-en
a") avec la soude } la couleur, puis, s'il se change
a"') avec l'ammoniaque) à l'air, ce qu'il y devient.
b) avec l'amm. en excès | ') un précipité blanc, permanent.
   ") une liqueur incolore, ne se troublant pas, même à l'air.
   "') une liqueur colorée, sans précipité.
c) avec l'ammoniaque en excès, une dissolution qui se trouble à l'air en absorbant l'oxigène. — Dites la couleur du précipité qui se produit.
d) ordinairement avec l'ammoniaque en excès, un précipité si le sel est pur et neutre, et nul précipité si le sel est accompagné d'une dose suffisante de sel ammoniacal ou d'acide.
e) habituellement un précipité, quand on les étend de beaucoup d'eau, et qu'elles ne contiennent pas un trop fort excès d'acide.

14. Nommez les bases dont les solutions salines donnent
a) avec le sulfhydrate d'ammoniaque un précipité
') blanc. — Dites la nature de ce précipité, et
'') noir ou noirâtre. De plus
''') ni blanc ni noirâtre. — Dites-en la couleur, et
indiquez, en soulignant le nom inscrit, les cas où le précipité pourra se redissoudre dans un excès de sulfhydrate.

b) avec l'ac. sulfhydrique un précipité, et dites la couleur du précipité dans les cas où il n'est pas noir.

15. Quels sont les métaux que l'acide sulfhydrique
') ne précipite jamais de leurs solutions salines ?
'') ne précip⁰ qu'en partie de leurs sels à acides puissants?
''') peut précipiter complètement de leurs sels, même en présence d'un excès d'acide puissant, pourvu que les liqueurs soient suffisamment étendues?

16. Dans le cas de la question 15''', quels sont les métaux dont les sels sont sujets à ne pas donner lieu à une précipitation immédiate?

17. Quels sont les oxides qui ne sont pas précipités de leurs dissolutions salines | a) par le carbonate de soude?
b) par le carbonate d'ammoniaque, du moins quand elles sont suffisamment acides et étendues?
c) par le prussiate jaune?

18. Quand la potasse
19. Quand la soude
20. Quand l'ammoniaque
21. Quand l'acide sulfhydrique
22. Quand l'acide chlorhydrique
23. Quand l'ac. sulfurique
24. Quand le sulfhydrate d'ammoniaque
25. Quand le carbonate de soude
26. Quand le carbonate d'ammoniaque
27. Quand l'air
28. Quand le chlore
29. Quand le fer
30. Quand le zinc
31. Quand le cuivre
32. Quand le mercure
33. Quand le *prussiate de potasse* (ordinaire)
34. Quand le sulfate de protoxide de fer
35 Quand le protochlorure d'étain
36. Quand l'iodure de potassium
37. Quand le chrômate de potasse

est en présence d'un sel dissous du métal qu'on va nommer, que se produit-il? Ayez soin d'indiquer non seulement les substances qui résultent de la réaction, mais encore les effets de précipitation et de coloration, qui peuvent s'observer. Le métal de la dissolution saline est le suivant : | a') potassium. a'') sodium. | a''') barium. b') strontium. | b'') calcium. b''') magnésium. c') aluminium. | c'') chrôme. c''') manganèse protoxidé. d) manganèse suroxidé. e') fer protoxidé. e'') fer incompl^t suroxidé. e''') fer peroxidé. f') cobalt. | f'') nickel. f''') zinc. g) étain protoxidé. h) étain bioxidé. i') antimoine. | i'') bismuth. i''') plomb. j) cuivre protoxidé. k) cuivre bioxidé. l) mercure protoxidé. m) mercure bioxidé. n) argent. o) platine bioxidé. | p) or.

38.... Lisez le n° 18,
39.... Lisez le n° 19,
40.... Lisez le n° 20,
41.... Lisez le n° 21,
42.... Lisez le n° 22,
43.... Lisez le n° 23,
44.... Lisez le n° 24,
45.... Lisez le n° 25,
46.... Lisez le n° 26,
47.... Lisez le n° 27,
48.... Lisez le n° 28,
49.... Lisez le n° 29,
50.... Lisez le n° 30,
51.... Lisez le n° 31,
52.... Lisez le n° 32,
53.... Lisez le n° 33,
54.... Lisez le n° 34,
55.... Lisez le n° 35,
56.... Lisez le n° 36,
57.... Lisez le n° 37,
et après y avoir vu de quelles réactions il s'agit, présentez-en l'équation ou les équations, dans l'hypothèse où la dissolution saline en question renferme un ') chlorure. '') sulfate. | ''') azotate.

58. Dites quel changement de couleur on observe, — puis donnez l'éq^on de la réaction qui a lieu, quand l'ac. sulfhydrique rencontre l'hydrate | a) de nickel. | b) d'alumine. c') de plomb. | c'') de zinc. | c''') de cuivre bioxidé. d') d'antimoine. | d'') d'argent. | d''') de chrôme.

59. S'il y a des sels anhydres qui n'aient pas l'état solide à la température ordinaire, dites à quelle classe ils appartiennent.

60. Que remarque-t-on en comparant la fusibilité des sels multiples à celle des sels simples dont ils offrent la réunion? — Présentez-en au moins un exemple.

61. Dans quel cas est-on assuré qu'un sel est sans couleur, lorsque, sans connaître ce sel, on en connaît les composants ?

62. 1° Quels sont les acides qui forment toujours des sels colorés? — Quelle coloration offrent ces sels, quand ils ont une base incolore?

63. Exposez ce qu'on observe en général sur la saveur des sels métalliques.

64. Que remarque-t-on au sujet des sels métalliques doués d'une odeur prononcée?

65. Exposez ce que vous savez relativement à l'action de l'eau sur les sels en général.

66. Qu'appelle-t-on | a) *eau de cristallisation?* b) *fusion aqueuse?* | c) *fusion ignée?*

67. Quelles sont les principales bases dont les sels neutres sont souvent décomposés par l'eau? — Citez-en un exemple.

68. Nommez séparément tous les principaux sels 1° insolubles, 2° peu solubles, 3° bien solubles, à base de ') chaux. | '') baryte. | ''') plomb.

69. Nommez les principaux sels insolubles ou peu solubles que vous connaissez parmi les composés a) potassiques. | b) sodiques.

70. Quels sont les principaux acides dont les sels
a) sont toujours décomposables par la chaleur ?
b) résistent pour la plupart sans se décomposer à de
     hautes températures ?

71. Avec quelles bases les acides forment-ils en général
les sels qui résistent le mieux au feu ?

72. Quels sels sont indécomposables par la chaleur
seule dans la classe des | *a*) carbonates? | *b*) sulfates?
c) arséniates ? | *d*) nitrates ? | *e*) chrômates?

73. Quand la calcination décompose un sel dont l'acide
se dégage, soit intact, soit en se détruisant sans en laisser
un autre à sa place, de quelle nature est le résidu de
cette calcination ?

74. Citez des sels altérables par | *a*) la lumière.
b) l'oxigène de l'air, et dites ce qu'ils deviennent.
c) le chlore et l'eau, et expliquez les effets produits.

75. Lorsqu'un liquide contenant en dissolution un composé métallique doit être soumis à l'influence de la pile
afin de donner lieu à un dépôt de métal sur un autre métal, quelle condition, appréciable au tournesol, doit en
général présenter ce liquide, si l'on désire que le dépôt
métallique
a) adhère intimement à la surface qu'il recouvrira ?
b) n'offre qu'une adhérence très-faible ou médiocre, à
     l'égard du corps sur lequel il se placera ?

76. Nommez les principaux acides desquels des doses
extrêmement faibles suffisent pour rougir énergiquement
l'eau teinte légèrement en violet par le tournesol neutre,
a) soit que cette eau ne renferme aucune autre chose, soit
     qu'elle tienne en dissolution un sel de l'acide qu'on y
     ajoute.
b) quand cette eau est pure d'ailleurs, mais non quand
     elle est chargée d'un sel de l'acide qu'on ajoute.

77. Nommez les principaux acides qui, mis en présence
de l'eau colorée par le tournesol neutre,
a) rougissent faiblement la couleur ou la détruisent aussitôt.
b) ne changent pas la couleur, même quand on les prend
     hydratés.

78. Dites quels sont les principaux acides capables de
déplacer de ses combinaisons l'ac. qu'on va nommer, et
dans quelles circonstances a lieu ce déplacement. Il s'agit
de l'acide | *a*) sulfhydrique. | *b*) sulfurique. | *c*) sulfureux.
d) carbonique. | *e*) azotique.

79.... Quels acides se laissent ordinairement déplacer
par l'acide nommé au n° précédent?

80. Expliquez quels sont les cas principaux dans lesquels
il arrive qu'un sel se laisse décomposer par une base qui se
classe au-dessous de la sienne sous le rapport de l'énergie
habituelle, ou bien par un acide qu'on serait porté à regarder comme plus faible que le sien.

81. Citez et expliquez des exemples de décompositions
du genre dont il est question au n° précédent.

82. Dans quel cas peut-on prévoir la décomposition
probable de deux sels l'un par l'autre, en mettant leurs
molécules en rapport
a) à l'état dissous ? | *b*) au moyen de la chaleur ?

83. Quel composé faut-il ajouter à un chlorure métallique pour avoir dans leur réunion les mêmes éléments
que dans celle d'un oxide et d'un hydracide? Donnez un
exemple, en présentant l'éq°ⁿ qui montre que les choses
sont conformes à ce qui a été dit.

84. Dites ce que vous présumez devoir se produire
quand on réunira les dissolutions des deux sels suivants,
et exposez les raisons qui motivent votre opinion. Les
sels sont :
a) le nitrate de baryte et le sulfate de
     ') cuivre. | '') potasse. | ''') manganèse.
b) le sulfate de zinc et | ') l'iodure de barium.
     '') le chlorate de baryte. | '') le chlorure de barium.
c) le sel commun et l'azotate
     ') de plomb. | '') d'argent. | ''') de mercure protoxidé.
d) le sulfate de chaux et le nitrate de
     ') cuivre. | '') fer. | ''') potasse.
e) le sulfate de chaux et le carbonate
     ') de potasse. | '') d'ammoniaque. | ''') de soude.

85. A quels signes peut-on distinguer des sels de tous
les autres genres, au moins quand il est soluble dans
l'eau, un | *a*) hypochlorite?
b) des mélanges de sels qu'on appelle *chlorures d'oxides*?
c) chlorate ? | *d*) iodate ? | *e*) sulfate? | *f*) sulfite?
g) hyposulfite ? | *h*) azotite? | *i*) azotate?
j') phosphate? | *j*'') arsénite? | *j*''') arséniate?
k) borate? | *l*) silicate? | *m*) carbonate ?
n) chlorure ou chlorhydrate? | *o*) brômure ou brômhydrate?
p) iodure ou iodhydrate ? | *q*) fluorure ou fluorhydrate?
r) fluosilicate? | *s*) sulfhydrate? | *t*) manganate?
u) permanganate? | *v*) chrômate? | *x*) stannate?
y) antimoniate?

CHAPITRE XV.

Questions sur les alliages.

1. Les alliages sont-ils toujours des combinaisons définies ou bien n'en sont-ils jamais? — Donnez quelques preuves à l'appui de votre réponse.

2. Quelles propriétés appartenant à tous les métaux simples retrouvez-vous dans tous les alliages?

3. Deux métaux étant alliés ensemble à égale proportion, auquel des deux l'alliage ressemble-t-il le plus par sa coloration,

a) si l'un des métaux est blanc ou gris et que l'autre soit jaune ou rouge?

b) si les deux métaux sont   ') l'or et l'argent?   ") le cuivre et le zinc?   ''') le cuivre et l'étain?

4. Quelle relation y a-t-il entre la densité d'un alliage et les densités de ses composants?

5. Si l'on compare les propriétés des alliages à celles de leurs composants, que peut-on dire

a) de leur malléabilité et de leur ductilité?

b) de leur dureté et de leur flexibilité?

6. Quand la différence de densité entre des métaux qu'on veut avoir alliés est capable de nuire à leur homogénéité,

a) quel est le résultat qui tend à se produire?

b) que faut-il faire pour que l'alliage soit homogène autant que possible?

7. Quelles causes peuvent empêcher un alliage, qui était bien homogène à l'état fondu, de l'être encore après sa solidification? — Citez quelque exemple à l'appui de la réponse.

8. Qu'est-ce que la liquation? — Comment peut-elle s'opérer sans que la matière qui l'éprouve subisse une fusion totale?

9. Quels genres d'alliages sont susceptibles d'éprouver par la chaleur une séparation entre leurs composants?

10. Un métal allié à un autre est-il toujours plus attaquable ou moins attaquable que s'il était seul? — Donnez des exemples.

11. Quel est le mode habituel de préparation des alliages?

12. Calculez, pour l'alliage que représenterait la formule ci-dessous, le *titre* exprimé en millièmes, c.-à-d. la quantité de métal précieux contenue dans 1000 p. du composé : | a) Ag^3Cu^4.

b') Ag^2Pb^{15}. | b'') Ag^2Hg^3. | b''') $HgAu^3$.

13. On a allié 4 parties de nickel, 5 p. de zinc et 10 p. 1/2 de cuivre :

a) combien 100 p. de cet alliage contiennent-elles de ') cuivre? | ") nickel? | ''') zinc?

b) par quel nom particulier désignerez-vous l'alliage?

14. Quelles substances autres que l'étain pur sont employées par les potiers d'étain? — Quels avantages leur emploi peut-il procurer?

15. De quoi se compose | a') l'airain? | a") le laiton? a''') l'alliage des caractères d'imprimerie?

b') le *métal d'Alger*? | b") la soudure des ferblantiers?

b''') ce qu'on appelle spécialement *alliage fusible*?

c) le bronze des | ') médailles? | ") chandeliers? | ''') canons? d') le maillechort? | d") le métal des cloches? | d''') le pakfong? e) une pièce de | ') 20 fr.? | ") 5 centimes? | ''') 1 franc. f) l'*or anglais*? | g) le *similor*? | h) le tain des glaces?

16... = 15, en soulignant le métal dominant.

17. Quelles sont les principales sortes d'alliages utiles a) que forment ensemble le cuivre et l'étain? b) dans lesquels il entre du cuivre?

18. Que présente de particulier la malléabilité des alliages de cuivre et d'étain?

19. Dites quelle est à peu près la composition du métal de cloches, et dans quel cas il est malléable.

20. Quelle est la composition | ') des bijoux d'or? ") de l'orfèvrerie d'argent de 1er titre? ''') des bijoux d'argent ordinaires?

21. Dites la composition des principaux alliages de cuivre et | ') d'argent. | ") d'étain. | ''') d'or.

22. Quel poids d'alliage monétaire contient autant de métal précieux que 12 kil. de | ') bijoux d'or? ") couverts d'argent? | ''') bijoux d'argent?

23. Quelle est la quantité de métal précieux contenue dans les 12 kilogr. mentionnés au n° précédent?

24. Qu'appelle-t-on *tolérance* dans le titre légal assigné aux alliages d'or et d'argent?

25. Parmi les métaux usuels principaux, quels sont ceux qui | a) s'allient très-facilement au mercure? b) ne s'amalgament pas directement, du moins à froid?

26. Décrivez le procédé pour la dorure au mercure.

27. Quel alliage peut servir à étamer les surfaces de verre courbes? — Est-ce un vrai étamage?

28. Que donne l'ac. azotique avec

a) un alliage d'or et d'argent?

b) le maillechort, et que produisent sur la dissolution obtenue : 1° la potasse en excès, 2° l'ammoniaque, 3° l'ac. sulfhydrique?

c) un bronze zincifère? | d) un alliage d'argent et de platine?

29... Que fait l'ac. sulfurique avec l'alliage du n° 28?

CHAPITRE XVI.

Questions sur les oxides et oxacides métalliques considérés en particulier.

1. Par quelle formule chimique se représente

a') la potasse ? | a'') la soude? | a''') la baryte ?
b') la strontiane ? | b'') la chaux? | b''') la magnésie?
c) l'alumine ? | d') l'oxide de chrôme (ordinaire) ?
d'') le protoxide de chrôme (nouveau, inconnu à l'état libre)?
d''') l'ac. chrômique? | e) le protoxide de manganèse ?
f') l'oxide 4/3 de manganèse? | f'') le sesquioxide de mang^{èse}?
f''') le bioxide de manganèse? | g') l'ac. permanganique?
g'') l'acide manganique? | g''') l'acide ferrique?
h') le protoxide de fer? | h'') l'oxide 4/3 de fer?
h''') le peroxide de fer? | i') le protoxide de cobalt ?
i'') le protoxide de nickel? | i''') l'oxide de zinc?
j) le protoxide d'étain? | k) l'acide stannique?
l) l'oxide d'antimoine? | m) l'acide antimonieux?
n) l'acide antimonique? | o) le protoxide de bismuth?
p') le protoxide de plomb? | p'') *le minium?*
p''') le bioxide de plomb ? | q) le protoxide de cuivre?
r) le bioxide de cuivre? | s) le protoxide de mercure ?
t) le bioxide de mercure ? | u) l'oxide d'argent?
v) le bioxide de platine? | x) le protoxide de platine?
y) le peroxide d'or ? | z) le protoxide d'or?

2... Dites la couleur qu'offre, à l'état anhydre, \
3... Dites la couleur qu'offre, à l'état hydraté, | l'oxide
4... Donnez un procédé pour préparer | nommé
5... Exposez les principales propriétés de | au n° 1.
6... Enoncez les principaux usages de

7... A la calcination (à l'abri de l'air) \
8... Avec l'air |
9... Avec l'hydrogène |
10... Avec le carbone | comment se com-
11... Avec l'ac. chlorhydrique | porte l'oxide nom-
12... Avec l'acide sulfurique | mé au n° 1.
13... Avec l'ac. sulfhydrique |
14... Avec le verre ou le borax en /
fusion

15. Eq^{on} de l'effet produit dans le cas énoncé au n° 4.
16. Eq^{on} de l'effet produit dans le cas énoncé au n° 9.
17. Eq^{on} de l'effet produit dans le cas énoncé au n° 10.
18. Eq^{on} de l'effet produit dans le cas énoncé au n° 11.
19. Eq^{on} de l'effet produit dans le cas énoncé au n° 12.
20. Eq^{on} de l'effet produit dans le cas énoncé au n° 13.

21. Quelle est la couleur habituelle des \
22. Que produit la potasse sur les |
23. Que produit la soude sur les |
24. Que produit l'ammoniaque sur les |
25. Que produit l'ac. sulfhydrique sur les | sels qui
26. Que produit le sulfhydrate d'amm. sur les | ont pour
27. Que produit le carbonate de soude sur les | base l'oxi-
28. Que produit le carbonate d'amm. sur les | de nom-
29. Que produit le prussiate ordinaire sur les | mé au n°
30. Que produit l'ac. sulfurique étendu sur les | 1?
31. Que produit l'ac. chlorhydrique sur les |
32. Que produit le chlore sur les |
33. Quels sont les caractères distinctifs des /

34... Voyez le n° 22, \
35... Voyez le n° 23, |
36... Voyez le n° 24, |
37... Voyez le n° 25, | et dites seulement 1° quelle
38... Voyez le n° 26, | est la couleur du précipité
39... Voyez le n° 27, | produit dans la réaction men-
40... Voyez le n° 28, | tionnée, 2° si ce précipité
41... Voyez le n° 29, | disparaît par l'emploi d'un
42... Voyez le n° 30, | excès de réactif.
43... Voyez le n° 31, /

44... Voyez au n° 22 \ de quelle réaction il s'agit,
45... Voyez au n° 24 | et présentez-en l'équation, en
46... Voyez au n° 25 | admettant que le métal men-
47... Voyez au n° 26 | tionné soit à l'état de
48... Voyez au n° 27 | (') chlorure.
49... Voyez au n° 28 / ('') sulfate.
('''') azotate.

50. Quels sont les composés qui servent à la préparation de chacun des oxides alcalins (y compris les alcalino-
terreux? — Si ces composés ne se trouvent pas tout formés
dans la nature, dites en outre quelles sont les principales
matières premières d'où ils dérivent.

51. Répondez à la q^{on} 50 seulement en ce qui concerne
a') la chaux. | a'') la soude. | a''') la potasse.
b') la potasse. | b'') la baryte. | b''') la strontiane.
c') la baryte. | c'') la strontiane. | c''') la chaux.

52. Dites ce que vous savez sur la possibilité de décomposer 1° le carbonate de potasse ou de soude par la chaux,
2° le carbonate de chaux par la potasse ou la soude.

53. Présentez l'équation de la préparation de la substance qu'on va nommer, et dites dans quelles conditions s'accomplit l'opération :

a') soude. | a'') potasse. | a''') pierre à cautère.
b') baryte. | b'') strontiane. | b''') chaux.
$c = a''' + a' + b' + b'' + b'''$.

54... Quels sont les changements chimiques et physiques qu'éprouve l'oxide du n° précédent par l'action de l'air
a) à froid? | b) au rouge?

55. Dites les noms et les quantités des matières qu'il faut prendre pour préparer | a) 250 k. de
') baryte. | ") chaux. | ''') monhydrate sodique.
b) 3 k. de monhydrate de
') potasse. | ") soude. | '') baryte.

56. Combien faut-il de calcaire pur pour donner
') 400 k. de chaux? | ") 55 gr. de chaux?
'') 502 k. de chaux?

57. Décrivez la fabrication | ') de la chaux.
") de la pierre à cautère. | ''') de la soude caustique.

58. Dans le commerce qu'appelle-t-on communément
a) potasse? | b) soude?

59. Qu'appelle-t-on 1° *potasse à la chaux*, 2° *potasse à l'alcool*?

60. Qu'appelle-t-on *soude à la chaux, soude à l'alcool*?

61. Nommez les oxides alcalins en les plaçant par ordre
') de fusibilité. | ") de solubilité.
''') de puissance à retenir les acides.

62. De quelle nature sont les cristaux qui se produisent, quand on laisse refroidir une dissolution formée en saturant de l'eau à 100° avec de la
') potasse? | ") baryte? | ''') soude?

63. Quels sont les oxides alcalins moins solubles à chaud qu'à froid?

64. Présentez, en ne faisant abstraction de rien, l'équation de la réaction que l'ac. borique qui a été fondu produit sur la pierre à cautère pure.

65. Comment devra-t-on opérer pour que la réaction du n° précédent soit complète?

66. Combien faut-il de monhydrate de soude pour neutraliser 200 gr. d'ac. chlorhydrique contenant 25 °/₀ d'ac. réel? — Quel est le goût du liquide obtenu?

67. Exposez, sans décrire d'appareils, comment on peut obtenir de l'oxigène en employant la baryte et l'air.

68. Equation de l'action qui a lieu entre
a) l'eau et le trioxide de potassium.
b) le bioxide de barium et | ') l'acide sulfurique.
") l'ac. fluorhydrique. | ''') l'ac. chlorhydrique.

69. Equation de la préparation de l'eau oxigénée.

70. Que produit avec un oxide alcalin
a) le chlore, à la chaleur rouge?
b) le chlore, à froid, en présence de l'eau?
c) le soufre, | ') au rouge? | ") avec de l'eau, à froid?
''') à une température voisine de 100°?

71. Equation de l'action du chlore, au rouge, sur
') le monhydrate de potasse. | ") la chaux. | ''') la baryte.

72. Dites ce que produit le chlore avec une solution de potasse | a) fort étendue et en excès.
b) passablement concentrée, le chlore étant en excès.

73. Les sulfures de calcium plus que protosulfurés sont ramenés à l'état de protosulfure par la chaleur rouge; mais ceux de potassium et de sodium peuvent se conserver à ce degré de chaleur, tant qu'ils ne sont pas plus que trisulfurés. D'ailleurs le soufre peut chasser, par calcination, l'acide carbonique uni aux alcalis. Sachant cela, donnez l'éq⁰ⁿ de la réaction du soufre en excès, au rouge, sur
a') la potasse. | a'') la chaux. | a''') la soude.
b) le carbonate de potasse.

74. $Az H^d.HO, S^2O^2$ est la formule de l'hyposulfite d'ammoniaque. Donnez l'éq⁰ⁿ de la réaction qui a lieu quand on chauffe avec de l'eau un excès de soufre et de la | a) soude.
b') chaux. | b'') potasse. | b''') baryte.

75.... Au rouge l'action du phosphore sur les oxides alcalins est analogue à celle du soufre. Que produit-elle quand l'oxide est celui du n° précédent?

76. Que fait le phosphore chauffé avec un oxide alcalin accompagné d'eau de façon à former une pâte ou une dissolution très-chargée?

77. Equations des actions successives qui ont lieu quand on calcine du charbon en excès avec | ') la chaux.
") l'hydrate de potasse. | '') l'hydrate de soude.

78. Quels changements chimiques et physiques éprouve à l'air une pâte de chaux et d'eau?

79. Etablissez la distinction des chaux grasses, maigres et hydrauliques, sous le rapport | a) de leurs propriétés.
b') de leur composition. | b'') de leurs emplois.
b''') des pierres convenables pour leur fabrication.

80. Qu'est-ce que le ciment romain?

81. Avec des calcaires ordinaires, comment peut-on obtenir des chaux hydrauliques?

82. A une très-haute température, qu'offre de particulier | a) la chaux? | b) la magnésie?

83 = *Magnésie*, (Chap. VIII) | a) 15. | b) 24 a et 24 b.
c) 25 e. | d) 31 a. | e) 35 a. | f 55 a. | g) 59 a'' et a'''.
h) 50. | i) 42 a. | j) 58 a. | k) 70.

84. Eq⁰ⁿ de la réaction de la chaux sur la dissolution de
') sulfate de magnésie. | ") chlorure de magnésium.
''') nitrate de magnésie.

85. Eq⁰ⁿ de la réaction du chlore sur la magnésie délayée dans l'eau (la magnésie agit alors comme la chaux).

86. Comme au n° 85, sauf remplacement de *magnésie* par *alumine*.

87. Dites le nom minéralogique de l'alumine.

88. Signalez des différences fort saillantes que l'on remarque en prenant diverses sortes d'alumine pour la mettre en rapport avec les acides ou les alcalis.

89. Eq⁰ⁿ de la préparation de l'alumine par
a) son sulfate   } dissous et le carbᵗᵉ de soude : négligez l'ac. carbᵗ⁽ᵘ⁾ᵉ qu'elle peut retenir.
b) l'alun potassique (1) }

(1) L'alun potassique est un sulfate double, neutre : l'oxigène de l'alumine y est triple de celui de la potasse.

c) calcination du sulfate, en négligeant la production d'ac.
sulfureux et d'oxigène.

d) calcination de l'alun ammoniacal.

e) ammoniaque et chlorure d'aluminium.

90. Qu'est-ce que les *laques alumineuses*, et comment
les obtient-on?

91. Quand et comment l'alumine peut-elle être utile
pour éclaircir certaines eaux?

92. Eq^on de la réaction du sulfhydrate d'ammoniaque sur
") l'alun potassique. | "') l'alun ammoniacal.
') le sulfate de magnésie et d'alumine.

95. De quelle nature est le précipité dans le cas du n° 92.?

94. Formule chimique | *a*) du coryndon.
b') de l'oxide de chrôme ord^re. | *b*") de l'ac. chrômique.
b"') qu'aurait le protoxide de chrôme anhydre.

95. Eq^on de l'action de la chaleur sur
a') la magnésie. | *a*") l'alumine. | *a*"') la chaux.
b') l'ac. chrômique. | *b*") l'oxide de chrôme (ordin^re).
b"') le peroxide de manganèse.
c') l'oxide 4/5 de mang^èse. | *c*") le sesquioxide de mang^èse.
c"') le protoxide de manganèse.
d') $= a''$. | *d*") $= c'''$. | *d*"') $= b'$.

96. Eq^on de la préparation de l'oxigène par acide sul-
furique et | ') un bichrômate.
") peroxide de manganèse. | "') ac. chrômique.

97. Equation de la préparation du chlore par acide
chlorhydrique et bichrômate de potasse.

98. Eq^on de l'ac. sulfureux sur l'acide
a) chrômique. | *b*) permanganique ($Mn^2 O^7$).

99. Comment sont les composés intermédiaires entre
l'ac. chrômique et l'oxide de chrôme ord^re? — Signalez
des circonstances dans lesquelles il s'en produit.

100. Equation de la préparation de l'oxide de chrôme
par soufre et bichrômate de potasse.

101. Dites quelles manipulations exige la préparation
mentionnée au n° précédent.

102. Un minéral quelconque étant donné, comment pour-
rait-on | *a*) reconnaître s'il contient du chrôme?
b) extraire à l'état d'oxide le chrôme qu'il contiendrait?
c) reconnaître s'il contient du manganèse?

105. Formules des oxides et acides de manganèse.

104. Formule et couleur du précipité obtenu par sulfhy-
drate d'ammoniaque et sel | ') de manganèse.
") de chrôme. | "') d'alumine.

105. Combien 1 k. d'oxide 4/5 de manganèse dégage-t-il
a) de chlore avec l'acide chlorhydrique en excès?
b) d'oxigène par l'action de l'acide sulfurique, en négligeant la formation du sulfate rouge?

106. Eq^on de la décomposition de l'ac. permanganique
a) par calcination poussée jusqu'au rouge très-vif.
b) par l'acide chlorhydrique. — Dans quel cas les deux
acides restent-ils sans réagir?
c) par l'acide sulfurique concentré et chaud.

107. Eq^on de la réaction que produisent, au rouge, l'oxi-
gène et la potasse sur l'oxide | *a*) de chrôme.

b') 4/5 de manganèse. | *b*") mang^eux. | *b*"') mang^ique.

108. Eq^on de la réaction des acides sulfurique et sulfureux
réunis et en excès, sur le | ') permanganate de potasse.
")bichrômate de potasse. | "')chrômate neutre de soude.

109. Equation de la réaction de l'acide permanganique
sur la dissolution du sel suivant, accompagné d'un excès
d'acide très-étendu : | ') proto-chlorure de fer.
") sulfate ferreux. | "') azotate ferreux.

110. Equation de l'action du chlore en excès sur le
protoxide hydraté de | *a*) manganèse. | *b*) fer. | *c*) plomb.

111... Comme au n° précédent, en admettant de plus la
présence d'une solution de potasse.

112. Couleur | *a*') de l'hydrate de peroxide de fer.
a") du peroxide de fer anhydre. | *a*"') de l'oxide 4/5 de fer.
b) des oxides de fer intermédiaires, anhydres et hydratés.
c) du protoxide de fer anhydre et hydraté.

115. Eq^on de la décomposition de l'eau en excès par le
fer au rouge. — Y a-t-il décomposition totale de l'eau, quand
le métal est employé en grand excès?

114. Equation de l'action de l'air au rouge sur l'oxide
4/5 de fer.

115. Quelle est la nature chimique des battitures de fer?
— Quand se produisent-elles?

116. Equation de la préparation | *a*) du colcothar.
b) de l'oxide de fer à employer comme contre-poison de
l'acide arsénieux.

117. Pour obtenir 12 kilogr. de colcothar, combien
faudra-t-il employer de vitriol vert ($FeO,SO^3,7HO$)?

118. Quel est le plus riche minerai de fer, et combien de
fer contient-il?

119. Qu'est-ce que | *a*) le rouge d'Angleterre?
b') l'aimant naturel? | *b*") la rouille? | *b*"') le colcothar?

120. Noms chimiques et formules des oxides de fer, en
mettant à la suite, pour chacun d'eux, la couleur de l'oxide
hydraté et de l'oxide anhydre, plus le nom minéralogique.

121. Qu'appelle-t-on *ocres*?

122. Qu'est-ce que l'ocre | *a*) jaune?
b) rouge? — Comment peut-on changer en rouge la couleur
d'une terre colorée en jaune par l'hydrate ferrique?

125. Equation de la réaction de l'ammoniaque
a) sur le perchlorure de fer dissous.
b) sur le peroxide de fer à la chaleur rouge.

124. Que signifie l'expression : « sel de fer
')au *maximum*? » | ")*intermédiaire*? » | "')au *minimum*?»

125. Quels sont les principaux agents capables
a) de faire passer au maximum les sels ferreux dissous?
b) de réduire les sels ferriques au minimum?

126. Equation de l'action du chlore sur la dissolution de
a') sulfate ferreux. | *a*") protochlorure de fer.
a"') nitrate ferreux.
b) sulfate ferroso-ferrique correspondant à l'oxide 4/5.

127... Equation de l'action de l'ac. azotique à chaud et
en excès sur le même composé de fer qu'au n° précédent.

128. Equation de la réduction au minimum opérée par

l'ac. sulfureux sur le | a') chlorure ferrique.

a") sulfate ferrique. | a''') nitrate ferrique.

b) sulfate de mangan. suroxidé correspondant à l'oxide 4/3.

129. Exposez quels effets on observe, en traitant par la potasse et par l'ammoniaque les sels ferreux dissous.

130. Comment distinguerait-on les uns des autres : 1° un sel ferreux soluble, 2° un sel à base ferrique, 3° un sel de fer intermédiaire?

131. Eq^on de l'action du sulfhydrate d'ammoniaque sur la dissolution du sel ferrique suivant :

') sulfate, | ") chlorure, | ''') azotate,

a) le sulfhydrate étant ajouté peu à peu au sel ferrique.

b) le sel ferrique étant versé peu à peu dans un fort excès du sulfhydrate.

132. Quels effets de coloration et de précipitation produisent sur les sels ferreux et ferriques

a) les prussiates jaune et rouge? | b) le bioxide d'azote?

133. A quoi servent les oxides de cobalt?

134. Couleur habituelle des dissolutions salines a) de nickel. | b) de cobalt. | c) de fer.

135. Humecté avec une solution d'azotate de cobalt, puis calciné, quelle couleur prend l'oxide | a) d'aluminium? b) de magnésium? | c) de silicium? | d) de zinc?

136. Qu'est-ce que | a) l'azur? | b) le bleu Thenard?

137. Quelles couleurs donnent au verre les oxides d'aluminium, de manganèse, de fer, de chrôme et de cobalt?

138. Présentez les formules des protoxides de nickel, cobalt et zinc, et à la suite de chacune énoncez la couleur du précipité que la potasse forme dans les solutions des sels correspondants.

139. Dites la couleur des dissolutions formées par un excès d'ammoniaque et un sel de ') nickel. | ") cobalt. | ''') zinc.

140. Indiquez le degré de fusibilité et de volatilité a) des oxides de fer. | b) de l'oxide de zinc.

141. Quels effets particuliers voit-on se produire dans l'oxide de zinc, 1° en le chauffant au rouge, 2° en le portant à une très-haute température?

142. Que sont les *blancs* de plomb et de zinc?

143. Comment prépare-t-on le blanc de zinc?

144. Quels changements les blancs de plomb et de zinc subissent-ils sous l'influence d'émanations hydrosulfur^ees?

145. Comment se comportent les solutions salines de zinc avec le *prussiate* jaune et avec le rouge?

146. Qu'est-ce que l'*étain oxidé* des minéralogistes?

147. Qu'est-ce que la *potée d'étain*, et comment la prépare-t-on?

148. Equations de l'action de l'ammoniaque sur le protochlorure d'étain dissous, et sur son bichlorure?

149. Quelles différences principales de propriétés remarque-t-on entre | a) les divers acides stanniques hydratés? b) les produits que les divers acides stanniques laissent après calcination?

150. Eq^on de la préparation | a) du protoxide d'étain.

b) de l'ac. stannique hydraté le moins soluble dans les ac.

151. L'acide stannique hydraté se dissout dans le sulfhydrate d'ammoniaque. A quel état se précipite l'étain, si à cette dissolution on ajoute de l'acide chlorhydrique?

152. Equations 1° de l'action du sulfhydrate d'ammoniaque en excès sur l'ac. stannique, 2° de la réaction de l'ac. chlorhydrique sur le composé qui résulte de cette action.

153. Eq^on de l'action du chlore sur le protoxide d'étain.

154. Comment distinguerait-on des sels des autres genres a) un stannate? | b) un antimoniate?

155. Exprimez la composition de l'acide antimonieux par une formule qui le représente comme un antimoniate d'antimoine.

156. Que font les alcalis sur l'ac. antimonieux?

157. Que fait, avec | a) l'eau, | b) l'ammoniaque, ') l'azotate d'antim^ne? | ") le protochlorure d'antim^ne? ''') le perchlorure d'antimoine?

158. Quelle couleur présente, à froid et à chaud, l'oxide a) de zinc? | b) de bismuth, pulvérulent?

159. Formules des composés définis et susceptibles d'être obtenus séparément, que contient une dissolution de a) protochlorure d'antimoine. | b) nitrate de bismuth. c) chlorure de bismuth.

160... Nom de ce qui cristallise dans une dissolution du sel nommé au n° préc^t, après une évaporation suffisante.

161. 1° Formules et noms divers des oxides de plomb. — 2° Leur couleur, plus celle du protoxide hydraté. — 3° Leur degré de puissance basique.

162. Comment s'obtient | a) le massicot? | b) la litharge? c) le minium? | d) la *mine orange*? | e) le bioxide de plomb?

163. Equation de la préparation du bioxide de plomb.

164. Pour obtenir 1 kil. de bioxide de plomb, quelles quantités de matériaux faut-il prendre?

165. Equation de l'action de l'ac. | a) chlorhydrique sur ') la litharge. | ") le minium. | ''') le peroxide de plomb. b) sulfureux sur le bioxide de plomb.

166. Pourquoi le bioxide de plomb est-il appelé quelquefois acide plombique?

167. Formule de chaque oxide de cuivre, puis sa couleur à l'état anhydre et à l'état hydraté.

168. Equation de la préparation du protoxide de cuivre par sulfate cuivrique, carbonate de soude et métal.

169. Pour la préparation mentionnée au n° précédent, a) à quelle température faut-il opérer? b) en employant 20 gr. de vitriol bleu (lequel contient 5 éq. d'eau pour 1 éq. d'oxide) combien faudra-t-il prendre ') de cuivre? | ") de carbonate? | ''') de métal?

170. Dites la couleur de la dissolution ammoniacale du a) protoxide de | ') zinc. | ") nickel. | ''') cobalt. b) protoxide de cuivre. | c) bioxide de cuivre.

171. Eq^on de la préparation du bioxide de cuivre par ') sulfate et potasse. | ") azotate calciné. | ''') grillage.

172. Quels sont les changements chimiques et les variations chimiques qu'éprouvent, par l'action de l'oxigène

de l'air, les solutions salines ammoniacales ; avec excès d'alcali, contenant du protoxide de

a') magnésium? | *a''*) manganèse? | *a'''*) fer?
b) cuivre? | *c*) zinc? | *d*) étain? | *e*) argent? | *f*) cobalt?

173. Dites les noms et la formule de l'oxide de mercure
a) ordinaire. | *b*) noir.

174. Quelles variations dans sa couleur peut offrir le bioxide de mercure, suivant
a) son mode de préparation? | *b*) sa température ?

175. Comment prépare-t-on le bioxide de mercure
a) ordinaire? | *b*) de couleur jaune?
c) désigné sous le nom de précipité *per se*?

176. Dites 1º par quelle équation se représente la réaction à produire, 2º quelle précaution il y a à prendre, lors de la préparation du précipité rouge par azotate
a) mercureux. | *b*) mercurique.

177. Pour obtenir 500 gr. d'oxide de mercure combien faudrait-il employer d'azotate? Avant le nombre-réponse, mettez l'indication des calculs en employant les symboles chimiques. Puis après ce nombre, dites quelles précautions doit prendre l'opérateur. D'ailleurs supposez l'emploi d'azotate | *'*) mercureux neutre.
'') mercurique tribasique. | *'''*) mercurique bibasique.

178. Quel effet le protoxide de mercure éprouve-t-il quand on l'expose | *a*) à la chaleur? | *b*) aux rayons du soleil?

179. Quelle couleur offre, et quels éléments contient le précipité que la potasse en excès forme dans une dissolution d'un sel ammoniacal accompagné d'un sel
') mercureux? | *''*) mercurique? | *'''*) d'argent?

180. Que fait, en présence de l'eau salée, l'oxide
a) d'argent? | *b*) mercurique? | *c*) aurique?

181. Donnez la formule de l'oxide qui correspond au chlorure ou au chlorhydrate de chlorure, qu'on obtient en dissolvant dans l'eau chlorée ou dans l'eau régale
a) l'or. | *b*) le platine.

182. Que fait l'oxide d'or (ordinaire) avec
a) l'acide azotique concentré ou étendu ?
b) l'ac. | *'*) sulfureux? | *''*) chlorhydrique? | *'''*) sulfurique?
c) les oxides alcalins? | *d*) l'ammoniaque ?

183. Exposez les caractères distinctifs des sels
a) de mercure, en ajoutant comment les sels mercureux peuvent être distingués des sels mercuriques.
b') d'argent. | *b''*) d'or. | *b'''*) de platine.

184. Comment se produit, quels éléments contient, et que devient sous l'influence de l'échauffement
a) l'argent fulminant ? | *b*) l'or fulminant ?
c) le platine fulminant ?

CHAPITRE XVII.

Questions sur les chlorures, sulfures, carbures, etc., métalliques.

1. Divers composés, qui sont habituellement compris parmi les chlorures métalliques, sont appelés parfois *chlorhydrates* : dites quelles sortes de chlorures offrent une composition qui rende admissible pour eux un tel nom ; — puis expliquez pourquoi.

2. Quel est l'état physique habituel des chlorures métalliques ? — Si vous en connaissez qui fassent exception, citez-les.

3. Il y a une substance que les minéralogistes appellent souvent *soude muriatée.* | *a*) Quel est son vrai nom ?
b) Parmi les éléments que rappelle le nom ci-dessus ou celui de *soude chlorhydratée,* quels sont ceux qu'elle ne contient pas ?

4. Citez quelques oxides qui n'aient pas de chlorures correspondants.

5. Formules des chlorures des métaux
a') non-hydroréductibles. | *a''*) terreux et des nobles.
        a''') hydroréductibles non nobles.
b) insolubles ou peu solubles dans l'eau.

6. Quels sont les chlorures métalliques | *a*) sans couleur ?
b) doués d'une très-grande volatilité ?
c) que l'eau froide décompose ?
d) qui ne se dissolvent ni dans l'eau, ni dans l'ac. chlorhydrique étendu ?

7. Quelles sont les dissolutions salines qui donnent par l'ac. chlorhydrique ou l'eau salée un précipité blanc, insoluble dans l'eau et l'ac. azotique étendu ?

8. Comment, dans le cas du n° préc., peut-on établir une distinction propre à faire préciser la nature du précipité ?

9. Nommez les principaux chlorures anhydres
a) décomposables par la chaleur avec réduction du métal.
b) d'où la chaleur fait dégager une partie seulement du chlore.
c) indécomposables par l'hydrogène.
d) indécomposables au grillage.

10. Equation de l'action qu'exerce l'oxigène de l'air sur le protochlorure
        ') d'étain, | '') de fer, | ''') de cuivre,
a) humide, mais non accompagné d'acide.
b) dans le cas où ce protochlorure est accompagné d'un excès d'ac. chlorhydrique.

11. Quels sont les divers effets qui peuvent avoir lieu en calcinant les chlorures hydratés ? — Citez-en des exemples.

12. Eq⁰ⁿ de la décomposition que le chlorure d'aluminium hydraté éprouve par la chaleur : ce composé contient 4 équivalents d'hydrogène contre 1 de chlore.

13. 1° Que se dissout-il, et 2° que reste-t-il pour résidu, quand on traite par l'eau | *a*) le chlorure
        ') de bismuth ? | '') de calcium ? | ''') d'argent ?
b) le protochlorure
        ') de fer ? | '') de mercure ? | ''') d'antimoine ?
c) le perchlorure d'antimoine ?

14 Equation de l'action
a) du cuivre sur la dissolution du chlorure
        ') d'or. | '') de zinc. | ''') de cuivre *au maximum.*
b) du fer en excès sur le bichlorure de cuivre dissous.
c) de l'étain chauffé avec bichlorure de mercure en excès.

15. Citez un chlorure dont la dissolution pure, ne dégage point d'ac. chlorhydrique avec l'ac. sulfurique.

16. Comment agit d'ordinaire l'ac. sulfurique concentré sur les chlorures ? — Signalez les exceptions qui vous sont connues.

17. Même qu⁰ⁿ qu'au n° préc¹, sauf qu'au lieu d'ac. sulf^que il s'agit | *a*) d'acide azotique. | *b*) d'ammoniaque.

18. Eq⁰ⁿ de l'action de l'ac. sulfurique ordinaire sur le chlorure | ') de manganèse. | '') d'or. | ''') de zinc.

19. Enumérez les principaux modes de préparation pour les chlorures métalliques, en citant un exemple de chaque sorte.

20. Décrivez les procédés de préparation du chlorure de sodium en grand.

21. Pour décomposer le chlorure de manganèse produit avec 150 kil. de peroxide, en admettant que ce chlorure ne reste point accompagné d'acide chlorhydrique en excès, combien faudrait-il de | *a*) chaux ?
b) l'oxisulfure Ca^2S^2,CaO ? | *c*) sulfate de baryte et de charbon ?

22. Dites la couleur communiquée à la flamme de l'alcool par le chlorure de
a') sodium. | *a''*) strontium. | *a'''*) calcium. | *b*) cuivre.

23. Eq⁰ⁿ de l'action du permanganate de potasse sur le chlorure ferreux accompagné d'ac. chlorhydrique.

24. Qu'est-ce que | *a*) la *dissolution d'étain ?*
b) le *sel d'étain ?* | *c*) la *liqueur fumante de Libavius ?*

25. 1° Pourquoi une dissolution de protochlorure d'étain pur se trouble-t-elle inévitablement au contact de l'air ? — 2° Comment s'opposera-t-on à ce trouble ?

26. Quels sont les chlorures susceptibles d'être décomposés par le protochlorure d'étain,

a) en donnant lieu à une coloration ou à un précipité de nuance rougeâtre, brune ou noirâtre?

b) et quels effets voit-on se produire par suite de cette réaction ?

27. On veut faire agir sur l'étain une eau régale très étendue et convenablement composée pour n'obtenir que du protochlorure d'étain et du sel ammoniac; on veut d'ailleurs produire de cette façon 20 gr. de sel ammoniac : combien faudra-t-il | *a)* d'étain?

b) d'ac. azotique pesant spécifiquement 1,08 ?

c) d'ac. chlorhydrique liquide à 1,20 de densité ?

28. Comment obtient-on | *a)* le *sel* d'étain ?

b) la *dissolution d'étain?* | *c)* le perchlorure d'étain anhydre?

29. Quelle est l'action de l'eau sur

a) la liqueur de Libavius ? | *b)* les chlorures d'antimoine?

30. Qu'est-ce que le jaune de Cassel ?

31. Exposez la théorie de la préparation du jaune de Cassel, effectuée par sel ammoniac et minium, calcinés.

32. Dites les effets successifs du zinc ajouté peu à peu au bichlorure de cuivre dissous.

33. 5 gr. de laiton ayant été dissous dans de l'ac. azotique ou sulfurique, on y a ajouté un excès d'ammoniaque; on a ensuite enfermé la dissolution avec 40 gr. de cuivre, à l'abri de l'air; puis, quand toute l'action possible a été terminée, on a trouvé qu'il ne restait plus que 6,045 gr. de cuivre. Expliquez ce qui s'est passé dans chaque partie de l'expérience; — dites à quel signe on a pu facilement reconnaître que l'action du cuivre sur la solution ammoniacale était terminée, — et trouvez la proportion du cuivre dans le laiton dont il s'agit.

34. Exposez la préparation du protochlorure de mercure par deux procédés : d'une part, par voie sèche, c'est-à-dire sans l'emploi du dissolvant, et d'autre part, par voie humide.

35. Que faut-il faire pour préparer, par double décomposition opérée à sec, le | *')* bichlorure de mercure?

") biiodure de mercure? | *"')* protochlorure de mercure?

36. Eq^on de la préparation du n° précédent.

37. Qu'est-ce que le | *')* calomel? | *")* sublimé corrosif?

"') sublimé doux? — D'où vient ce nom?

38. Dites ce que vous savez sur la solubilité des sublimés doux et corrosif, dans l'eau et dans l'alcool.

39. Avec la solution du sublimé corrosif que produit

a) la potasse en excès? | *b)* l'ammoniaque?

c) le cuivre? | *d)* le sulfhydrate d'ammoniaque?

e) le protochlorure d'étain, 1° en faible dose, 2° en excès?

40. Combien faut-il de protochlorure d'étain pour réduire 145 grammes de bichlorure de mercure

a) complètement? | *b)* à l'état de protochlorure?

41. Comment peut-on réduire commodément l'argent de son chlorure | *a)* à froid? | *b)* au rouge?

42. Quels effets ont lieu entre le chlorure d'argent et la potasse plus ou moins accompagnée d'eau?

43. Eq^on de la réduction du chlorure d'argent par potasse

et sucre ($C^{12}H^{a}O^{x}$), en admettant que le carbone devienne ac. carbonique.

44. Eq^on de la réaction du carbonate de soude et du chlorure d'argent, calcinés ensemble.

45. Que produisent l'eau, l'ac. azotique, l'ac. chlorhydrique, l'ammoniaque, l'eau salée sur le chlorure d'argent?

46. Comment peut-on obtenir des dessins au moyen du chlorure d'argent et de la lumière ?

47. Nommez les substances que vous croyez capables de faire dissoudre le chlorure d'argent.

48. Expliquez comment se fait l'argenture au moyen du chlorure d'argent.

49. Dans les chloroplatinates habituels, le chlore du chlorure qui joue le rôle de base est moitié moins abondant que celui du chlorure platinique. Présentez

a) la formule du chlorure double de platine et

') d'ammonium. | *")* de potassium. | *"')* de zinc.

b) l'éq^on de la décomposition, par le feu, du chlorure

') platinico-sodique. | *")* platinico-ammonique.

"') platinico-potassique.

c) l'équation de la réaction du chlorure de platine sur le

') nitre. | *")* sulfate d'amm. | *"')* nitrate d'amm.

50. Dites combien il y avait d'ammoniaque dans une liqueur où cet alcali a été précipité à l'état de chlorhydrate uni au chlorure de platine, sachant qu'on a obtenu

a) un précipité pesant

') 1^{gr}.,450. | *")* 2^{gr}.,801. | *"')* 4^{gr}.441.

b) 1^{gr}.,008 de platine, après avoir calciné le précipité.

51. Comment se prépare le chlorure (ordinaire)

a) de platine ? | *b)* d'or ?

52. Avec les dissolutions des chlorures d'or et de platine que produit | *a)* la chaleur ? | *b)* le sulfate ferreux ?

c) le protochlorure d'étain? | *d)* le sulfhydrate d'amm. ?

e) le *prussiate* ordinaire ? | *f)* l'acide oxalique ?

g) le chlorhydrate d'ammoniaque ? — Dites la couleur du précipité et sa solubilité dans l'eau et dans l'alcool.

h') le mercure ? | *h")* le zinc ? | *h"')* le cuivre ?

i) l'azotate d'argent dissous ?

53. Eq^on de la réaction qui a lieu entre le chlorure d'or et | *')* l'acétate ferreux ($FeO, C^{4}H^{a}O^{3}$).

") le chlorure ferreux. | *"')* le sulfate ferreux.

54. Comment les matières organiques, comme le papier par exemple, agissent-elles sur le chlorure d'or dissous ?

55. Le pourpre de Cassius, | *a)* que contient-il ?

b) comment s'obtient-il? | *c)* à quoi sert-il ?

56. En vous guidant d'après leur analogie avec les chlorures, nommez les composés insolubles que doit offrir la classe des | *a)* brômures. | *b)* iodures.

57. A quels signes pourrez-vous distinguer les uns des autres un chlorure, un brômure et un iodure?

58. Eq^on de la décomposition de l'iodure de potassium

a) par l'acide sulfurique nitreux.

b) par l'ac. nitrique fort. | *c)* par l'ac. nitrique très-étendu.

59. Quand du papier qui a été imprégné d'empois et

d'iodure de potassium, est exposé dans de l'air contenant quelques traces d'ozone, 1° quel phénomène très-saillant voit-on paraître, 2° quel effet chimique se produit-il?

60. Avec le papier ioduro-amidonné (tel qu'il est dit au n° précédent) que ferait le chlore
a) en doses très-exiguës? | b) en excès?

61. Eq^on de la réaction de l'iodure de potassium sur l'azotate | a') de plomb. | a'') d'argent.
a''') de bismuth dissous (abstraction faite de l'excès d'ac.).
b')mercurique. | b'')mercur^x. | b''')mercuroso-mercur^que.
c) cuivrique très-étendu | ') joint à du sulfate ferreux.
      '') accompagné d'acide sulfureux. | ''') et seul.

62... Dites la couleur du précipité formé dans le cas du n° précédent.

63. Entre l'iode et l'iodure de bismuth 1° quelle ressemblance y a-t-il ? — 2° comment peut-on établir facilement entre eux une distinction ?

64. Quelle différence y a-t-il entre les effets que l'iodure de potassium produit d'une part avec l'azotate de bismuth et de l'autre avec son chlorure?

65. Donnez les formules des principaux iodures colorés, et à la suite de chacune d'elles ajoutez l'indication de la couleur de l'iodure.

66. Quand on emploie l'iodure de potassium pour caractériser, au moyen de la précipitation à laquelle il peut donner lieu, la base d'un sel dissous, quel inconvénient peut résulter de l'emploi d'un trop fort excès d'une des liqueurs?

67. Que produit l'ac. sulfurique concentré sur
a) les brômures solubles? | b) les iodures solubles ?

68. Eq^on de l'effet produit en chauffant ensemble du bioxide de manganèse, du bisulfate de potasse et un
      ') chlorure. | '') brômure. | ''') iodure.

69. Donnez deux exemples d'une grande dissemblance de solubilité entre un chlorure et un fluorure correspondant, en citant 1° un chlorure très-soluble et 2° un chlorure insoluble.

70. Dites le nom chimique, le nom minéralogique et le degré de solubilité du principal fluorure naturel.

71. Quels sont les fluorures qui jouent le rôle d'acide dans les deux principaux genres de fluo-sels (c.-à-d. de fluorures doubles)?

72. Comment les fluosilicates
a) se préparent-ils en général?
b) se comportent-ils au feu?

73. Quel est l'oxide alcalino-terreux dont les sels sont précipités par l'acide fluorhydrosilicique, — et qu'est le précipité ?

74. Equation de la production d'un sulfure par
a) ac. sulfhydrique et | ')potasse. | '') baryte. | ''') chaux.
b) sulfhydrate de sulfure et la base de la question a.
c) sulfate de | ') strontiane | '') chaux | ''') soude
      et charbon, en négligeant les résultats accessoires. —
      Dites en quoi consistent ceux-ci.

d) ac. sulfhydrique et une dissolution de chlorure
      ') cuivrique. | '') bismuthique. | ''') platinique.

75. Equation de la préparation du sulfhydrate de sulfure de sodium par ac. sulfhydrique et | a) alcali caustique.
b) carbonate. — Que faut-il employer en excès dans cette opération pour que le produit soit pur? et pourquoi?

76. Quand on décompose par la pensée un hyposulfite métallique en base et en acide, l'oxigène de l'acide est double de celui de l'oxide. Sachant cela, calculez, dans le cas où il s'agit de former un quintisulfure et un hyposulfite, avec 2 kilogr. de soufre combien il faut de
      ') chaux. | '') soude. | ''') potasse.

77. Donnez l'indication des calculs qui conduisent au nombre demandé à la question précédente, et dites à quelle température il faut opérer.

78. Avec les matériaux désignés au n° 3 comment peut-on obtenir un sulfate, et | a) qu'est-ce qui accompagnera ce sel?
b) combien faudra-t-il d'oxide alcalin ?
c) combien obtiendra-t-on de sulfate et de ce qui l'accompagnera ?

79. Que contient le foie de soufre des pharmacies (qui s'obtient par la réaction du soufre sur la potasse ou son carbonate), s'il a été produit
a) à la chaleur rouge? | b) à 100 et quelques degrés ?

80. Quand, pour la préparation du foie de soufre, on emploie de la potasse carbonatée, quel gaz peut-on voir se dégager?

81. Equation de la réaction du soufre et de la chaux
      ') à 100°, en supposant la formation d'un quintisulfure.
      '') au rouge (il ne se forme point alors de sursulfure).
      ''') à 100°, en supposant qu'il se forme un bisulfure.

82. En calcinant au rouge du soufre avec 450 gr. de chaux,
a) combien de protosulfure de calcium obtiendra-t-on?
b) quel autre produit formera-t-on en même temps, et en quelle quantité ?

83. Quels sont les sulfures solubles dans
a) l'eau ? | b) un excès de sulfhydrate d'ammoniaque ?

84. Quels sont les métaux que le sulfhydrate d'ammoniaque précipite à l'état non sulfuré de leurs dissolutions salines ? — Qu'est le précipité?

85. Rangez les protosulfures par ordre de solubilité, en vous basant sur l'analogie existant entre des sulfures et les oxides correspondants.

86. Un seul métal forme des sulfures décomposables par la chaleur sans air : quel est-il ?

87. Quels sulfures donnent facilement leur métal libre, par l'effet du grillage ?

88. Que deviennent les sulfures que l'on
a) dissout dans l'eau et qu'on expose à l'air ?
b) calcine au contact de l'air?
c) attaque par l'acide azotique concentré ?

89. Pourquoi et comment arrive-t-il souvent que l'alun calciné avec du charbon, laisse un résidu pyrophorique, c'est-à-dire capable de prendre feu par le seul effet de l'exposition à l'air?

90. Eq^{on} de l'effet du grillage opéré au rouge (en ne considérant dans l'air que l'oxigène) sur le
a) protosulfure de potassium. | b) quintisulfure de sodium.

91. Equation de l'action de l'iode sur le
a) protosulfure de potassium.
b) bisulfure de | ') sodium. | ") calcium. | "') potassium.
c) sulfhydrate de sulfure de sodium, en supposant l'iode employé tant qu'il peut agir.

92. Equation de la réaction produite sur le sulfure de sodium par l'acide | a) chlorhydrique. | b) sulf^{rue} étendu.
c) azotique, en présence de beaucoup d'eau.
d) azotique concentré.

93. Equation de l'action de l'acide chlorhydrique sur le *foie de soufre ordinaire* préparé par calcination au rouge.

94. Comment avec un sel de manganèse pourra-t-on distinguer un sulfhydrate de sulfure d'un sulfure simple?

95. Equations des divers effets qu'on peut obtenir par le grillage de la pyrite de fer ordinaire.

96. Equation de la formation des sulfates de fer et de magnésie par le grillage de la pyrite accompagnée de carbonate de magnésie.

97. Eq^{on} de la formation du sulfate de zinc par le grillage de la blende.

98. Combien faut-il de fer pour extraire l'antimoine de 359 kilogr. de sulfure?

99. Eq^{on} de la réaction que produit sur le sulfure d'antimoine | a) l'acide chlorhydrique concentré.
b) l'acide chlorhydrique très-étendu.
c) le chlore sec en excès.

100. Eq^{on} de la transformation du sulfure d'antimoine, par le nitre, en sulfate et en antimoniate ($2 KO, Sb^2O^5$).

101. Eq^{on} de l'action de la chaux au rouge sur le cinabre.

102. Nommez les principaux métaux dont les sulfures constituent des minerais importants, et indiquez les noms minéralogiques de ces sulfures.

103. Que fait l'eau chargée d'ammoniaque sur le sulfure de | ') plomb? | ") cuivre? | "') mercure?

104. Eq^{on} de la formation d'un silicate par argile ou bien silice, plus galène et air.

105. Qu'est-ce que | a) la pyrite de cuivre?
b) l'*or massif*? | b") l'*antimoine cru*? | b"') le *kermès minéral*?
c) l'alquifoux? | d) le vermillon? | e) le cinabre?

106. Eq^{on} de la réaction qui rend libre tout le métal en employant galène et
a) oxide de plomb. | b) sulfate de plomb.

107. Lors de la réaction mentionnée au n° précédent combien de galène faut-il calciner avec 55 kilogr. de l'autre corps?

108. Quelles différences d'aspect offrent les diverses sortes de bisulfure de mercure, et comment peut-on produire chacune d'elles?

109. De quelle nature sont les précipités blancs formés par la réaction de l'hydrogène sulfuré sur les sels mercuriques en excès?

110. Mis en contact avec l'eau,
a) comment se comportent les phosphures alcalins?
b) quel gaz dégagent les arséniures de potassium et de sodium?

111. Que produit l'ac. chlorhydrique avec un arséniure ou un phosphure d'un des métaux capables, quand ils sont libres, d'attaquer rapidement cet hydracide?

112. 1° Quels éléments trouve-t-on immanquablement dans toutes les fontes du commerce? — 2° quels autres corps est-on principalement exposé à y trouver?

113. Quelles sont les principales variétés de fontes?

114. Quelles différences importantes remarque-t-on entre les principales variétés de fontes?

115. Des fontes peuvent-elles être différentes d'aspect et de qualités en ayant la même composition élémentaire? Développez les motifs de la réponse.

116. Quelles sont les fontes les plus fusibles?

117. Donnez les proportions les plus habituelles des éléments contenus dans l'acier et dans la fonte.

118. Quelles principales sortes d'aciers distingue-t-on dans le commerce?

119. Comment prépare-t-on les principales sortes d'acier?

120. Quelles principales différences observe-t-on dans les qualités qu'offrent pour leurs emplois les diverses sortes d'acier?

121. Comment peut-on modifier la dureté et la flexibilité de l'acier sans changer sa composition?

122. Comment peut-on 1° aciérer à la surface un objet en fer, et 2° diminuer l'aigreur de l'acier seulement dans sa partie superficielle?

123. 1° Quelle est la cause qui donne aux ressorts d'acier bleus leur aspect? — 2° Quand cet effet s'est-il produit? — 3° Qu'aurait-il fallu pour y occasionner un autre genre de couleur?

124. Qu'arrive-t-il quand on ajoute dans l'appareil de Marsh un composé antimonial, soluble dans l'acide sulfurique étendu?

125. Qu'éprouve l'hydrogène antimonié par l'action de la chaleur | a) seule? | b) et de l'air?

126. Comment l'antimoine et l'arsenic, obtenus à l'appareil de Marsh, peuvent-ils être distingués l'un de l'autre et parfaitement caractérisés?

CHAPITRE XVIII.

Questions sur les sels à oxacides d'halogènes, de soufre et d'azote.

1. Quand le chlore se fixe sur la chaux hydratée, de façon à former le produit le plus décolorant qui puisse en résulter, il y a dans ce produit autant d'équivalents de de chlore que d'éq. de calcium. D'ailleurs l'examen de la matière obtenue montre que la 1/2 du calcium y est à l'état de chlorure, et l'autre 1/2 à l'état d'oxisel. 1° Donnez la formule du *chlorure de chaux* exempt de tout corps accessoire; 2° présentez, en faisant abstraction de l'eau, l'éq^{on} de la préparation du mélange appelé chlorure de
') chaux. | ") potasse. | "') soude.

2. Le produit qu'on appelle *chlorure de chaux*,
a) avec quoi s'obtient-il? | b) comment le fabrique-t-on ?
c) quel mélange est-ce? | d) que fait-il avec l'eau ?
e) qu'éprouve-t-il par l'action de la chaleur et de la lumière?
f) qu'éprouve-t-il de la part de l'acide carbonique?
g) comment se comporte-t-il avec les acides puissants?
h) à quoi s'emploie-t-il dans les arts?

3. Equation de la décomposition
a) du *chlorure de chaux*, | b) de l'eau de Javelle,
') par l'ac. chlorhyd^{que} en excès. | ") par l'ac. carb^{que}.
"') par l'acide nitrique en excès.

4. Eq^{on} de l'action de l'acide sulfurique sur le *chlorure de chaux*, effectuée de façon à mettre en liberté
a) tout le chlore. | b) l'ac. hypochloreux.

5. Présentez les diverses éq^{ons} des opérations à faire, quand on commence par former du chlorure de chaux pour arriver ensuite à la production
a) de l'eau de Javelle à base de soude.
b) du chlorate de potasse.

6. Eq^{on} de la production du peroxide de
') manganèse, | ") plomb, | "') fer,
par *chlorure de chaux* et hydrate de protoxide.

7. Combien faudrait-il de chlore pour former 100 gr. d'hypochlorite, en prenant de la
') baryte? | ") strontiane? | "') soude?

8. On veut faire 1500 kilogr. de *chlorure de chaux*, contenant la quantité d'eau qu'y portera la chaux prise à l'état de monhydrate. Combien devra-t-on produire de chlore ?

9. Répondez à la qu^{on} 7;
10. Répondez à la qu^{on} 8;
11...Répondez à la qu^{on} 16;
12...Répondez à la qu^{on} 17;
13...Répondez à la qu^{on} 18;

mais auparavant, 1° mettez l'éq^{on} de la réaction dont il s'agit, et 2° indiquez les calculs à effectuer, en faisant figurer dans votre indication les symboles d'équivalents.

14. Eq^{on} de la préparation du chlorate de potasse, faite industriellement en une seule opération : vous supposerez l'emploi | a) de l'hydrate. | b) du carbonate.

15. Comment le chlorate de potasse s'isole-t-il des matières qui l'accompagnent dans sa préparation ?

16. Pour préparer 5 kil. de chlorate de potasse, combien faut-il de | ') potasse monhydratée? | ") chlore?
"') carbonate de potasse, en admettant que l'ac. carbonique ne modifie aucunement les résultats ?

17. Pour obtenir 12 kilogr. de chlorate de potasse, combien faudra-t-il employer d'une potasse dont la déshydratation, opérée vers le rouge, laisse sur 100 parties
a) 79 p. de potasse caustique, 2 p. de sulfate et 87 p. de chlorure ?
b) 95 p. de carbonate de potasse pur ?
c) 56 p. de potasse caustique, 42 p. de carbonate de potasse et 75 p. de sel marin ?

18.... Afin de produire le chlore nécessaire à l'opération spécifiée au n° 17, combien devra-t-on consommer 1° du *manganèse* dont on va dire la composition, 2° d'ac. chlorhydrique à 50 % d'acide réel ? Le *manganèse* à employer contient 71 p. de peroxide de manganèse sur 100, et le reste est
') de l'oxide 4/3 du même. | ") du quarz.
"') du carbonate de chaux.

19. On veut faire 60 kilogr. de chlorate de potasse, en se servant de carbonate de potasse et de chlore produit au moyen de l'ac. chlorhydrique et du bioxide de manganèse. Combien faudra-t-il de
a) carbonate de potasse contenant 15 % d'impuretés ?
b) de peroxide de manganèse à 70 % de peroxide pur ?
c) d'ac. chlorhydrique à 19° B, les impuretés du *manganèse* étant sans action sur l'acide?

20. 1° Quand dit-on qu'un sel *fuse* sur les charbons ? — 2° Quelles sont les principales sortes de sels qui ont cette propriété ?

21. Nommez les produits qui résultent de la décomposition du chlorate de potasse | a) par la chaleur.
b) par le charbon. | c) par l'ac. chlorhydrique bouillant.
d) par l'ac. sulfurique concentré. | e) par le soufre.
f) par le fer. | g) dissous, par l'ac. fluorhydrosilique.

22... Eq^{on} de la décomposition mentionnée au n° préc^t.

23. Quel danger peut s'offrir quand on verse de l'ac. sulfurique sur un chlorate ?

24. Dites quelle particularité peut résulter de l'action de l'ac. sulfurique ajouté à un mélange de chlorate de potasse et de matières organiques, telles que résines, alcool, etc.; puis expliquez-en la cause.

25. Exposez le rôle qu'est destiné à remplir le chlorate de potasse employé pour certaines allumettes.

26. Equation de la préparation

a) de l'hyposulfite de soude par soufre et sulfite.

b) du sulfite de soude par ac. sulfureux et carbonate.

27. Rappelez-vous que l'ac. sulfurique est le seul oxacide de soufre formant des sels indécomposables par la chaleur, et cherchez d'après cela quelle équation doit représenter la transformation qu'éprouve par la calcination le sulfite de | *')* potasse. | *")* soude. | *'")* baryte.

28. Equation de l'action qu'exerce sur le sulfite de soude dissous | *')* le chlore. | *")* le brôme. | *'")* l'iode.

29. Comment peut-on distinguer le sulfite de baryte d'avec l'hyposulfite?

30. Donnez les formules des cinq sulfates totalement indécomposables par la chaleur.

31. Nommez les sulfates insolubles que vous connaissez, et les peu solubles, tant dans l'eau pure que dans l'eau acidulée.

32. Equation de la décomposition qu'éprouve par un feu très-intense le sulfate

a') ferreux. | *a")* d'argent. | *a'")* d'aluminium.

b) de soude neutre. — Id. pour le bisulfate.

c) de potasse accompagné de charbon.

33. En étant calciné avec une dose suffisante de charbon dans un creuset, que laisse dans ce creuset

a) le sulfate d'alumine?

b') l'alun? | *b")* le sulfate mercurique? | *b'")* le plâtre?

34. Que produit l'acide sulfurique avec le sulfate

a) de soude? | *b)* de cuivre en dissolution concentrée?

c) mercureux, par une ébullition suffisamment prolongée?

35. Que présente de particulier la solubilité du sulfate de soude?

36. L'eau, à 100°, dissout 45 °/₀ de son poids du sulfate de soude anhydre. A cette température, 1° combien y aurait-il de ce sel retenu en dissolution dans l'eau que contiennent 40 gr. de sulfate de soude cristallisé ord'ᵉ (à 40 équivalents d'eau pour 1 de sel)? — 2° combien y en aurait-il à l'état de suspension ou de précipitation?

37. Equation de l'action du carbonate de potasse sur le sulfate de baryte, | *a)* en calcinant.

b) le carbonate de potasse étant en dissolution. — Que faut-il en pareille circonstance, pour que la décomposition du sulfate soit complète?

38. Ayant du sulfate de strontiane, que faut-il faire pour arriver à l'azotate?

39. Le sulfate de strontiane coûte 80 c. le kilogr., l'ac. chlorhydrique à 42 °/₀ d'acide réel coûte 16 fr. les 100 k. On vendra 5 fr. le k. de chlorure de strontium à 2 éq. d'eau. Pour que l'opération du changement du sulfate en chlorure donne des bénéfices, quel est le maximum que ne devra pas atteindre la dépense en charbon, ustensiles et main-d'œuvre?

40. Qu'est-ce que | *a)* la pierre à plâtre?

b') le plâtre (cuit)? | *b")* le gypse ordinaire?
b'") le gypse anhydre?

41. 1° Qu'y a-t-il de plus dans la pierre à plâtre que dans le plâtre? 2° Quelle est sa solubilité?

42. Comment s'obtient le plâtre | *a)* ord'ᵉ? | *b)* anglais?

43. Comment prépare-t-on le sulfate de magnésie

a) au moyen d'eaux minérales convenablement choisies?

b) au moyen de schistes pyriteux magnésiens?

c) en se servant de la dolomie, qui est un carbonate de chaux et de magnésie?

44. Equation de la production du sulfate de magnésie par carbonate de magnésie, pyrite et un gaz de l'air.

45. Dans l'alun de potasse cristallisé il y a, pour 1 éq. de potassium, 4 éq. de soufre et 24 d'hydrogène. Donnez

a) la formule de cet alun.

b) la formule de l'alun ammoniacal correspondant.

46. Equation de la réaction qui a eu lieu entre des dissolutions concentrées de sulfate d'alumine et de

a) chlorure de potassium. | *b)* sel ammoniac.

47. Que donnera l'alun de potasse

a') décomposé par la simple chaleur rouge?
a") calciné entre 100 et 200°?
a'") chauffé au blanc intense?

b) soumis à une température progressivement croissante?

c) dissous dans l'eau, puis soumis à une longue ébullition?

d) dissous dans l'eau, et traité par une très-petite dose d'un alcali?

48. Quel résidu laisse la calcination de l'alun

a') d'ammoniaque? | *a")* de soude? | *a'")* de potasse?

b) ammoniacal accompagné de charbon?

c) potassique accompagné de charbon?

49.....Nommez les matières contenues dans le résidu laissé par l'alun dans le cas de la question 47; — puis dites comment on les séparerait.

50. A quel système cristallin appartiennent les cristaux d'alun? — Quelles sont les influences capables de modifier la manière dont ce sel cristallise, et qu'en résulte-t-il?

51. Equation de l'action du sulfhydrate d'ammoniaque sur le sulfate | *a)* d'alumine. | *b)* de chrôme.

52. Qu'est-ce que | *a)* l'*alun calciné* des pharmacies?

b) l'*alunite*, et quelle utilité peut-on en tirer?

c) ce qu'on appelle l'alun basique?

d) la couperose verte? | *e)* le *rouille* ou mordant de rouille?

53. Dites quels sont

a) les sels dépourvus d'alumine, auxquels les chimistes ont étendu la dénomination d'*alun*, et donnez la formule de l'alun potassique de chrôme, déshydraté.

b) les noms chimiques et les formules des vitriols.

54. Décrivez les principaux procédés qui s'emploient pour la préparation | *a)* de l'alun.

b) du sulfate ferreux. | *c)* du sulfate ferrique.

d) du mordant de rouille. | *e)* du sulfate de zinc.

55. Quelles modifications subit le vitriol vert en s'effleurissant à l'air?

56. Avec 1000 kil. de schiste argileux pyriteux contenant 3,75 % de pyrite ordinaire, combien pourrait-on obtenir de sulfate d'alumine anhydre et de vitriol vert cristallisé? Le vitriol en question contient 7 éq. d'eau pour 1 éq. de protoxide de fer.

57. Eq^{on} de la production du bioxide d'azote par sulfate ferreux accompagné d'ac. sulfurique, plus ac. azotique.

58. Que fait sur la couleur du tournesol le sulfate neutre ') de magnésie? | ") d'alumine? | "') ferrique?

59. Qu'arrive-t-il à une solution de sulfate ferrique neutre, quand on
a) la prend étendue de beaucoup d'eau et qu'on la fait bouillir?
b) y ajoute une forte quantité d'acide sulfurique, et qu'on fait bouillir le tout?
c) y verse du sulfate de potasse, et qu'on amène, par l'évaporation, la liqueur à cristalliser?

60. Eq^{on} de la réaction produite sur le sulfate ferrique dissous par | a) le fer. | b) l'ac. sulfhydrique.
c) l'ac. sulfureux, à l'ébullition.

61. Sur une solution de sulfate ferrique acidulée que fait | a') l'or? | a") le zinc? | a"') le fer?
b) le chlore? | c) l'hydrogène sulfuré?
d) le carbonate de soude? | e) le chlorure de baryum?
f) l'acétate de plomb?

62. Présentez les équations des diverses réactions que l'on peut obtenir entre le charbon et le sulfate de plomb.

63. Equation de la réaction de l'hydrogène en excès sur le sulfate de plomb.

64. Le sulfate de cuivre cristallise avec 5 éq. d'eau pour 1 éq. de base, et les deux autres vitriols, ainsi que le sulfate de magnésie, avec 7 éq. d'eau.
a) En traitant la dissolution de 148 gr. de vitriol bleu par le zinc, ou par le fer, ou par la magnésie, combien obtiendra-t-on de | ') vitriol vert?
") vitriol blanc crist^{é}? | "') sel d'Epsom?
b) Présentez 1° en symboles, 2° en chiffres seuls, l'indication des calculs qui conduisent au nombre demandé à la question a.

65. Que produit le sulfate mercurique neutre,
a) traité par l'eau? | b) avec la potasse dissoute?
c) avec une dissolution d'ac. sulfhydrique? | d) avec le cuivre?
e) chauffé dans un appareil distillatoire avec du chlorure de | ') calcium? | ") potassium? | "') sodium?

66. Peut-on obtenir de l'eau pure en mélangeant des dissolutions de sulfate d'argent et de chlorure de barium? — Pourquoi et comment?

67. Combien la décomposition de 8 k. de sulfate d'argent
a) exigera-t-elle de cuivre? | b) donnera-t-elle d'argent?
c) fera-t-elle produire de couperose bleue?

68. 1° Nommez les azotates qui se trouvent dans la nature; 2° indiquez dans quelle situation ils s'y rencontrent.

69. Eq^{on} de la décomposition au feu de l'azotate
a') d'argent. | a") de cuivre. | a"') de manganèse.
b) de potasse, en supposant uniq^t une production d'azotite.

70. Equation de la préparation de l'azotate
a) de chaux. | b) de strontiane. | c) de cuivre.

71. Comment prépare-t-on l'azotate de potasse en se servant | a) des terres ou des plâtres salpêtrés?
b) de l'azotate de soude?

72. Donnez les équations des résultats divers qui peuvent avoir lieu en chauffant le charbon avec le nitre.

73. Quels gaz peuvent être produits en réunissant ensemble, et portant à une température élevée, le nitre, le soufre et le charbon?

74. Pour obtenir de la poudre de guerre ou de chasse, quelles matières réunit-on?

75. Dans quelles proportions faut-il réunir les matériaux qui composent la poudre à tirer, si l'on veut que leur réaction puisse faire passer le métal à l'état de
a) protosulfure et l'oxigène à l'état d'acide carbonique?
(Avant les nombres mettez l'équation de la réaction).
b) bisulfure et l'oxigène à l'état d'oxide de carbone? (Mettez d'abord l'équation de la réaction).

76. D'où vient l'explosion que fait la poudre en prenant feu?

77. Qu'arriverait-il à la poudre, que l'on traiterait par
a) l'eau? | b) la potasse dissoute? | c) le sulfure de carbone?

78. Exposez un moyen d'analyser la poudre de guerre.

79. Qu'arrive-t-il à l'azotate de baryte, quand on
a) le calcine fortement?
b) ajoute de l'acide azotique fort à sa solution saturée?
c) le mêle à de l'eau chargée d'acide
') arsénieux? | ") sulfurique? | "') carbonique?

80. Dites ce que vous savez sur la manière de produire de l'azotate d'étain, et sur la stabilité de ce sel.

81. 1° Dites ce que produit l'eau sur le nitrate neutre de bismuth; 2° représentez par une éq^{on} cette action de l'eau, en supposant que la portion de nitrate de bismuth décomposée donne un sel quadribasique. On pourra employer des symboles d'inconnues pour exprimer sous une forme indéterminée la dose de sel qui ne se décompose pas, ainsi que pour indiquer la quantité d'eau mise en œuvre.

82. 1° Nommez les corps qui sont contenus dans une dissolution de nitrate de bismuth ; 2° donnez la formule du corps qui y cristallise après évaporation suffisante; 3° dites ce que produira l'eau ajoutée à l'eau-mère qui restera.

83. Equation de l'action que produit sur le nitrate de bismuth quadribasique | a) l'acide sulfhydrique.
b) le sulfhydrate d'ammoniaque.

84. Que faut-il faire pour transformer le mercure en azotate de | a) protoxide? | b) bioxide?

85. En présence du chlorure de sodium dissous, l'azotate de protoxide de mercure se transforme en chlorure, et s'il contient un excès de base, cet excès devient libre. Dites à quels signes on pourra, au moyen d'eau salée, reconnaître immédiatement si un azotate mercureux est basique, ou non.

86. Des deux azotates de cuivre et d'argent il en est un qui, en raison de la plus grande puissance de sa base, ré-

siste bien mieux que l'autre à l'action de la chaleur. Comment pourra-t-on tirer parti de ce fait pour obtenir du nitrate d'argent pur avec de l'acide azotique et de l'argent de bijoux?

87. L'acide azotique pur et froid précipite la dissolution aqueuse d'azotate d'argent. Dites quelle est la nature du précipité, en vous basant sur le souvenir de ce que ferait le même acide avec l'azotate de baryte.

88. En dissolvant 10 gr. d'argent dans un acide, et étendant la liqueur au point d'en avoir 1 litre, combien 1 cm. cube de la dissolution ainsi préparée pourra-t-il décomposer de sel marin?

89. Par suite de quels effets l'azotate d'argent peut-il être employé

a) à former des dissolutions propres à écrire sur le linge?

b) pour désorganiser les chairs que l'on veut détruire?

90. Que fait le chlorure de sodium ajouté à une dissolution d'azotate de | a) bismuth? | b) plomb?
c) mercure protoxidé? | d) mercure bioxidé? | e) argent?

91. Pour obtenir 24 gr. de pierre infernale,

a) combien faudra-t-il d'argent?

b) par quel acide faudra-t-il traiter le métal?

c) dans quelles conditions faudra-t-il faire agir l'acide, si on veut économiser celui-ci autant que possible, et combien en faudra-t-il prendre au moins?

92. Quels sont les effets physiques et chimiques qu'éprouvent, par l'action de la chaleur, les azotates de potasse, de soude, d'argent?

93. Que produit sur les azotates

a) l'ac. chlorhydrique en doses plus ou moins considérables?

b) l'ac. sulfurique? | c) l'ac. sulfhydrique?

d) la silice? | e) le charbon incandescent?

CHAPITRE XIX.

Fin des questions sur les oxi-sels métalliques.

1. Dans le phosphate de soude ordinaire, il y a de l'eau dont une partie est appelée par divers chimistes *eau basique*, tandis que l'autre partie est dite *eau de cristallisation*.

a) Quelle est l'eau dite alors *basique*, et quelle est celle à laquelle est réservé le nom d'eau de *cristallisation*?

b) Quelle est celle qui reste dans le sel desséché entre 100 et 300°?

c) Donnez la formule de ce phosphate, dans le cas où il ne contient que de l'*eau basique*.

2. Eq^{on} de la réaction qui a lieu, par l'intermédiaire de l'eau, entre le phosphate de soude ordinaire et l'azotate d'argent.

3. Même question qu'au n° précédent, sauf qu'on supposera que le phosphate, avant d'avoir été dissous, aura été calciné au rouge.

4. Comment agit sur le tournesol bleu ou rouge le phosphate de soude appelé neutre par la plupart des chimistes?

5. Si 250 gr. de biphosphate de chaux, ayant pour formule PO^5,CaO,H^2O^2, calcinés avec un excès de charbon, laissent un résidu de sous-phosphate dont la composition soit représentée par $PO^5,5CaO$,

a) quelle sera l'équation qui représentera la réaction?

b) combien y aura-t-il de phosphore rendu libre?

c) combien y aura-t-il de carbone consommé par la réaction, en supposant que l'hydrogène du sel soit lui-même amené à l'état libre, sous l'empire d'une très-haute température?

6. Equation de la transformation

a) du phosphate de chaux sesquibasique en biphosphate par l'agent ordinaire : n'omettez pas l'eau basique.
— Dites d'ailleurs comment on sépare l'un de l'autre les deux sels obtenus.

b) du biphosphate de chaux en phosphate sesquibasique par le carbonate de soude.

c) d'un phosphate ordinaire en pyrophosphate.

d) d'un phosphate ordinaire en métaphosphate.

7. Eq^{on} de la préparation du phosphate d'ammoniaque par biphosphate de chaux et | a)ammoniaque. | b) carb^{ate}.

8. Combien faudra-t-il de sulfate d'argent pour décomposer 1 gramme de phosphate de soude desséché à 200°?
— Avant le résultat mettez l'indication des calculs au moyen des symboles chimiques.

9. Quelle est la couleur du précipité donné avec les sels d'argent par les dissolutions des | a) phosphates ord^{res}?
b) pyrophosphates? | c) métaphosphates?

10. Que faut-il faire pour obtenir dans des liqueurs trop acides le précipité mentionné à la question 9 a?

11. Comment faut-il s'y prendre pour obtenir les précipités que donnent les phosphates ordinaires, quand au lieu d'un de ces phosphates on n'a qu'un pyrophosphate?

12. Eq^{on} de la réaction produite par l'intermédiaire de l'eau, entre l'azotate d'argent et le
a) pyrophosphate de soude. | b) métaphosphate de soude.

13. Equation de la décomposition au feu du phosphate ammoniaco-sodique. (N'omettez pas l'eau sans laquelle le sel ne pourrait exister).

14. Qu'appelle-t-on *sel de phosphore*? — Que se produit-il, quand on le chauffe avec un oxide de
') cobalt? | '') manganèse? | ''') chrôme?

15. Comment obtient-on le *bleu Thenard*?

16. Dites la couleur du précipité que donnent les
') arsénites | '') arséniates | ''') phosphates
a) avec un sel d'argent. | b) avec un sel cuivrique.

17. L'arséniate de soude dissous produit avec l'azotate d'argent une réaction analogue à celle que donne le phosphate ordinaire. Donnez l'équation de la réaction entre l'arséniate et le sel d'argent.

18. Equation de la préparation

a) du bi-arséniate de potasse au moyen du nitre.

b) de l'arséniate neutre de soude au moyen de son azotate.

19. Quelles sont les bases qui doivent former des
a) arséniates) ') solubles dans l'eau?
b) borates } '') insolubles ou très-peu solubles?
c) silicates) ''') décomposables par la chaleur?

20. Equation de la préparation du borax : dans ce sel, l'oxigène de la base est 1/6 de celui de l'acide.

21. Equation de l'action de l'ac. sulfurique sur le borax.

22. Nommez chaque oxide capable de colorer le borax, et mettez à la suite du nom la couleur communiquée.

23. Dans quel cas l'ac. borique pourra-t-il décomposer le sulfate de soude?

24. Le feldspath ordinaire est un silicate dont les éléments se trouvent être, à l'exception d'un seul qu'un autre remplace, les mêmes que ceux de l'alun desséché, et ils y existent dans les mêmes proportions.

a) Dites quel est l'élément de l'alun qui ne se trouve plus dans le feldspath, et par quoi il y est remplacé.

b) Donnez la formule du feldspath en prenant l'équivalent du silicium qui exprime la quantité de cet élément avec lequel se combine | ') 1 éq. d'oxigène.
'') 2 éq. d'oxigène. | ''') 5 éq. d'oxigène.

c) Combien y aurait-il de potasse apportée par le feld-spath contenu dans 1 k. d'un granit, où ce silicate se trouverait associé à un poids de quarz égal au sien et à moitié moins de mica ?

25. Qu'est-ce que | *a*) le kaolin et d'où provient-il ?
b) le quarz? | *c*) l'argile de la composition la plus simple?
d) le mica? | *e*) le granit ? | *f*) le porphyre?
g) le talc ? | *h*) la craie de Briançon ? | *i*) l'amiante ?

26. Que fait l'acide sulfurique sur l'argile ?

27. Eq^{on} de l'action d'un mélange d'acides fluorhydrique et sulfurique en excès sur un silicate de potasse.

28. En quoi se transforme le feldspath, quand les agents atmosphériques parviennent à le décomposer ?

29. Expliquez de quelle manière agissent sur les silicates | *a*) les alcalis. | *b*) les principaux acides.

30. Comment s'y prendra-t-on pour doser la silice
a) d'un verre soluble ?
b) d'un silicate indécomposable par les acides ordinaires?

31. Comment ferait-on l'analyse d'une argile contenant comme matière accessoire de l'oxide de fer, de la chaux, de la magnésie?

32. Qu'est-il convenable d'ajouter au silicate de zinc pour en rendre le métal totalement réductible par le charbon ? — Pourquoi?

33. Quelles bases doit avoir le silicate nommé *verre soluble*?

34. Avec quelles matières peut-on préparer économiquement le verre soluble, et dans quel vase?

35. Que résulte-t-il de l'application du verre soluble dissous sur | *a'*) le plâtre? | *a''*) un calcaire? | *a'''*) la céruse?
b) une toile ou un bois, qui est ensuite exposé au feu?

36. Pourquoi l'eau pure peut-elle devenir alcaline après avoir été suffisamment chauffée avec du verre seul ?

37. Quelles matières prend-on pour faire
a) le verre à vitre ? | *b*) le cristal, et pourquoi les prend-on ?
c) le verre à bouteille? | *d*) les fausses pierres précieuses ?

38. Quelle utilité peut avoir le peroxide de manganèse employé pour la préparation d'un verre blanc ?

39. Quel inconvénient aurait le contact de la fumée sur le cristal en fusion ?

40. Nommez d'après les règles de la nomenclature
a) le verre à vitre ordinaire. | *b*) le verre à glace ord^{re}.
c) le verre de Bohème. | *d*) le cristal?

41. Indiquez les principales matières qui peuvent s'employer pour la préparation des verres colorés et des émaux.

42. Qu'appelle-t-on matières *dégraissantes* dans la confection des poteries ? — Quelle est leur utilité ? — Quelle est la nature des principales d'entre elle?

43. Des poteries se trouvent quelquefois vernissées parce que du sel a été jeté dans le four où elles se cuisaient : expliquez la possibilité de ce fait.

44. Expliquez la formation d'une couverte par application d'alquifoux sur la poterie, puis chauffage.

45. Quelles sont les principales substances employées pour produire les couvertes de poteries ?

46. Nommez les principales sortes de poteries que la nature de leur pâte et leur mode de cuisson
a) rendent imperméables. | *b*) ne rendent pas imperméables.

47. Que fait-on pour que les poteries de nature perméable soient hors d'état de se laisser pénétrer par les liquides?

48. Quelles différences y a-t-il entre les diverses catégories de poteries, notamment entre les faïences, les grès, les porcelaines ?

49. Dites quelle est, dans la préparation de la porcelaine, la matière | *a*) principale à employer pour la pâte.
b) qui sert à produire la couverte.

50. Expliquez comment on peut obtenir ce qu'on appelle des *porcelaines tendres*, susceptibles de se cuire à un feu modéré, en composant leur pâte avec les mêmes matières que les faïences plus des matériaux sodifères ou potassifères.

51. Qu'est-ce que le ciment romain ? — Quelle est la cause qui le fait durcir ?

52. Qu'est-ce que l'azur ?

53. Le bleu Guimet, | *a*) qu'est-ce?
b) quel autre nom a-t-il encore?
c) quels avantages a-t-il sur le bleu de Prusse ?

54. Pour azurer un apprêt contenant du vinaigre, que devra-t-on préférer de l'outre-mer ou de l'azur ? — Pourquoi cette préférence ?

55. Donnez la formule des deux carbonates métalliques indécomposables au feu.

56. Eq^{on} de l'action du carbonate de potasse sur le sulfate de baryte. — Dites de plus dans quel cas s'accomplit cette réaction.

57. Quelles sont les bases qui peuvent former
a) des carbonates capables de se dissoudre notablement dans l'eau, par ex. dans la proportion de $\frac{1}{1000}$, à la faveur de l'ac. carbonique en dose correspondant à la composition d'un bicarbonate ?
b) des carbonates que l'eau dissout sans l'intervention d'ac.?
c) des bicarbonates solides ?

58. Nommez les principaux carbonates naturels, en en indiquant les usages.

59. Comment peut-on distinguer un carbonate neutre d'un bicarbonate, pourvu qu'il ne soit pas répandu dans plus de mille fois son poids d'eau ?

60. Ce qu'on appelle communément *potasse* dans le commerce, | *a*) qu'est-ce? | *b*) comment l'obtient-on ?

61. Qu'est-ce que | *a*) la potasse d'Amérique ?
b) la *cendre gravelée*? | *c*) le *salin*?

62. Formule du sel de tartre pur.

63. Comment prépare-t-on du carbonate de potasse pur?

64. Qu'est-ce que | *a*) la soude dite *naturelle*?
b') la soude dite *artificielle*? | *b''*) les *cristaux de soude*?
b''') le *sel de soude*?

65. Comment se prépare la soude *artificielle*?

66. Comment peut-on distinguer les carbonates de potasse et de soude l'un de l'autre, quand leurs cristaux sont restés abandonnés à l'air ?

67. Eq^on de la réaction du carbonate de soude sur le sulfate de cuivre dissous, en admettant la formation d'un précipité bibasique.

68. Eq^on de la décomposition du carbonate de soude
a) par la chaleur.   [b) par l'acide chlorhydrique.
c) par le charbon, 1er effet ; puis faites une seconde équation pour l'effet qui peut avoir lieu ensuite.

69. Comment le bicarbonate de soude
a) se prépare-t-il ?   [b) se comporte-t-il au feu ?

70. Expliquez ce qu'offrent de particulier les sources incrustantes calcaires.

71. Quelles sont les principales sortes de carbonate de chaux naturel ?

72. Dans quelles circonstances le carbonate de chaux peut-il être fondu ?

73. Que fait le vinaigre sur le marbre ?

74. En faisant dissoudre du carbonate de soude dans de l'eau contenant 2^gr,15 de pierre à plâtre en dissolution,
a) combien perdra-t-on de ce carbonate ?
b) quel précipité obtiendra-t-on, et combien pèsera-t-il ?

75. Qu'appelle-t-on en pharmacie *magnésie calcinée* et *magnésie non calcinée* ?

76. Comment se prépare la magnésie non calcinée ?

77. Eq^on de l'action de la chaleur sur le carbonate ferreux.

78. Formule du minerai dit *fer spathique*.

79. Quelle est la nature chimique
a) de la craie et des albâtres ?
b) des cendres bleues et du blanc de plomb ?
c) de la céruse, de la malachite et de l'azurite ?

80. Comment prépare-t-on les chrômates de potasse ?

81. Eq^on de la préparation du chrômate de potasse par oxide, sel de tartre et nitre.

82. Eq^on de la décomposition d'un chrômate de potasse, par l'ac. sulfurique accompagné d'ac. sulfureux, le chrômate étant   [a) neutre. | b) biacide.

83. Quelles sont les diverses sortes de résultats qu'on peut produire en faisant agir l'ac. sulfurique sur le bichrômate de potasse ?

84. Faites les équations qui représentent les réactions dont il est question au n° précédent.

85. Qu'éprouve le chrômate de plomb par une ébullition prolongée avec l'ac. chlorhydrique ?

86. Quelle est la nature du rouge de chrôme ?

87. Eq^on d'une préparation de chrômate de plomb par double décomposition.

88. Formule du jaune de chrôme
a) ordinaire. | b) à base de zinc.

89. 1° Quelle sera la nature et 2° quel sera le poids du résidu qu'on obtiendra en calcinant 55 gr. de chrômate de protoxide de mercure ?

90. Qu'est-ce que le caméléon minéral, et quels changements éprouve sa dissolution abandonnée à l'air ?

91. Comment agit sur le manganate de potasse
a) un acide non désoxigénant, très-étendu ?
b) l'ac. sulfureux ?   [c) l'alcool, le papier ?
d) le sulfate ferreux avec ac. sulfurique en excès ?

92. Eq^on de la préparation de l'antimoniate de potasse en se servant d'antimoine.

93. Quel antimoniate s'emploie comme réactif dans les laboratoires, et à quoi sert-il ?

94. Pour que la formation d'un précipité par l'emploi de l'antimoniate de potasse annonce réellement l'existence d'un sel de soude, que faut-il avoir constaté en outre ?

CHAPITRE XX.

Questions concernant les généralités sur les substances organiques, comprenant les combustibles fossiles et les matières bitumineuses.

1. Nommez les quatre principaux éléments des combinaisons organiques, en commençant par celui qui s'y rencontre toujours, et terminant par celui qui est le plus sujet à ne s'y pas trouver.

2. Quels sont les objets que comprend l'expression d'*êtres organisés*?

3. Avec les quatre éléments fondamentaux de la chimie organique, quels autres corps simples rencontre-t-on encore dans les êtres organisés?

4. Parmi les corps demandés à la question précédente, nommez seulement

a') les plus abondants, faisant partie des métaux.

a'') les plus abondants, de nature non métallique.

a''') ceux qui sont le plus sujets à manquer, ou à ne se rencontrer qu'en doses extrêmement exiguës.

b) les métalloïdes qui se trouvent plus particulièrement dans les plantes marines.

5. Qu'y-a-t-il principalement | a) dans la cendre d'os?

b') dans la plupart des cendres des végétaux?

b'') dans les portions solubles des cendres?

b''') dans les portions insolubles des cendres?

6. Quels composés inorganiques peuvent servir d'aliments aux plantes, en leur fournissant

a) de l'hydrogène? | b) du carbone? | c) de l'azote?

7. Quel genre d'influence la lumière a-t-elle sur la nutrition des plantes?

8. Qu'arrive-t-il à la plupart des plantes quand elles poussent dans l'obscurité?

9. L'oxigène libre est-il sans utilité pour la végétation?

10. Comment conçoit-on que des éléments fixes et ne formant aucun composé naturel volatil, tels que le silicium ou le calcium, puissent passer dans l'organisation végétale?

11. Quand il y a augmentation dans les matières azotées qui font partie du corps d'un animal, d'où lui vient l'azote correspondant à cet accroissement?

12. A quel état sont amenés les quatre principaux éléments des matières organiques par une combustion complète?

13. Equation de la destruction qu'éprouve, à une forte chaleur, en présence de l'oxide de cuivre,

') l'ac. oxalique C^2HO^4. | ") l'alcool C^2H^6O.

"') l'éther C^4H^5O.

14. Combien 1 gr. du corps dont il est question au n° précédent donnera-t-il d'acide carbonique?

15. $0^{gr.},525$ d'une substance végétale ternaire, non azotée, ont fourni, par une combustion complète, $0^{gr.},542$ d'eau et $0^{gr.},541$ d'acide carbonique : combien cette substance contient-elle de chacun de ses trois éléments

a) sur $0^{gr.},525$? | b) sur 100 parties?

16. On a analysé une matière organique contenant carbone, hydrogène, oxigène et azote. Une première opération, effectuée sur $0^{gr.},818$ de la substance, a donné lieu aux pesées suivantes :

Avant l'expérience,
{ Tube à pierre ponce humectée d'acide sulfurique concentré... $= 40^{gr.},115$,
Tubes à potasse......... $= 56^{gr.},273$;

Après l'exp°,
{ Tubes à potasse......... $= 56^{gr.},897$,
Tube à ponce sulfurique.. $= 44^{gr.},045$.

Une 2ᵐᵉ opération exécutée sur $0^{gr.},412$ de la matière a fourni 97ᶜ·ᶜ· d'azote mesuré à 0° sous la pression de $0^{m},745$.

Combien dans 1 gramme de la matière analysée y a-t-il de chaque élément?

17. Dans une analyse d'un composé organique azoté, faite à l'aide d'une matière oxidante, comment ramène-t-on à l'état libre les portions d'azote qui ont pu passer à l'état de composé oxigéné?

18. Une houille soumise à des essais analytiques a donné les résultats ci-dessous :

Dix gr. de houille ayant été brûlés à l'air ont laissé $0^{gr.},259$ de cendres, provenant de matières minérales qui ont dû conserver sensiblement le poids qu'elles avaient avant la combustion.

$0^{gr.},525$ de houille ont été brûlés par l'oxide de cuivre, et l'opération a fourni les nombres qui suivent :

Avant l'exp°°,
{ Poids du tube contenant la matière desséchante.... $= 42^{gr.},025$,
Poids des tubes à potasse.. $= 60^{gr.},258$;

Après l'exp°°,
{ Poids du 1ᵉʳ tube .... $= 42^{gr.},678$,
Poids des tubes à potasse. $= 60^{gr.},802$.

Une autre expérience, faite pour le dosage de l'azote, a fourni, dans les conditions normales de mesurage, 53ᶜ·ᶜ· de gaz azote sur $0^{gr.},750$ de houille.

On demande combien 100 p. de houille contiennent de matières minérales, de carbone, d'hydrogène, d'oxigène et d'azote.

19. On demande les poids du carbone, de l'hydrogène, de l'azote et des cendres contenus dans 1 gr. d'une houille, qui, dans des opérations pareilles à celles qu'on a men-

tionnées à la question précédente, a donné ce qui suit :

Cendres laissées par 20 grammes =

   ') 1gr.,51 ; | ") 3gr.,75 ; | "') 0gr.,98 ;

Poids du tube à matière desséchante avant l'expérience = 25gr.,748 ;

Poids du même tube, après l'expérience faite sur 0gr.,957 de houille au moyen de l'oxide de cuivre =

   ') 26gr.,087 ; | ") 26gr.,579 ; | "') 26gr.,584 ;

Tubes à potasse avant l'expérience = 48gr.,783 ;

   Id. après = | ') 49,969 ; | ") 50,270 ; | "') 50,802 ;

Azote provenant de la destruction de 0gr.,677 de houille, mesuré à 0° sous la pression de 0m,774 =

   ') 29c.c.,5. | ") 38c.c.,7. | "') 47c.c..

20. Voyez le n° 18,   } et indiquez les calculs à faire pour
21. Voyez le n° 19,   } trouver le poids | ') du carbone.
                         ") de l'hydrog. | "') de l'azote.

22. Expliquez sommairement les procédés de l'analyse élémentaire d'une matière organique, ne contenant que les éléments les plus habituels

a) sans azote. | b) y compris l'azote.

23. En quoi les matières organiques non azotées se transforment-elles, quand elles sont chauffées en l'absence de l'air, à une température très-élevée, tel que le blanc intense ?

24. Dans le cas dont il s'agit au n° précédent, qu'occasionne de plus la présence de l'azote, quand la matière organique est azotée ?

25. Equation de la destruction par une forte chaleur de l'acide oxalique C^2HO^4.

26. La houille brûlée dans un poële éprouve-t-elle une combustion complète ? — Pourquoi ? — Qu'en résulte-t-il ?

27. Quelles matières organiques, renfermant à la fois carbone, oxigène et hydrogène, pouvez-vous citer comme résistant aux chaleurs très-élevées sans se décomposer ?

28. En parlant d'un composé organique, tel que l'acide tartrique, par ex., on dit quelquefois qu'il est *fixe*. Quel sens faut-il alors attribuer à cette expression ?

29. Quand une matière organique est volatile, comment peut-on lui faire subir la décomposition qu'elle est susceptible d'éprouver de la part d'une forte chaleur ? — Citez quelque exemple d'une matière de cette sorte.

30. Quand les matières organiques sont détruites par l'application progressive de la chaleur (à l'abri de l'air), quels sont les produits qui se forment le plus fréquemment, dans le cas où ces matières

a) ne contiennent point d'azote ? | b) sont azotées ?

31. Parmi les substances qui se forment souvent aux dépens des matières organiques non azotées qu'on décompose par la chaleur, nommez celles qui font partie des produits | a) solides ne passant pas à la distillation.
b') gazeux. | b) solides distillés. | b") liquides.

32. Dites ce qui arrive de plus que dans le cas mentionné au n° précédent, lorsque les matières décomposées, au lieu d'être exemptes d'azote, renferment cet élément parmi leurs principes constitutifs.

33. Quels sont les produits les plus intéressants qu'on peut extraire des goudrons, notamment du goudron de houille, et quelle utilité en peut-on tirer ?

34. Lors de la décomposition d'une matière organique par la distillation, quel emploi utile peut-on faire

a) des gaz qui se dégagent ?

(b') du produit aqueux condensé, la matière étant du bois ?
{ b") du produit aqueux condensé, la matière étant de la houille ?
(b"') du résidu qui se retrouve dans le vase servant de cornue ?

c) des produits condensés non aqueux ?

35. Qu'est-ce qu'un ferment ?

36. Indépendamment de la présence d'un ferment et de la matière dont il provoque la décomposition, quelles conditions exige encore la fermentation ?

37. Indiquez quelques fermentations de différentes sortes.

38. Indiquez les principaux moyens d'empêcher les fermentations d'avoir lieu,

a) sans rien ajouter aux matières qui fermenteraient si on ne s'occupait pas d'y mettre obstacle.

b) en ajoutant des corps qui ne s'opposeront pas à l'emploi alimentaire des substances comestibles.

c) en ajoutant des corps soit vénéneux, soit non vénéneux.

39. Les fermentations peuvent-elles avoir lieu en l'absence de l'oxigène ?

40. Quand des matières organiques abandonnées à elles-mêmes et aux agents de la nature se dissipent en se convertissant en composés minéraux, à quel état de combinaison passe principalement,

a) quand l'air intervient avec abondance,
   ') l'hydrogène ? | ") le carbone ? | "') l'azote ?

b) quand l'air n'intervient pas dans le phénomène,
   ') le carbone ? | ") l'azote ? | "') l'hydrogène ?

41. Comment le terreau et la terre de bruyère

a) se produisent-ils ? | b) se comportent-ils avec l'eau et l'air ?

42. Nommez les principales sortes de combustibles fossiles, en suivant l'ordre d'ancienneté et commençant par les plus anciennement formés.

43. Nommez les principales sortes de houille, et exposez la différence de leurs effets | a) dans le chauffage.
b) dans la fabrication du gaz. | c) pour la production du coke.

44. Parmi les composés de fer que les houilles sont exposées à contenir, quel est le plus nuisible dans les principaux usages qu'on fait de celles-ci ?

45. Quels inconvénients occasionne la présence de la pyrite au milieu de la houille, quand celle-ci doit servir à

a) préparer du gaz d'éclairage ?

b) fabriquer du coke destiné à la production du fer ?

c) fournir du coke destiné à brûler dans une cheminée dont le tirage est imparfait ?

46. Quel procédé emploie-t-on quelquefois pour débarrasser de pyrite la houille destinée à être changée en coke ?

47. Quelle qualité de combustible doit-on rechercher

de préférence, quand il s'agit de chauffer
a) très-fortement un creuset?
b) de longues chaudières évaporatoires?

48. Que faut-il pour qu'une matière organique donne une flamme bien éclairante? — A l'appui de votre réponse, signalez le cas d'une de ces matières qui éclaire mal, et le cas d'une autre dont la flamme luise beaucoup.

49. Quelle condition faut-il réaliser dans le tirage de l'air qui vient alimenter une flamme, pour l'empêcher d'être fuligineuse, c.-à-d. de donner lieu à du noir de fumée? — Pourquoi?

50. Equation de la décomposition de la litharge au rouge, par | a') le carbone.
    a'') l'oxide de carbone. | a''') l'hydrogène.
b) le composé que représente la formule $C^{20}H^{16}O^4$.

51. 1 gr. d'hydrogène dégage en brûlant 34 calories : combien y aura-t-il de calories produites par la combustion de la quantité d'hydrogène capable de réduire 1 k. de plomb en agissant sur de la litharge?

52. Du nombre demandé au n° précédent que restera-t-il, si l'on en défalque la quantité de chaleur nécessaire pour que l'eau produite reste en vapeur?

53. Croyez-vous qu'il y aurait une différence dans la chaleur produite par la combustion d'un même poids d'hydrogène, si on parvenait à liquéfier ce gaz, et qu'on fit brûler d'un côté de l'hydrogène gazeux et de l'autre de l'hydrogène liquéfié? — Dans quel sens serait la différence, et pourquoi?

54. 1 gramme de carbone donne en brûlant complètement 8 calories ; combien de calories seront développées par la combustion de la dose de carbone capable de produire 1 kilogramme de plomb lors de sa calcination avec la litharge?

55. Exposez le procédé par lequel on évalue approximativement, au moyen de la litharge, le pouvoir calorifique d'un combustible.

56. Pourquoi le procédé d'évaluation par la litharge ne pourrait-il donner le pouvoir calorifique approximatif de combustion de l'alcool?

57. Quel est le pouvoir calorifique d'un combustible dont 1gr., essuyé par la litharge, a donné un culot de plomb pesant | a) 29^{gr},5? | b') 15^{gr},7? | b'') 20^{gr},9? | b''') 37^{gr},6?

58..... Combien faudra-t-il du combustible indiqué au n° précédent, pour porter à 80° 150 litres d'eau ayant une température de 18°?

59. Combien faut-il de houille pour chauffer 153 kil. d'eau de 20° à 100°, en supposant qu'un kil. de cette houille développe en brûlant 4600 calories, et que l'appareil de chauffage utilise la moitié de la chaleur produite?

60. Voyez le n° précd^t, et dites combien il faudrait du même combustible, pour évaporer les 3/4 de l'eau indiquée si elle était déjà portée à 100°?

61. Combien coûtera la houille à dépenser pour obtenir les deux résultats mentionnés 1° au n° 58 et 2° au n° 60?

Son prix est de 1 fr., 75 l'hectolitre, et l'hectolitre pèse autant que 0$^{hectolit.}$,87 d'eau.

62. Une houille, essayée par la litharge a donné 29 fois son poids de plomb. Elle coûte 1 fr., 90 c. l'hectolitre, et celui-ci pèse 89 kilogr. L'appareil de chauffage permet d'utiliser les 45/100 de la chaleur développée par la houille. On a une eau contenant 5 °/₀ de son poids de nitrate de potasse, lequel pourra être vendu à raison de 1 fr. 25 le kilogr. La température est de 15°.

1° Dites combien il faudra évaporer d'eau pour obtenir 1 quintal métrique de nitre.

2° Pour l'évaporation à sec de l'eau qui laissera ce quintal de salpêtre, cherchez combien de houille il faudra employer, en négligeant la chaleur consommée par l'échauffement du salpêtre.

3° Combien devrait coûter la main-d'œuvre pour que l'extraction du salpêtre en question, puis sa vente, ne procurassent ni bénéfice, ni perte?

63. Les composés bitumineux,
a) quel état physique offrent-ils?
b) quel degré de fusibilité et de volatilité ont-ils?
c) à quoi servent-ils? | d) où se trouvent-ils surtout?

64. Sous quelle forme et avec quelle composition s'offre a') le pétrole? | a'') l'asphalte? | a'') le naphte?

65. En quoi consistent les schistes bitumineux?

66. Quel emploi fait-on des schistes bitumineux?

67. Dites quel est toujours, ou habituellement, le résidu que laissent les sels à acides organiques et à base de
    ') potasse, | '') magnésie, | ''') fer,
a) après grillage au rouge longtemps prolongé.
b) après calcination en vases distillatoires.
c) après longue calcination dans un excès de vapeur d'eau.

68. 1° Avec lequel des éléments habituels des matières organiques, le chlore doit-il tendre à se combiner de préférence? — 2° Si le chlore ne s'unit qu'à cet élément, quel composé résultera-t-il de cette union?

69. Le premier effet du chlore, agissant à l'aide d'une lumière moyennement vive sur l'hydrogène protocarboné (CH^2), c'est, d'une part, d'en séparer le 1/4 de l'hydrogène avec lequel il se combine, et, d'autre part, de remplacer, équivalent pour équivalent, l'hydrogène enlevé. La continuation de l'action du chlore peut amener un 2me cas de décomposition, ou un 3me, ou même un 4me. Dans le 2me cas, il y a la 1/2 de l'hydrogène du gaz carboné, qui est enlevée et remplacée comme il vient d'être dit; dans le 3me, il y en a les 3/4; dans le 4me, c'en est la totalité.

Donnez l'équation qui exprime la transformation (définitive) opérée dans | a) le dernier cas.
b') le 1er cas. | b'') le 2me cas. | b''') le 3me cas.

70. Quand une substitution du chlore à de l'hydrogène, ou quelque autre substitution analogue a transformé un composé organique en un autre, et qu'il s'agit de nommer celui-ci, que signifie, dans un système de dénominations fort en usage aujourd'hui, l'expression suivante:
a) monochloré? | b) sesquibrômé? | c) binitré?

d') bichloré ? | d'') perchloré ? | d''') triiodé ?
e') trinitré ? | e'') pernitré ? | e''') mononitré ?

71. C^4H^5O, $C^4H^4O^4$, C^4H^4, $C^{14}H^6O^4$, $C^{12}H^6$, sont les formules respectives de l'éther, de l'ac. acétique (concentré), du gaz oléfiant ou éthylène, de l'ac. benzoïque, de la benzine. Quelle sera la formule | a) de l'éther perchloré ?
b) de l'ac. acétique trichloré (ou ac. chloracétique)?
c) de l'éthyle monobrômé ? | d) de l'éthyle
') perchloré? | '') trichloré? | '') bibrômé ?
e) de l'ac. benzoïque mononitré (ou ac. nitrobenzoïque)?
f) de la benzine
') mononitrée (ou nitrobenzine)?
'') trichlorée (ou trichlorobenzine)?
''') binitré (ou binitrobenzine) ?

72. Quelle différence y a-t-il entre
a) le trichlorure de benzine et la benzine trichlorée ?
b) le bichlorure d'éthylène et l'éthylène bichloré ?

73. Quel est le produit qui résulte habituellement de l'action de l'ammoniaque sur un anhydride organique, quand la réaction a lieu entre 1 éq. d'ammoniaque et une quantité d'acide capable de neutraliser, avec adjonction d'eau, | a) 1 éq. de l'alcali? | b) 2 éq. d'alcali ?

74. Quelle relation de composition y a-t-il entre une amide et l'ac. correspondant pris à l'état | a) d'anhydride?
b) d'acide ordinaire desséché ou concentré ?

75. Voyez la q^{on} 1 du chap. suivant, et dites la formule
a')de l'oxamide. | a'')de la benzamide. | a''')de l'acétamide.
b) que devrait avoir la formiamide. | c) de l'ac. oxamique,

76. Que produit ordinairement une amide traitée par
a) un acide puissant ? | b) un oxide alcalin?

77. Traitée par une solution de potasse, que donne
a') la benzamide? | a'') l'acétamide ? | a''') l'oxamide ?
b) l'urée, laquelle se comporte comme la carbonamide?

78... Equation de la réaction mentionnée au n° précéd^t.

79. Que produit le plus ordinairement l'ac. sulfurique concentré, chauffé avec les matières organiques jusqu'à son point d'ébullition ?

80. Quelles sont les principales manières d'agir de l'ac. sulfurique avec les matières organiques, dans les autres cas que celui de la question précédente ?

81. Quel composé organique se forme très-souvent par l'action de l'acide azotique moyennement concentré sur les matières organiques? — Que deviendrait-il sous l'influence prolongée d'un excès d'ac. azotique ?

82. Quelles sortes de composés produit ordinairement avec les matières organiques l'acide azotique très-concentré, ou l'acide azotique ordinaire mélangé avec l'acide sulfurique concentré ?

83. Le composé huileux qu'on a appelé « $phénol$, $ac.$ $phénique$, etc. » a pour formule $C^{12}H^6O^2 = 1$ équiv.; d'ailleurs l'ac. picrique peut être nommé « $ac.$ $phénique$ $trinitré.$ » Dites la formule
a) de l'ac. picrique. | b) du picrate anhydre de potasse.

84. En présence des matières organiques, qu'est-ce que la potasse et la soude doivent tendre à former ?

85. Par quel mot unique désigne-t-on l'azoture de carbone ?— Comment nomme-t-on ses combinaisons avec les métaux ?

86. Calciné fortement avec des matières organiques azotées, | a) en excès, que produit le carbonate de potasse?
b) que produit l'hydrate de potasse, employé en excès?

87. Qu'appelle-t-on $alcaloïdes$?

88. De quoi sont composées les bases organiques qui forment des sels analogues à ceux d'ammoniaque ?

89. A quelles sortes d'usages servent principalement les alcaloïdes végétaux ? — Nommez-en quelques-uns.

90. Quelle est la formule de l'aniline, qu'on pourrait appeler phénamine (c'est-à-dire amide du phénol ou acide phénique $C^{12}H^6O^2$).

91. Les sels à alcalis organiques ont une composition analogue à celle des sels ammoniacaux. La quinine a son équiv. représenté par $C^{40}H^{24}Az^2O^4$. Donnez la formule
a) de son sulfate. | b) de son chlorhydrate.
c) du brômhydrate et de l'azotate d'aniline. (Voyez le n° précédent.)

CHAPITRE XXI.

Questions sur les acides organiques.

1. L'acétate neutre de potasse peut se représenter par $C^4H^3KO^4$, l'oxalate par C^2O^4K, et le formiate par KC^2HO^4 enfin le benzoate par $C^{14}H^5KO^4$:

a) donnez la formule du 1er
(b') donnez la formule du 2me
b") donnez la formule du 3me
(b'") donnez la formule du 4me } de ces sels, présenté comme formé d'acide et de base.

c) donnez la formule de l'acide
(') oxalique déshydraté le plus possible,
") formique le moins hydraté possible,
'") acétique au max^m de concentration, } que l'on peut regarder comme un sel d'eau neutre.

d) présentez l'équation de la décomposition réciproque de l'oxalate de potasse et de l'acétate de plomb; et, sachant que l'oxalate de plomb est insoluble, dites de quelle manière on opèrera la réaction.

e) donnez l'équation de l'action de l'ac. sulfhydrique sur l'oxalate de plomb.

f) donnez la formule | ') qu'aurait l'ac. oxalique anhydre. ") de l'anhydride acétique. | '") de l'ac. benzoïque anhyd.

g) décomposez la formule de l'ac. oxalique en une réunion de combinaisons binaires connues.

2. Qu'est-ce que le sel d'oseille?

3. Donnez l'équation de la décomposition

a) de l'ac. oxalique par l'ac. sulfurique.

b) qu'éprouve, par la chaleur, l'oxalate sec
') d'argent. | ") de soude. | '") de manganèse.

4. En employant la formule de l'ac. oxalique desséché, donnez l'équation de sa réaction, à une douce chaleur, sur le bioxide de | ') manganèse. | ") barium. | '") plomb.

5. Expliquez la préparation de l'ac. oxalique au moyen
a) de la mélasse. | b) du sel d'oseille.

6. Comment peut-on distinguer un oxalate dissous d'avec un sel à acide minéral, et constater la nature de son acide?

7. Expliquez l'emploi de l'ac. oxalique pour

a) enlever les taches d'encre ou de rouille sur le linge.

b) nettoyer les objets en cuivre.

8. Exposez les principales propriétés de l'acide

a) oxalique. | b) acétique. | c) formique.

9. Donnez la formule de l'acide acétique

a) concentré (qui est une sorte d'acétate neutre).

b) ayant le point d'ébullition le plus élevé.

c) le plus dense. | d) le plus congelable.

10. Equation de l'action de l'acide sulfurique concentré sur l'acétate de soude.

11. Décomposés par la chaleur, les acétates alcalins donnent un carbonate plus un liquide volatil qu'on appelle *acétone*. Il y a en outre quelques produits accessoires, mais peu abondants et qu'on peut négliger en ce moment. D'après les résultats de cette décomposition
a) déduisez la formule de l'acétone.
b) calculez combien 100 gr. d'acétone contiennent
') d'oxigène. | ") de carbone. | '") d'hydrogène.
c) donnez l'équation d'une préparation d'acétone (en négligeant la formation des produits qui ne prennent naissance qu'en très-petite quantité).

12. Eq^{on} de la transformation de l'alcool en acide acétique par oxigénation, la formule de l'alcool étant $C^4H^6O^2$.

13. Signalez quelques circonstances dans lesquelles a lieu la transformation dite au n° précédent.

14. Expliquez la fabrication | a) du vinaigre de vin.
b) du vinaigre fait avec l'esprit-de-vin.
c) de l'ac. acétique au moyen du bois, en donnant les équations des diverses réactions principales comprises dans ce travail.

15. Indiquez les divers produits commerciaux dont l'ac. acétique est le principe essentiel.

16. Qu'est-ce que | a) l'ac. pyroligneux?
b) le pyrolignite de fer ? | c) le sel de Saturne ?
d') le verdet cristallisé ? | d") l'extrait de Saturne ?
d'") le vert-de-gris du commerce ?

17. 1° Dites dans quelles conditions a lieu la réaction entre l'acétate de plomb et l'alun; 2° donnez-en l'équation pour le cas où il y a excès | a) d'alun. | b) de sel de Saturne.

18. Dites quel est l'action de l'acide acétique, 1° en présence de l'air et 2° en son absence, sur
a) le cuivre. | b') le fer. | b") l'argent. | b'") le plomb.

19. Exposez les effets qui se produisent en faisant agir l'acide acétique sur la litharge, prise tour à tour en proportions variées.

20. Comment peut-on reconnaître un acétate?

21. Signalez des circonstances dans lesquelles il y a production d'acide formique.

22. Dites l'état physique ordinaire de l'acide formique et son degré de volatilité.

23. Equation de la décomposition de l'ac. formique par
') l'ac. sulfurique. | ") l'anhydride $phosph^{que}$. | '") le chlore.

24. Dites 1° où l'on trouve de l'ac. lactique tout formé, ou des lactates, dans la nature; — 2° comment cet acide peut se former par des transformations d'autres substances que vous indiquerez; — 3° ses propriétés les plus saillantes.

25. Quand l'ac. tartrique se change en tartrate métallique neutre anhydre, la quantité représentée par $C^4H^3O^6$ échange 1 équivalent d'hydrogène contre la dose de métal à laquelle 1 éq. d'oxigène devrait s'unir pour composer l'oxide servant de base au tartrate. Sachant cela, et de plus que le bitartrate de potasse peut être regardé comme un tartrate neutre double d'eau et d'alcali, donnez

a) la formule
   ') de ce bitartrate.
   ") du tartrate ferrique neutre.
   "') du tartrate neutre de chaux.

b) l'équation de la réaction de ce bitartrate sur
   ') le carbonate de soude (il se fait alors un tartrate double).
   ") la craie. | "') le sel de tartre.

c) l'équation de la réaction du tartrate neutre de potasse dissous sur | ') l'acétate de chaux.
   ") le chlorure calcique. | "') la craie.

d) l'équation de la réaction de l'acide sulfurique sur le tartrate de chaux.

e) la formule de l'ac. tartrique anhydre, tel qu'on le suppose uni aux bases dans les tartrates métalliques neutres.

f) les éq^{ons} des trois réactions successives par lesquelles on parvient à retirer l'acide tartrique de son sel potassique biacide.

g) l'équation de la préparation de l'émétique, ce sel ayant une formule de sel métallique bibasique.

h) l'éq^{on} de la préparation du tartrate des *boules de Nancy*, en le supposant neutre et obtenu sans l'intervention de l'oxigène.

26. Combien 10 kilogr. de crème de tartre pourront-ils donner d'acide tartrique?

27. Expliquez en détail la préparation
a) de la crème de tartre. | b) de l'ac. tartrique.

28. Les formules SHO^4 et $C^4H^3O^6$ représentent l'ac. sulfurique et l'ac. tartrique, pris à des états d'hydratation qui se correspondent, et en quantités propres à neutraliser la même dose de base. D'ailleurs la composition de la crème de tartre correspond à celle du bisulfate $(KO, HO; 2SO^3)$.
a) Donnez la formule du tartrate d'ammoniaque qui correspond à la crème de tartre.
b) Enfin l'oxigène de l'oxide d'antimoine qui s'ajoute à la potasse de la crème de tartre pour former, avec l'acide de ce sel, le tartre émétique est le triple de l'oxigène que contient l'alcali. Donnez la formule de l'émétique.
c) Lisez au besoin la qu^{on} b, et donnez l'éq^{on} de l'action de l'ac. sulfhydrique sur l'émétique.

29. Quand, avant d'ajouter à la dissolution d'un sel à base insoluble un alcali capable de précipiter cette base, on y verse d'abord un excès d'ac. tartrique ou d'un tartrate soluble, qu'occasionne de particulier la présence du tartrate ou de l'ac. tartrique?

30. Citez d'autres corps capables de produire des effets analogues à ceux qui sont mentionnés pour les tartrates au n° précédent.

31. Comment la présence de la crème de tartre peut-elle agir pour empêcher une dissolution de couperose verte de se troubler à l'air, ou pour déterminer les cristaux altérés de ce sulfate à se dissoudre dans l'eau sans laisser de trouble?

32. Quel produit désigne-t-on sous le nom de *crème de tartre soluble*?

33. Que voit-on se produire quand on mélange des solutions concentrées d'ac. tartrique et
   ') de bisulfate de potasse?
   ") d'un sel neutre de potasse?
   "') de borate de potasse?

34. Comment constateriez-vous la présence de l'ac. borique dans un mélange contenant un tartrate?

35. Ayant une liqueur paraissant devoir son acidité à un mélange d'ac. acétique et d'ac. tartrique, que feriez-vous pour reconnaître si elle contient réellement ces deux acides?

36. Nommez les produits de l'action de
a) l'acide citrique sur la craie.
b) l'ac. sulfurique sur le citrate de chaux délayé dans l'eau.

37. L'acide citrique ressemble à l'acide tartrique par sa saveur, sa solubilité et sa volatilité:
a) faut-il beaucoup de fois son poids d'eau pour le dissoudre?
b) vers quelle température peut-on avoir de l'acide citrique en vapeur?
c) quel goût et quelle odeur a-t-il?

38. Expliquez en détail la préparation de l'ac. citrique.

39. 1 éq^t de métal est joint au groupe $C^4H^{6/3}O^{14/3}$ dans les citrates neutres anhydres des métaux alcalins. A ce même groupe se joint 1 éq. d'hydrogène dans l'ac. citrique desséché à chaud, et $H + 2/3\,HO$, dans l'ac. cristallisé ordinaire.
a) Représentez par une formule sans expression fractionnaire la compostion
   ') du citrate de chaux. | ") de l'ac. citrique cristallisé.
   "') de l'ac. citrique privé d'eau de cristallisation.
b) Donnez l'éq^{on} de la production du citrate de chaux neutre par l'ac. citrique et la craie.
c) Donnez l'équation de l'action de l'acide sulfurique étendu sur le citrate de chaux.

40. Expliquez en détail les principales sortes d'altérations, soit spontanées, soit frauduleuses, qu'on est exposé à rencontrer dans les jus de citrons, puis les moyens d'en reconnaître la nature.

41. Admettons que le jus de citron coûte 8 fr. 15 c. l'hectol., qu'il a pour densité 1,09 et contient 6,1 % de son poids d'acide citrique; puis que la craie vaut 1 fr. 90 c. les 100 kil. et l'ac. sulfurique monhydraté 10 fr. 50 c. Dites
a) combien pèsera, puis combien coûtera chacune des matières qu'il faudra employer, pour obtenir 1 kil. d'acide citrique.
b) à combien reviendra le kilogr. d'ac. citrique, en ne te-

nant pas compte de la main-d'œuvre, du combustible, de l'eau, des frais d'appareils.

42. Quelles sont les principales propriétés
a) de l'ac. tartrique ? | *b*) de l'ac. citrique ?
c) appartenant aux divers tannins ?

43. Nommez les principales matières commerciales qui contiennent des tannins.

44. Qu'est-ce que la noix de galle ?

45. Comment obtient-on l'ac. tannique
a) cristallisé ? | *b*) de la noix de galle ?

46. Quel autre acide organique l'acide tannique de la noix de galle donne-t-il en s'altérant à l'air ?

47. Dites le nom chimique de la matière noire de l'encre ordinaire.

48. Sous le rapport de leurs emplois en teinture, comment peut-on classer les tannins en deux catégories principales ?

49. Qu'est-ce qu'un savon ?

50. $C^{36}H^{36}O^4$ représente 1 équiv. d'ac. stéarique libre, $C^{114}H^{110}O^{12}$ représente la stéarine qui en produit 3 équiv., et $C^6H^8O^6$ est la formule de la glycérine. En vous servant de ces formules, donnez l'équation de la saponification de la matière principale du suif ou stéarine, au moyen de
') la soude. | ") la litharge. | ''') la chaux.

51. Parmi les matières produites dans la réaction dite au n° précédent, lesquelles sont
a) solubles dans l'eau ? | *b*) insolubles ?

52. Nommez quelques matières capables de séparer le savon de sa dissolution sans le décomposer.

53. Nommez les acides gras principaux par ordre de fusibilité croissante.

54. Les marbrures du savon ordinaire bleuâtre,
a) à quoi sont-elles dues ? | *b*) que deviennent-elles à l'air ?

55. Donnez l'éq^on de l'action qui a lieu entre le sulfate de chaux dissous et le savon de soude dont on va nommer l'acide : à la suite de son nom on trouvera la formule qui représente sa composition à l'état libre (tel qu'il est séparé de ses sels par d'autres acides, et non pas à l'état anhydre tel qu'on l'admet dans ses sels) :
') ac. stéarique $= C^{36}H^{36}O^4$. | ") ac. palmitique $= C^{32}H^{32}O^4$.
''') ac. margarique $= C^{34}H^{34}O^4$.

56. Comment traiteriez-vous un savon pour en doser
') la base (supposée unique)? | ") les ac. gras? | ''') l'eau?

57. Exposez la fabrication du savon
a) de Marseille, blanc. | *b*) de Marseille, marbré.
c) mou. | *d*) d'acide oléique.
e) de plomb, fait par double décomposition.

58. La formule de la glycérine est $C^6H^8O^6$; 1° décomposez cette formule de façon à en faire un hydrate de carbure d'hydrogène ; 2° nommez ce carbure d'après les règles de la nomenclature, en vous rappelant que les hydrogènes bicarbonés renferment un nombre égal d'équivalents de chaque élément.

59. La formule du margarate de potasse anhydre est $C^{36}H^{35}KO^4$; donnez

a) la formule du margarate d'ammoniaque.

b) la composition °/₀ du margarate de soude.

c) la formule de l'ac. margarique, tel qu'on l'obtient en le déplaçant de ses sels par un autre acide.

d) la quantité d'acide gras libre, qu'on obtiendra en décomposant 1 k. de margarate de soude.

e) la formule de l'éther margarique.

f) la formule de la margarine, en sachant que sa composition est représentée par la réunion de 3 éq. d'acide margarique libre (non anhydre) avec ce qui reste de la formule de la glycérine $C^6H^8O^6$ après soustraction des éléments capables de constituer de l'eau.

g) la formule de la margaramide.

60. S'il y a un cyanure métallique indécomposable par le feu (et il y en a même plusieurs), quel doit-il être ?

61. A la quantité Cl est chimiquement équivalente la quantité C^2Az ; donnez l'éq^on de la réaction probable entre :
') l'acide sulfurique étendu et le cyanure de sodium.
") l'acide chlorhydrique et le cyanure de mercure.
''') l'acide nitrique étendu et le cyanure de potassium.

62. Ce qu'on appelle communément *prussiate de potasse*, et quelquefois *cyanure jaune*, peut se représenter par du protocyanure de fer uni à une dose de cyanure de potassium contenant deux fois autant de cyanogène que ce protocyanure ; il contient de plus de l'eau de cristallisation, aisée à dégager par la chaleur, et dont l'hydrogène est juste suffisant pour constituer de l'acide cyanhydrique avec le cyanogène total. Donnez la formule du prussiate de potasse | *a*) desséché.
b) cristallisé, et présenté comme
') cyanhydrate double. | ") cyanure double hydraté.
''') combinaison hydratée de potassium et d'un radical ternaire.

63. Equation de la préparation du cyanogène.

64. Formule de l'acide | *a*) cyanhydrique.
b) ferrocyanhydrique. | *c*) prussique. | *d*) hydrocyanique.
e) cyanique libre.
f) cyanique anhydre, que l'on imagine pour former les cyanates par son union avec les bases.

65. Eq^on de la préparation de l'ac. cyanhyd^que par cyanure
a') de mercure. | *a''*) de sodium. | *a'''*) de potassium.
b) jaune de fer et de potassium.

66. Que doit-on obtenir habituellement avec l'acide cyanhydrique et un oxide métallique basique, en chauffant au besoin ?

67. Quand et comment l'ac. cyanhydrique peut-il être décomposé par des acides puissants, tels que l'ac. chlorhydrique ou sulfurique ?

68. Quand et de quelle manière le cyanure de potassium peut-il être dénaturé par | *a*) l'eau ? | *b*) l'ac. carbonique ?
c) l'oxide de mercure froid ? | *d*) l'oxide de cuivre, à sec ?
e) le fer ? | *f*) l'oxide de plomb, à sec ? | *g*) le soufre ?
h) le chlore ?

69. Eq^on de la décomposition d'un cyanate par un acide puissant accompagné d'eau.

70. Si l'on appelle *ferro-cyanogène* le radical indiqué à la question 62 *b'''*,

a) par quelle formule représentera-t-on 1 équivalent de ferro-cyanogène ?

b) quel nom déduira-t-on de là pour le prussiate de potasse?

c) quelles sont les deux formules, indiquant, l'une un composé de ferrocyanogène et l'autre une combinaison de deux produits cyanurés, par lesquelles on pourra représenter la composition

('*) de l'acide ferrocyanhydrique)
'') du ferrocyanure de calcium } correspondant au ferro-
''') du ferrocyanure de plomb } cyanure de potassium ?

71. Eq^{on} de la préparation du prussiate ordinaire par

a) charbon azoté, carbonate de potasse et fer.

b) cyanure de potassium dissous et

'*) fer. | *''*) sulfate ferreux. | *'''*) carbonate ferreux.

72. Rappelez-vous qu'il y a dans le prussiate jaune cristallisé précisément les éléments qui permettraient de l'appeler un double cyanhydrate anhydre, et donnez l'éq^{on} de l'action d'une chaleur de 100° sur ce prussiate cristallisé.

73. Equation de la décomposition par la chaleur du *prussiate de potasse* jaune desséché, en supposant que tout l'azote correspondant au cyanure ferreux devienne libre.

74. Exposez les principaux effets du prussiate jaune sur les solutions salines des diverses bases, en signalant les couleurs de tous les précipités les plus remarquables.

75. Indépendamment des sels à base alcaline, quels sont ceux où le *prussiate de potasse* (jaune) ne produit point de précipité ?

76. Equation de la préparation du bleu de Prusse ord^{re}, supposé anhydre, au moyen | '*) du perchlorure de fer.
'') du sulfate ferrique. | *'''*) de l'azotate ferrique.

77. Comment le prussiate jaune desséché se décompose-t-il lorsqu'il est chauffé | *a*) seul ?

b) au contact de l'air? | *c*) avec du carbonate de potasse?

d) avec du peroxide de manganèse?

e) au milieu d'un courant de chlore ?

78... Donnez l'éq^{on} de la décomp^{on} dont il s'agit au n° pr^t.

79. Que produit le prussiate de potasse dissous, quand il est soumis à l'action

a) du chlore employé avec ménagement ?

b) de l'oxide de mercure ? | *c*) des acides puissants ?

80. Equation de la réaction qui paraît probable entre le prussiate de potasse et le sulfate ferreux pris en dissolution.

81. Quand le chlore agit sur le cyanure jaune dissous, et qu'on arrête l'action à sa première période, le 1/4 seulement du potassium est enlevé; donnez la formule du produit cyanuré qui reste,

a) en le présentant comme un composé de deux cyanures.

b) en le présentant comme un composé de potassium et d'un radical à trois éléments.

82. Quels noms donne-t-on au produit dont la formule est demandée au n° précédent ?

83. Donnez la formule de l'acide ferricyanhydrique (hydracide qui correspond au prussiate rouge).

84. Exposez la préparation du *prussiate*

a) jaune de potasse, telle qu'elle se fait dans les fabriques.

b) rouge de potasse. | *c*) de potasse blanc.

85. Eq^{on} de la préparation du prussiate rouge de potasse.

86. Comment se comportent les sels ferreux et les sels ferriques, d'une part avec le prussiate jaune, et de l'autre avec le prussiate rouge ?

87. Donnez l'équation de la réaction qui a lieu entre le prussiate rouge dissous et le sel ferreux suivant :

'*) chlorure. | *''*) acétate. | *'''*) sulfate.

88. Si l'on veut donner au bleu de Prusse ordinaire, produit par prussiate jaune et sel ferrique, un nom exprimant qu'il est composé de cyanogène et de fer, et indiquant son degré de cyanuration, quel sera ce nom? De plus, mettez la formule qui représente le composé nommé, quand on fait abstraction de son état hydraté.

89. Comment fabrique-t-on le bleu de Prusse?

90. Qu'éprouve le bleu de Prusse exposé à la lumière, puis à l'obscurité?

91. Que font les alcalis avec le bleu de Prusse?

92.. Donnez l'éq^{on} de la réaction du bleu de Prusse ord^{re} avec | '*) la chaux. | *''*) l'ammoniaque. | *'''*) la potasse.

93. Comment opère-t-on habituellement pour teindre en bleu de Prusse | *a*) le coton ? | *b*) la soie ?

94. On veut changer en prussiate rouge une quantité de prussiate jaune cristallisé égale à

'*) 45 kilogr. : | *''*) 200 gr. : | *'''*) 75 kilogr. :

a) combien doit-on obtenir de prussiate rouge (il cristallise anhydre, tandis que le jaune contient une quantité d'eau de cristallisation qui permettrait de le considérer comme un double cyanhydrate anhydre)?

b) combien faut-il consommer de bioxide de manganèse pour cette opération ?

c) combien faudra-t-il d'ac. chlorhydrique à 50 % d'ac. réel?

d) si le prussiate jaune coûte 4 fr. le kilogr., que le peroxide de manganèse coûte 60 fr. les 100 k., et l'acide muriatique à 50 % d'ac. réel, 20 fr.; à combien reviendra le produit formé, en ne comptant ni le combustible, ni la main-d'œuvre, ni l'usure des appareils ?

95. Avec quoi les fulminates sont-ils isomériques ? — D'où leur vient leur nom?

96. Citez un fulminate qui s'emploie, et dites

a) quel en est l'usage. | *b*) avec quoi on le prépare.

97. L'acide picrique,

a) quel couleur a-t-il ? | *b*) avec quoi se prépare-t-il ?

98. La teinture à l'ac. picrique | *a*) comment se fait-elle ?

b) quels avantages et quels inconvénients offre-t-elle ?

99. Qu'offre de remarquable la décomposition, par le feu, de certains picrates, tels que celui de potasse?

CHAPITRE XXII.

Questions sur les matières organiques neutres non tinctoriales.

1. Les matières qu'on a nommées *cellulose*, *fibrose*, *vasculose*, | a) où se trouvent-elles ?
b) de quelles sortes de substances sont-elles principalement accompagnées ?
c) quelles sont leurs principales propriétés ?
d) qu'offrent-elles de remarquable dans leur composition élémentaire ?
e) comment se comportent-elles sous l'influence de la chaleur ?
f) pourquoi, quand elles ne sont pas séparées des autres substances qui les accompagnent dans les plantes, sont-elles ordinairement plus altérables par l'air humide que quand elles sont pures ?

2. La cellulose et l'amidon sont isomères; la formule de l'amidon est $C^{12}H^{10}O^{10}$: dans 1 kilogramme de cellulose combien y a-t-il | ') de carbone ?
") d'oxigène ? | "') d'hydrogène et d'azote ?

3. Que devient la cellulose traitée par
a) l'acide sulfurique, en évitant une trop forte chaleur ?
b) l'acide chlorhydrique ? | c) le chlore ?
d) le *chlorure de chaux* ? | e) les alcalis ?

4. Quels sont les principaux effets divers que l'acide azotique peut produire en agissant sur la cellulose ?

5. Quels liquides peuvent dissoudre la cellulose en laissant la possibilité de l'en extraire ensuite à peu près telle qu'elle était d'abord ?

6. Par quels moyens peut-on prolonger la conservation des bois ?

7. Dites ce que vous savez sur la fabrication du papier.

8. Comment la matière amylacée se présente-t-elle dans la nature et dans le commerce ?

9. Quelle différence de forme et de grosseur y a-t-il entre les grains amylacés du blé et ceux de la pomme de terre ?

10. L'amidonate de plomb peut se représenter par $C^{12}H^9O^9,2PbO$. Combien 100 parties de ce composé contiennent-elles
    ') de plomb? | ") d'oxide de plomb? | "') de carbone?

11. Comment pourrait-on distinguer la cellulose et la matière amylacée l'une de l'autre ?

12. Exposez la préparation de l'amidon de céréales
a) par la fermentation. | b) par le procédé mécanique.

13. Décrivez la préparation de la fécule de pomme de terre.

14. L'amidon desséché peut être représenté par $C^{12}H^{10}O^{10}$. Le glucose est isomérique avec l'acide acétique concentré.

Avec 45 kilogr. de fécule pure, combien peut-on produire de glucose ?

15. Quels sont les divers effets que l'amidon peut éprouver de la part | a) de l'eau et de la chaleur ? | b) des acides ?

16. Quelles sont les principales sortes de gommes, et d'où proviennent-elles ?

17. Comment se comportent avec l'eau les diverses sortes de gommes et de mucilages ?

18. 1° Quelles sont les principales propriétés de la pectine? — 2° Où la trouve-t-on, et comment peut-on la produire ?

19. Mêmes questions qu'au n° précédent, en remplaçant *pectine* par *ac. pectique.*

20. Décrivez la préparation
a) de la dextrine au moyen de la fécule et de l'ac. sulfuriq.
b) du glucose par fécule et acide sulfurique.
c) du glucose au moyen de la fécule et de l'orge germée.

21. Qu'appelle-t-on sirop | a) de glucose ? | b) de sucre?
c) de gomme ? | d) d'éther ? | e) de dextrine ?

22. Quelle est la propriété principale qui distingue la diastase ?

23. 1° Où se trouve la diastase? — 2° Comment peut-on l'extraire? — 3° Quels éléments contient-elle ?

24. Les divers corps que les chimistes réunissent dans la catégorie des sucres,
a) par quelles propriétés sont-ils caractérisés ?
b) qu'offrent-ils de particulier dans leur composition ?
c) comment se comportent-ils par l'action de la chaleur ?
d) quelle ressemblance chimique ont-ils avec la glycérine?

25. Le sucre ordinaire a pour formule $C^{12}H^{11}O^{11}$. Quel composé devrait s'y ajouter, et en quelle quantité devrait-il être, pour donner
') du glucose desséché, substance où les équivalents des 3 éléments sont en nombre égal ?
") du glucose cristallisé $C^{12}H^{14}O^{14}$?
"') de l'acide lactique $C^6H^6O^6$?

26. Eq^{on} de la fermentation alcoolique, en négligeant la production des produits qui ne s'y forment qu'en petite quantité, et supposant l'emploi
a) du glucose. | b) du sucre ordinaire.

27. Quelle différence y a-t-il entre le sucre ordinaire et
a) le sucre candi? | b) le sucre d'orge? | c) celui de raisin?

28. 1° Quelles sont les principales sortes de sucre, de nature essentiellement distincte ? — 2° Quelles sont les propriétés qui leur sont communes à toutes?

29. Jusqu'à quel point le sucre (ordinaire) est-il

a) soluble dans

') l'eau froide? | ") l'eau bouillante? | '") l'alcool?

b) fusible? | *c*) volatil?

50. Qu'appelle-t-on habituellement sucre *interverti*?

51. Quelle différence d'effets observe-t-on entre le sucre ordinaire, le glucose et le sucre interverti, quand on les traite par | *a*) les alcalis? | *b*) les acides?

c) le tartrate cuivrico-potassique avec excès d'alcali?

52. Pourquoi ne peut-il y avoir du sucre ordinaire dans les fruits très-acides?

53. 1° Quelles sont les principales matières premières d'où s'extrait le sucre ordinaire? — 2° Quelles sont les principales opérations que comprend son extraction?

54. En quoi consiste la défécation qui se fait dans les fabriques de sucres?

55. Le sucre se vend 156 fr. les 100 kil., l'alcool à 80° alcoométriques se vend 187 fr. l'hectolitre. On a un jus sucré qui, pour être mis en fermentation puis distillé de façon à en retirer l'alcool, exigerait une dépense de 2 fr. 40 c. pour chaque hectolitre d'alcool à 85° qu'on obtiendrait; et, si l'on voulait en retirer le sucre, la dépense à faire serait de 8 fr. 79 c. pour chaque quintal de sucre. Supposez que, d'une part, il ne doive pas y avoir de sucre perdu, si l'on utilisait le jus pour en retirer cette substance, et que, d'autre part, si on change ce sucre en alcool, les réactions secondaires n'occasionneront qu'une perte insignifiante, puis qu'on extraira tout l'alcool. En établissant vos calculs sur ces bases, et en consultant le Tableau des densités correspondant aux degrés alcoométriques, cherchez: 1° laquelle des deux fabrications sera la plus avantageuse; 2° quelle sera la différence de bénéfice par kilogr. de sucre ou bien par litre d'alcool.

56. Lisez le n° précédent, puis supposez que l'on doive, si on fait de l'alcool, en perdre 1/10 du nombre indiqué par la théorie dans l'hypothèse énoncée, et que si on fabrique du sucre, on n'obtiendra que les 0,73 de celui qui existe dans le jus, les 27 autres centièmes passant à l'état de mélasse et ne procurant qu'un prix de vente 6 fois moindre que si le sucre avait été obtenu cristallisé. Dans ces conditions-là, calculez laquelle des deux fabrications doit donner le plus de bénéfice et quelle est la différence.

57. Si une graine contient 25 % d'amidon, et qu'on veuille utiliser celui-ci pour fabriquer de l'alcool,

a) quelles seront les opérations à faire successivement?

b) combien d'alcool obtiendra-t-on, en supposant que 5 % du sucre d'amidon soit consommé par les réactions secondaires, et qu'on ne fasse aucune perte?

58. On a obtenu 15 litres d'alcool à 55°, par la fermentation de 82 k. de jus sucré. Quel poids de sucre, pour le moins, renfermait le kilogr. de ce jus, si ce sucre était

a) du sucre ord^{re} $C^{12}H^{11}O^{11}$? | *b*) du glucose?

59. Comment le sucre de lait s'obtient-il?

40. Signalez les principales ressemblances ou dissemblances qu'offre le lactose ou sucre de lait, comparé au sucre ordinaire, sous le rapport de

a) sa composition. | *b*) son aptitude à cristalliser.

c) ses tendances à fermenter.

d) sa solubilité dans l'eau et dans l'alcool.

e) ses effets avec le tartrate basique de cuivre et de potasse.

f) ce qu'il produit avec l'acide azotique.

41. Décrivez la préparation de

a) l'alcool ordinaire. | *b*) l'alcool anhydre.

42. Exposé à l'air, quelle altération y subit l'alcool pur?

43. Equation de la réaction de l'oxigène sur l'alcool en présence du noir de platine.

44. Quelles sont les principales sortes d'effets divers auxquels peut donner lieu l'alcool traité par

a) l'ac. sulfurique? | *b*) l'ac. chlorhydrique?

c) l'ac. acétique? | *d*) les alcalis? | *e*) l'iode?

45. Exposez comment on évalue la proportion d'alcool

a) dans un mélange de ce liquide et d'eau.

b) dans un vin ou autre liquide analogue.

46. Expliquez la préparation | *a*) du vin.

b) des vins mousseux. | *c*) de la bière.

47. Qu'est-ce que | *a*) l'esprit-de-vin? | *b*) l'eau-de-vie?

c) l'esprit *trois-six*? | *d*) la *teinture* d'iode?

48. L'éther équivaut à un monhydrate de bicarbure d'hydrogène, dont le bihydrate serait l'alcool ($C^4H^6O^2$).

a) Donnez la formule de l'éther.

b) En considérant l'éther comme un oxide d'un carbure d'hydrogène, quelle serait la formule de ce carbure, lequel est appelé *éthyle*?

c) l'éther chlorhydrique peut être nommé *chlorure d'éthyle*. Donnez sa formule, correspondant à ce nom.

d) Si l'éther chlorhydrique était appelé *chlorhydrate*, 1° quelle serait sa base? — 2° quelle formule correspondrait à ce nom?

49. Le chloroforme | *a*) de quoi est-il composé?

b) avec quoi se prépare-t-il? | *c*) quel aspect a-t-il?

d) que fait-il avec | ') l'eau? | ") l'iode? | '") le brôme?

e) que fait-il avec l'eau brômée ou iodée?

f) que produit-il sur l'économie animale?

50. La quantité d'éther représentée par C^4H^5O occupe en vapeur autant de place que O^2 dans les mêmes conditions (densité de l'oxigène = 1,1): quelle est la densité de la vapeur d'éther?

51. La densité de l'alcool est 0,80; combien peut-on obtenir d'éther en employant, sans qu'il y en ait de perdu, une quantité d'alcool égale à | ') 15 li.? | ") 45 li.? | '") 50 li.?

52. Avec 1 litre d'alcool marquant 85° alcoométriques quel est au maximum le volume d'éther ordinaire que l'on peut obtenir? (Densité de l'alcool = 0,80; densité de l'éther = 0,72).

53. Que fait l'éther | *a*) laissé en vase mal bouché?

b') avec l'eau? | *b*") avec l'alcool? | *b*"') avec l'iode?

54. Quels dangers peut offrir un vase débouché contenant de l'éther, et placé dans le voisinage d'un corps enflammé?

55. Le collodion | *a)* comment s'obtient-il ?
b) que devient-il à l'air ? | *c)* à quoi sert-il ?

56. La potasse dissoute dans l'alcool finit par changer l'éther chlorhydrique en chlorure de potassium et alcool. Donnez l'équation de la réaction.

57. L'éther chlorhydrique peut être regardé comme renfermant un volume de gaz chlorhydrique et un volume de gaz oléfiant réunis en un seul volume. Sachant cela,
a) donnez la formule exprimant la quantité de gaz éther chlorhydrique qui occupe autant de place que la quantité O (c.-à-d. 1 éq. d'oxigène).
b) cherchez combien de volumes d'oxigène doit consommer la combustion d'un volume d'éther chlorhydrique.

58. Equation de la combustion de l'éther chlorhydrique.

59. Comment se comportent les corps gras neutres
a) avec | ') l'eau ? | ") l'alcool ? | ''') l'éther ?
b) avec les alcalis ? Distinguez les divers cas.
c) saponifiables, traités par l'acide sulfurique ?
d) par l'action du feu ?

60. Qu'appelle-t-on
a) huile siccative ? | *b)* saponification ?
c) stéarine, 1° dans les laboratoires, 2° dans le commerce ?

61. Mentionnez les principales huiles siccatives et les principales non siccatives.

62. Comment obtient-on l'huile | *a)* d'olive ?
b) de navette ? | *c)* épurée, commune, à brûler ?

63. Comment obtient-on | *a)* le suif ?
b) le beurre ? | *c)* la cire ? | *d)* le blanc de baleine ?
c) les bougies stéariques ?

64. D'où provient ordinairement l'odeur qui se développe dans les corps gras, quand ils rancissent ?

65. Pourquoi le beurre se conserve-t-il mieux
a) après avoir été fondu que quand il ne l'a pas été ?
b) lorsqu'il est salé que s'il ne l'est pas ?

66. Quelle principale différence y a-t-il entre les huiles grasses et les huiles essentielles ? — En quoi diffèrent les taches faites par les unes et par les autres ?

67. Quelles sont 1° les propriétés générales des huiles essentielles, — 2° leurs principaux usages ?

68. En considérant les essences sous le point de vue du nombre ou de la nature de leurs éléments, quelles distinctions y a-t-il lieu d'établir entre elles ?

69. Qu'appelle-t-on essences concrètes ? — Citez-en un exemple.

70. Les résines ne sont pas volatiles ; la térébenthine est un mélange d'essence et de résine : par quelle opération en extraira-t-on l'essence ?

71. Comment obtient-on l'essence | *a)* de térébenthine ?
b) de citron ? | *c)* de girofle ? | *d)* d'anis ? | *e)* de roses ?

72. Quels sont les divers procédés d'extraction applicables aux essences ?

73. Citez des exemples d'essences qui s'obtiennent avec des plantes dans lesquelles elles ne préexistaient pas, et dites sous quelle sorte d'influence elles prennent naissance.

74. Pourquoi les essences sont-elles plus inflammables que les corps gras ?

75. Que font les essences | *a)* les unes avec les autres ?
b) avec l'eau ? | *c)* avec l'alcool et l'éther ?

76. Le benzoate de potasse a pour formule $C^4H^5KO^4$ et la partie principale de l'essence d'amande amère $C^{14}H^6O^2$. Donnez l'équation de la transformation de celle-ci
a) en acide benzoïque par l'oxigène de l'air.
b) en benzoate plus un gaz, par le monhydrate de potasse.

77. Qu'est-ce que | *a)* l'eau de Cologne ? | *b)* l'eau de ') roses ? | ") fleurs d'oranger ? | ''') laurier-cerise ?
c) les *eaux distillées aromatiques* ?
d) les *esprits aromatiques*, tels que l'esprit de lavande, etc.?

78. Quel est l'état physique, quelle est la nature, quelle est la cause de l'apparition de ce qui rend trouble le liquide, quand on étend suffisamment d'eau
') l'alcool camphré ? | ") l'esprit de lavande ?
''') l'eau de Cologne ?

79. Dites 1° les noms, puis 2° les principaux usages des carbures d'hydrogènes volatils les plus remarquables, qui se rencontrent | *a)* dans la nature végétale.
b) dans les produits pyrogénés, c.-à-d. les produits provenant de substances décomposées par le feu.
c) au milieu des matières minérales.

80. D'où s'extrait habituellement la benzine commerciale ?

81. 1° Quelles sont les propriétés les plus saillantes de la benzine ? — 2° Quels sont ses principaux usages ?

82. Le caoutchouc et la gutta-percha,
a) d'où se retirent-ils ? | *b)* sont-ils volatils ?
c) comment se comportent-ils à 100° ?
d) comment les transforme-t-on en feuilles, tuyaux et ustensiles divers ?

83. 1° Qu'est-ce que le caoutchouc vulcanisé ? — 2° quel avantage présente-t-il sur le caoutchouc non modifié ?

84. Qu'offre de particulier la fusion du caoutchouc ?

85. Quels avantages présente l'usage du caoutchouc
a) employé pour vases, tubes et autres objets analogues ?
b) dans les vernis ?

86. Comment les résines se comportent-elles
a) par une chaleur ménagée ? | *b)* à la distillation ?
c) quand on les enflamme ? | *d)* avec la potasse ou la soude ?
e) avec l'eau, l'alcool, l'éther, les essences ?

87. Quelles sont les propriétés générales des résines ?

88. 1° Comment s'obtiennent les principales résines du commerce ? — 2° Sont-elles des combinaisons chimiques définies ?

89. La térébenthine, | *a)* d'où provient-elle ?
b) comment se récolte-t-elle ?
c) de quelles sortes de substances se compose-t-elle ?
d) qu'éprouve-t-elle au contact de l'air ?

90. Qu'est-ce que les | *a)* gommes-résines ? | *b)* baumes?

91. Que font les gommes-résines avec
a) l'eau ? | *b)* l'alcool ?

92. Citez un ou plusieurs exemples de
a) résines proprement dites. | b) gommes-résines.
c) résines ramollies par suite de l'abondance des essences.
d) produits résineux naturels, appelés baumes.

93. Qu'est-ce que | a) la résine commune ?
b') la colophane? | b") la sandaraque? | b"') l'arcanson?
c) la gomme | ') gutte? | ") arabique? | ") copal?
d') la gomme laque? | d") le benjoin? | d"') le sang-dragon?
e) l'encens? | f) le mastic en larmes? | g) le succin ?

94. Quelles sont les différentes sortes de vernis, en considérant les différences résultant du dissolvant?

95. Indépendamment des dissemblances provenant de la nature des dissolvants, quelles sont les principales sortes de différences que les vernis peuvent offrir ?

96. Quelles sortes de vernis emploie-t-on, d'une part, pour les bois d'un bel aspect, et, d'autre part, pour les boiseries communes ?

97. Quels sont les caractères les plus généraux des matières albuminoïdes?

98. Nommez les matières albuminoïdes les plus importantes, en signalant | a) leur origine.
b) leurs principaux usages.

99. Dans quels cas principaux l'albumine se coagule-t-elle ? — Qu'est-ce que l'albumine coagulée?

100. L'albumine solide, ou dissoute dans l'eau, peut-elle conserver à 100° sa solubilité?

101. Que fait l'albumine, d'une part, avec l'eau pure, et, d'autre part, avec la dissolution d'un sel de cuivre?

102. Quels sont les principaux produits naturels qui contiennent de l'albumine?

103. Les principaux composés réunis dans le lait,
a) quels sont-ils? | b) comment peut-on les doser ?

104. Quelles sont les deux sortes de qualités de matières gélatineuses qu'on retire des os, et comment les obtient-on?

105. Comment se comportent dans l'eau les diverses sortes de matières gélatineuses, à froid et à chaud ?

106. Indiquez 1° les matières premières qui servent à obtenir les principales colles animales, 2° leur préparation.

107. Comment des liquides qui contiennent du tannin sont-ils aptes à se laisser clarifier par de la colle de poisson ou par des blancs d'œufs?

CHAPITRE XXIII.

Questions sur les matières textiles, les substances colorantes et la teinture.

1. Quelle différence principale existe-t-il, sous le rapport de la composition élémentaire, entre les matières textiles animales et celles qui viennent des végétaux ?

2. Que reste-t-il après la combustion
a) des matières textiles végétales et animales ?
b) d'un tissu teint au bleu de Prusse ?

3. D'où provient | a) le | ') coton? | ") chanvre? | "') lin?
b) la laine ? | c) la soie ?

4. Comment expliquez-vous la différence de ténacité qu'offrent, en ayant une grosseur égale, les fils des diverses sortes de matières textiles végétales ?

5. Quelles sont les principales différences que présentent les matières textiles animales et les végétales, dans
a) leur fusibilité ? | b) leur inflammabilité ?
c) leurs conductibilités électrique et calorifique?
d) les produits de leur distillation ?
e) l'aspect de leur charbon ?
f) les effets qu'elles éprouvent avec les liqueurs | ') acides?
      ")alcalines? | "')plus ou moins chargées d'ac. nitrique?

6. Comment peut-on analyser un tissu mixte, de façon à évaluer les doses relatives des fils de nature végétale et de ceux de nature animale ?

7. Quels sont les principaux agents employés pour le blanchiment des matières textiles végétales, et quelle est leur manière d'agir ?

8. Décrivez l'opération du *décreusage* de la | a) laine.
b) soie par la cuite ordinaire sans dégommage.
c) soie par la cuite avec dégommage, etc.
d) soie par la cuite à la vapeur ou procédé de M. Michel.

9. Quels sont les principaux changements qu'occasionne la cuite dans la soie, sous le rapport de
a) sa composition ?
b') son poids? | b") son volume? | b"') son aspect?

10. Comment se fait le blanchiment de la soie sans cuite?

11. 1° Quel but se propose-t-on, — 2° comment opère-t-on, quand on effectue ce qu'on appelle
a) le *soufrage* de la laine ou celui de la soie?
b) l'*assouplissage* de la soie?

12. Les opérations telles que l'engallage de la soie, son *cachoutage*, etc., | a) quel résultat ont-elles?
b) avec quoi et comment se pratiquent-elles ?

13. Qu'appelle-t-on *mordant* en teinture ? — Dites de plus dans quels cas cette expression de mordant peut s'employer sans offrir aucune incertitude, et citez d'autres cas où il n'en est plus de même.

14. Quels sont les principaux mordants de nature saline | a) incolores? | b) colorés?

15. Comment peut-on expliquer l'utilité de l'emploi de la crème de tartre dans les mordançages ?

16. Comment s'opère ordinairement l'alunage
a) des diverses matières textiles?
b') du fil et du coton? | b") de la laine? | b"') de la soie?

17. Comment s'obtient l'indigo ?

18. Quelles couleurs présente l'indigo ?

19. De quoi l'indigo se compose-t-il principalement?

20. L'indigotine a pour formule $C^{16}H^5AzO^2$. Combien 100 grammes de cette substance contiennent-ils
') de carbone? | ") d'hydrogène? | "') d'azote?

21. Sous les influences désoxigénantes, l'indigotine, en présence de l'eau, ajoute 1 équivalent d'hydrogène aux éléments indiqués dans la formule ci-dessus (n° précédent), et elle devient *indigo blanc*. Donnez
a) la formule de celui-ci.
b) l'équation de la transformation de l'indigotine en indigo blanc, par l'emploi d'un alcali et du vitriol vert.

22. Comment se fait-il que l'indigo puisse être appelé avec justesse, soit *indigo hydrogéné*, soit *indigo désoxigéné*?

23. Par un genre d'opération analogue à la préparation de l'indigo blanc, on peut arriver facilement à doser l'indigotine contenue dans un indigo. Comment procèderiez-vous à cet essai analytique ?

24. Où se trouve l'indigotine | a) dans la nature ?
b) dans les produits commerciaux, et en quelle quantité?

25. Comment se comporte l'indigotine soumise à l'action
a) du feu? | b) de l'eau? | c) de l'ac. sulfurique?
d) de l'acide azotique ? | e) du chlore ?

26. Quel est le composé bleu qui se fixe sur l'objet qu'on teint, lors d'une teinture au bleu
a) de cuve? | b) de Saxe ?

27. 1° Décrivez le procédé de teinture où l'on emploie la *cuve au vitriol;* — 2° donnez une idée des autres sortes de *cuves*.

28. Qu'appelle-t-on communément *sulfate d'indigo*?

29. 1° Comment s'obtient l'indigo dit *distillé*, ou *bleu à la couverture?* — 2° Quelle utilité peut offrir cette préparation ?

30. Décrivez la préparation du *carmin d'indigo*.

31. Qu'appelle-t-on teinture en bleu | *a*) de Saxe? *b*) de cuve? | *c*) Raymond? | *d*) Napoléon ?

32. Par quels effets chimiques pourriez-vous distinguer les unes des autres une teinture bleue faite avec un prussiate, une au bleu de Saxe, une au bleu de cuve, et une au campêche?

33. Qu'est-ce que le produit employé en teinture sous le nom de *carthame* ou de *safranum*?

34. Combien de sortes de matières colorantes remarque-t-on dans le carthame ou safranum, et comment peut-on les séparer?

35. 1° Comment emploie-t-on le carthame en teinture? — 2° Sur quelles sortes de matières textiles? — 3° Quels sont les avantages et les défauts de cette teinture?

36. Qu'est-ce que le *rose végétal* des teinturiers, et comment l'emploie-t-on?

37. Quels sont les produits désignés sous le nom de carmin? Dites-en la nature et les usages.

38. Qu'est-ce que la cochenille, et quelle en est la matière colorante principale?

39. Exposez les principaux effets produits sur la décoction de cochenille par les agents chimiques.

40. Comment s'obtient la *cochenille ammoniacale*?

41. Comment s'effectue le plus ordinairement la teinture *a*) à la cochenille? | *b*) à la cochenille ammoniacale?

42. Quelle différence y a-t-il 1° entre les nuances données par la cochenille et par la cochenille ammoniacale, 2° dans la solidité des deux sortes de teintures?

43. 1° Quelles sortes de matières colorantes retire-t-on principalement des bois de Brésil? — 2° Quels noms ont-elles reçu? — 3° Qu'éprouvent-elles à l'air?

44. Quelles sont les principales sortes de bois de Brésil?

45. Qu'est-ce que
a) la garance telle que l'emploient les teinturiers?
b) la garancine? Comment l'obtient-on?
c) l'alizari? | *d*) l'alizarine?

46. Dites ce que vous savez sur, 1° la couleur de l'alizarine, 2° sa solubilité, 3° l'action du feu sur elle, 4° sa préparation.

47. 1° Quelle est la matière colorante principale de la garancine? — 2° Comment cette matière peut-elle être obtenue plus pure?

48. De quelle couleur est la teinture que produit
a) le bois de Brésil avec un mordant
    ') ferrugineux? | ") stannique? | "') alumineux?
b) la garance avec un mordant
') d'alumine? | ") ferrugineux? | "') cuivrique?

49. 1° Exposez les qualités comparées des teintures au carthame, à la cochenille, au bois de Brésil et à la garance. — 2° Dites sur quels tissus on les applique le plus ordinairement.

50. Qu'est-ce que le rouge d'Andrinople?

51. Comment obtient-on l'orseille?

52. Comment teint-on à l'orseille, et quelle nuance obtient-on?

53. Comment peut-on changer la nuance de la teinture à l'orseille?

54. 1° Quelle est la matière colorante principale qui se fixe, lors de la teinture par l'orseille? — 2° Existe-t-elle dans la plante? — 3° De quelle autre matière dérive-t-elle, et quel élément contient-elle de plus ou de moins?

55. 1° Qu'emploie-t-on en teinture sous le nom de santal? — 2° quelle est sa couleur?

56. Quel genre de solubilité offre la matière colorante du santal?

57. Avec quoi s'obtient le tournesol des chimistes?

58. Quel autre tournesol fabrique-t-on, indépendamment du tournesol ordinaire des laboratoires?

59. Qu'est-ce que l'orcanette qu'on emploie en teinture?

60. Qu'appelle-t-on *bois d'Inde*, et comment se nomme sa matière colorante?

61. Quelle est la couleur de la *teinture* de campêche et de sa décoction dans l'eau?

62. Comment la matière colorante du campêche se comporte-t-elle avec | *a*) l'air?
b) les alcalis et les sels alcalins? | *c*) les acides?
d) une dissolution
    ') d'alun? | ") stannique? | "') ferrugineuse?
e) le carbonate de chaux? | *f*) l'acétate de cuivre?

63. Comment se font les teintures au campêche
    a) en violet? | *b*) en bleu? | *c*) en noir?

64. Quelle est la solidité des teintures au campêche?

65. Quels sont les bains de teinture qu'on appelle *physiques*, et comment s'en sert-on?

66. Nommez les matières végétales employées pour teindre en jaune, en ajoutant la partie de la plante qui s'utilise?

67. Quel est l'effet que produit habituellement une matière alcaline sur la nuance des matières tinctoriales jaunes?

68. Qu'emploie-t-on, outre la matière colorante, pour teindre en jaune, avec chacune des principales matières tinctoriales de cette nuance?

69. Quelles sont, parmi les teintures en jaune, celles qui se terminent par un avivage, et comment se fait-il?

70. Quelles sont les qualités des diverses teintures jaunes?

71. Quel mordant s'emploie d'ordinaire pour la teinture à la gaude?

72. Quelles sont les qualités de la teinture à la gaude?

73. Comment nomme-t-on le composé colorant de la gaude, isolé?

74. Quels sont les agents qui peuvent servir à teindre en jaune, sans aucune matière tinctoriale organique?

75. 1° D'où vient le rocou? — 2° comment s'obtient-il?

76. Quelle apparence a le rocou?

77. Comment teint-on au rocou?

78. La teinture au rocou | *a*) quelle couleur a-t-elle?

b) comment se comporte-t-elle avec les acides et les alcalis?

c) quelle stabilité offre-t-elle?

79. Quels sont les principaux produits tinctoriaux qui, étant employés seuls, avec ou sans mordant, teignent en couleurs composées non très-sensiblement *rabattues?* — Après le nom du produit, ajoutez celui du mordant employé, puis énoncez la couleur de la teinture.

80. Comment peut-on obtenir des teintures en couleurs composées, au moyen des substances tinctoriales qui donnent des couleurs simples?

81. 1° Comment peut-on teindre en indigo vert? — 2° Quels sont les avantages spéciaux de cette teinture?

82. 1° Qu'est-ce que le cachou? — 2° A quoi peut-il servir en teinture?

83. Quels sont les moyens généraux d'obtenir des nuances rabattues?

84. Comment se fait la teinture en blanc?

85. Quel changement de nuance un mordant ferrugineux produit-il relativement à la couleur 1° de l'ac. tannique, — 2° du bois de Cuba, — 3° d'une matière rouge?

86. Expliquez comment se fait la teinture

a) en noir ordinaire à la galle. | *b)* au campêche.

c) en noir de *Lyon*, c.-à-d. au prussiate et à la galle.

d) en noir minéral au cachou.

87. Comment obtient-on les teintures en gris?

88. Quelles sont 1° les teintures noires sur soie où celle-ci doit perdre le plus de son poids? — et 2° celles où elle doit gagner au contraire beaucoup de poids?

89. L'opération qu'on appelle l'*encraquage* de la soie, *a)* quel résultat a-t-elle? | *b)* comment s'exécute-t-elle?

90. Quels inconvénients très-graves peuvent résulter de la présence des sels de chaux dans l'eau employée pour la cuite de la soie?

91. Comment peut-on parer aux inconvénients signalés au n° précédent?

92. Comment se font les impressions sur tissus effectuées *a)* simplement au moyen de la planche ou du rouleau?

b) par l'emploi successif

(') d'un mordant, puis d'un bain tinctorial?

(") d'une réserve et d'un bain de teinture?

(''') d'une teinture et d'un rongeant?

93. Dites, en citant des exemples, ce qu'on appelle, dans les ateliers d'impression sur tissus, | *a)* *épaississants.*

b) rongeants. | *c)* réserves. | *d)* vaporisation.

94. Quel est le principal emploi de l'albumine dans l'impression?

CHAPITRE XXIV.

Questions au sujet de l'analyse qualitative des gaz et des sels simples.

1. Comment peut-on reconnaître qu'il y a de l'acide sulfureux　| *a*) dans l'air?　| *b*) dissous dans l'eau?

2. Avec quoi et à quels signes peut-on reconnaître dans une liqueur la présence de l'acide
a') sulfurique?　| *a''*) chlorhydrique?　| *a'''*) azotique?
b') arsénieux?　| *b''*) carbonique?　| *b'''*) sulfhydrique?

3. Equation de la réaction de l'acide
a) sulfurique sur le nitrate de baryte dissous.
b) chlorhydrique sur le nitrate d'argent dissous.
c) arsénieux sur l'ac. sulfhydrique.
d) sulfhydrique sur　| ') l'acétate de plomb ($PbO,C^4H^3O^3$).
　　') l'azotate de plomb dissous. | ''') le carb^{ate} de plomb.

4. Avec un mélange de sulfate de fer et d'ac. sulfurique
que fait　　| *a*) le protoxide d'azote?
b) le bioxide d'azote?　　| *c*) l'acide azotique?

5. Equation de la transformation du sulfate ferreux neutre (autrement dit sulfate neutre de protoxide de fer) en sulfate ferrique (c.-à-d. de sesquioxide de fer) également neutre, au moyen de l'ac. azotique joint à l'ac. sulfurique,
a) dans le cas où la réaction ramène l'ac. azotique à l'état d'acide hypoazotique.
b) dans le cas où l'ac. azotique cède assez d'oxigène pour être changé en bioxide d'azote.

6. Quel effet immédiatement manifeste (c.-à-d. se laissant apercevoir tout de suite) voit-on se produire, quand on ajoute
a) un peu de cuivre à de l'ac. azotique fort?
b) à de l'acide azotique fort du sulfate ferreux, employé d'abord en petite quantité, puis en excès?
c) du cuivre ou du sulfate ferreux à de l'acide azotique excessivement faible, tel que, par exemple, celui qui a été étendu de mille fois son poids d'eau?
d) du sulfate ferreux à de l'ac. sulfurique concentré ou peu étendu, qui contient $\frac{1}{10000}$ ou $\frac{1}{1000}$ d'ac. azotique?

7. Quand une dissolution de sulfate ferreux, ajoutée à de l'ac. sulfurique pur ou mêlé d'un peu d'ac. d'azote, occasionne un précipité,
a) quelle est la nature de ce précipité?
b) de quelle couleur est-il?

8. Equation de la formation du sulfate de baryte par ac. sulfureux dissous dans l'eau, plus chlore et
') brômure de barium.　　| '') chlorure de barium.
　　''') azotate de baryte.

9. Supposons qu'ayant une liqueur acide contenant de l'acide sulfurique, l'on veuille reconnaître s'il s'y trouve en outre de l'acide sulfureux, en constatant la présence de celui-ci par sa transformation en sulfate. 1° Quel réactif faudra-t-il ajouter pour enlever l'acide sulfurique contenu dans la liqueur? — 2° Comment pourra-t-on s'assurer qu'on a mis suffisamment de ce réactif? — 3° Que fera-t-on ensuite?

10. Que faut-il ajouter à une liqueur qui peut contenir de l'ac. arsénieux, pour que, si cet acide s'y trouve en dose non infiniment petite, on ait immédiatement un précipité jaune?

11. Quand de l'eau contient de l'acide sulfhydrique comment peut-on le reconnaître
a) au moyen de l'odorat?　　| *b*) sans sentir?

12. Pourquoi un opérateur qui aura reconnu qu'un liquide donne avec l'eau de chaux un précipité blanc, ne sera-t-il pas en droit de conclure de là que ce liquide contient de l'ac. carbonique en dissolution? — S'il est certain que le trouble est causé par un acide, aura-t-il la certitude que cet acide est de l'ac. carbonique?

13. Exposez comment vous constateriez la présence de chacun des acides réunis dans le mélange que l'on va vous dire. Dans cet exposé vous consacrerez un alinéa à chaque acide, en mettant le nom de l'acide en tête de l'alinéa. Le mélange en question contient avec de l'eau les acides　　| *a*) sulfurique et
　') sulfureux.　　| '') azotique.　　| ''') arsénieux.
(*b'*) chlorhydrique, sulfhydrique, carbonique.
(*b''*) chlorhydrique, arsénieux, azotique.
(*b'''*) azotique, sulfurique, sulfureux.
c) nommés dans les 2 lignes précédentes.

14. Dites comment se nomment et quelle couleur offrent
(*a'*) les gaz colorés que vous connaissez.
(*a''*) les vapeurs colorées dont l'air froid peut se charger.
(*a'''*) après s'être mêlés à l'air, les gaz avec lesquels l'air produit une coloration.
b) les gaz qui répondent à l'air des fumées.

15. Indiquez quels sont, parmi les principaux gaz, ceux qui se dissolvent abondamment dans l'eau chargée de potasse.

16. Pour reconnaître quel gaz renferme un flacon donné,
a) que ferez-vous avant d'employer aucun réactif spécial?
b) quelles sont les trois catégories parmi lesquelles vous chercherez d'abord où le gaz doit figurer?

17. Nommez les principaux gaz capables de se dissoudre dans un volume d'eau moindre que $\frac{1}{20}$ du leur. Après le nom du gaz ajoutez, s'il y a lieu, 1° sa couleur, 2° sa réaction acide ou alcaline.

18. Parmi les gaz acides très-solubles, comment peut-on reconnaître | *a*) l'ac. sulfureux? | *b*) l'ac. chlorhydrique?

19. Nommez les principaux gaz inflammables, et après le nom de chacun d'eux écrivez à quel signe on peut le reconnaître aisément.

20. Nommez les principaux gaz qui ne sont ni très-solubles, ni inflammables, en les groupant d'après leurs effets sur les corps enflammés, puis d'après leur qualité d'être plus ou moins odorants ou inodores.

21 = Ch. XI, 59 *a*.

22. Comment l'azote et l'ac. carbonique peuvent-ils être distingués l'un de l'autre par l'emploi de.
a) l'eau seule? | *b*) d'un alcali?

23. Nommez tous les principaux gaz faisant partie de la catégorie des | *a'*) très-solubles.
a'') peu solubles, non inflammables. | *a'''*) inflammables.
b' = *a''*. | *b''* = *a'''*. | *b'''* = *a'*.
c' = *a'''*. | *c''* = *a*. | *c'''* = *a''*.

24... Nommez les gaz indiqués à la q^on préc^te, en ajoutant à la suite de chaque nom les caractères qui vous feraient reconnaître le gaz nommé. Faites pour chacun d'eux un alinéa, ayant en tête le nom du gaz.

25. Que feriez-vous pour distinguer l'un de l'autre
a) un sulfite soluble et un hyposulfite?
b) le sulfite de strontiane et son hyposulfite?

26. Quels sont les genres de sels qui, étant traités par l'acide sulfurique,
a) donnent un gaz incolore et non fumant? Dites dans chaque cas l'odeur du gaz produit.
b) donnent lieu à une production gazeuse colorée? Dites la couleur du gaz.
c) exigent l'addition de quelque autre matière, telle que le sulfate ferreux, pour laisser apparaître un gaz coloré? Dites la couleur de ce gaz, et de plus ce qu'on observe en employant suffisamment d'ac. sulfurique et de sulfate ferreux.
d) laissent dégager un gaz qui fume à l'air?
e) ne donnent lieu à aucun dégagement gazeux?
    27 *a* = Ch. XVI, 21 *d*. | 27 *b* = Ch. XVI, 25.

28. Eq^on de la décomposition du chlorate de potasse par l'ac. sulfurique, opérée avec ménagement: les formules des ac. perchlorique et hypochlorique sont ClO^7 et ClO^4.

29. Nommez les gaz fumants mentionnés à la question 26 *d*, et à la suite du nom de chacun d'eux dites comment serait le précipité qu'il produirait avec un sel d'argent.

30. Parmi les sels des genres qu'on doit nommer pour répondre à la q^on 26 *d*, s'en trouve-t-il exceptionnellement qui ne donnent lieu à aucun dégagement gazeux quand on verse sur eux de l'ac. sulfurique? Que pourriez-vous citer comme exemple?

31. Comment reconnaîtriez-vous la présence d'un fluorure
a) non accompagné de produits siliceux?
b) accompagné de silice ou d'autres composés siliceux?

32. Quand on se sert de l'azotate d'argent pour distinguer les halosels solubles, chlorés, bromés ou iodés,

d'avec les oxisels, que faut-il faire après avoir constaté la formation d'un précipité?

33. Tous les chlorures solubles donnent-ils avec l'azotate d'argent un précipité blanc, brunissant rapidement à la lumière? — S'il y a des exceptions, signalez-les.

34. Dites à quel état passe le métalloïde de l'halosel, lorsque l'ac. sulfurique concentré froid décompose un
a) iodure. | *b'*) bromure. | *b''*) chlorure. | *b'''*) fluorure.

35. Donnez les équations correspondant à la double réaction qui a lieu dans la circonstance énoncée au n° préc^t, l'halosel étant un
a) iodure de | ') zinc. | ") calcium. | "') sodium.
b) bromure de | ') sodium. | ") potassium. | "') zinc.

36. Que faudra-t-il ajouter à un chrômate dissous dans l'eau, pour mettre en liberté son acide? — Cela ayant été fait, quelle sera la couleur du liquide, si la base du sel était alcaline ou terreuse?

37. Sachant que l'ac. chrômique libre cède très-facilement de l'oxigène, 1° donnez l'éq^on de la réaction de l'ac. sulfureux en excès sur l'ac. chrômique dissous, — 2° dites la couleur de ce qu'on obtiendra.

38. Quand un manganate est décomposé par un acide qui se borne à s'emparer de la base, les éléments qui représentent la composition de l'ac. manganique éprouvent une séparation d'où résultent du peroxide de manganèse et de l'ac. permanganique (Mn^2O^7). Avec une dose d'acide sulfurique plus forte, on obtient, à la place du peroxide, du sulfate de protoxide.

Donnez l'équation de l'effet produit par l'ac. sulfurique, quand il agit sur le manganate de potasse (KO, MnO^3)
a) de la première des deux manières indiquées.
b) de la dernière des deux manières indiquées.

39. Après la réaction dont il est question au n° précédent quelle sera la couleur de la dissolution?

40. 1° Donnez l'équation de la réaction qui se produira, et 2° dites la couleur du liquide qu'on obtiendra, en faisant réagir, à l'état dissous, un excès d'ac. sulfureux sur
') l'ac. permanganique. | ") le manganate de soude.
''') le permanganate de potasse.

41. Nommez les genres de sels avec lesquels l'azotate d'argent donne un précipité jaune ou rouge, et après chaque nom dites | *a*) la couleur du précipité correspondant.
b) les caractères qui peuvent servir à déterminer le genre du sel nommé, c.-à-d. à en faire connaître l'acide.

42. Quels sont les principaux genres de sels qui ne donnent lieu à aucun dégagement de gaz coloré, par l'action de l'acide sulfurique, soit étendu, soit concentré,
a) mais qui en produisent, si outre l'ac. sulfurique concentré on ajoute du sulfate de fer?
b) pas même quand on y ajoute du sulfate ferreux?

43. Parmi les sels que comprend la q^on 26 *c*, nommez seulement ceux
a) qui sont colorés, même quand leur base est incolore.
b) dont les solutions sont incolores quand leur base l'est.
c) qui, avec l'azotate d'argent neutre, ne forment aucun

précipité ou bien n'en produisent qu'un blanc ou brun clair, et n'en donnent plus aucun après avoir été suffisamment acidifiés par l'ac. azotique.

44. Si vous aviez à déterminer quel est l'acide d'un sel dissous, quels sont les réactifs que vous emploieriez d'abord, et qu'observeriez-vous?

45. Comment feriez-vous pour reconnaître si un sel est susceptible de produire quelque dégagement gazeux sous l'influence de l'ac. sulfurique, et dans le cas où vous lui reconnaîtriez cette propriété, comment détermineriez-vous l'ac. de ce sel? Répondez à cette question

a) d'une manière complète.

b) en énonçant seulement les qualités caractéristiques de chaque gaz qui peut se produire en pareil cas et le genre ou les genres de sels correspondants.

46. Si un sel soluble ne peut donner lieu à aucun dégagement gazeux par l'action de l'ac. sulfurique, même quand on ajoute du sulfate ferreux, que faut-il faire pour en déterminer l'acide?

47. Nommez les bases dont les dissolutions salines donnent avec la soude un précipité

(a') bleu.

(a'') vert ou bien d'un gris tirant sur le vert ou le violet.

(a''') noir ou d'un gris noirâtre.

b) jaune, jaunâtre ou brun clair.

c) blanc ou blanchâtre, mais se colorant à l'air.

d) d'un jaune passablement vif.

e) de couleur rouille ou brun foncé tirant sur le jaune.

f) brun clair, blanchissant par l'eau salée.

g) blanc, noircissant par l'ac. sulfhydrique.

h) blanc, qui passe à l'orangé ou bien se dissout sous l'influence du sulfhydrate d'ammoniaque.

48.... Dites quelles sont les bases dont il s'agit à la q^on préc^te, puis comment on les distingue.

49. Nommez les bases qui peuvent se laisser reconnaître dans leurs dissolutions salines, supposées pures, par l'unique emploi de la soude et de l'ammoniaque, et dites à quels signes on distinguera ainsi chacune d'elles.

50. Nommez les métaux dont la présence dans un sel simple dissous peut être reconnue en employant seulement

a) du sulfhydrate d'ammoniaque,
b) un sulfhydrate et un alcali, } et expliquez comment.

51. Répondez à la q^on 49, } et donnez pour chaque cas
52... Répondez à la q^on 50, } des moyens de vérification.

53. Quand on veut employer le sulfhydrate d'ammoniaque comme réactif pour déterminer la base contenue dans une dissolution saline, et que celle-ci paraît être fortement acide, que convient-il de faire d'abord?

54. Quand du sulfhydrate d'ammoniaque (jauni par l'action de l'air), étant versé dans une liqueur ne contenant aucun métal précipitable de ses sels par ce réactif, y produit cependant un précipité,

a) comment ce résultat a-t-il lieu?

b) de quelle couleur est le précipité?

c) de quelle nature est le précipité, et que se forme-t-il en même temps que lui?

d) au moyen de quel réactif employé préalablement peut-on empêcher cette précipitation d'avoir lieu?

55. Quelles sont les bases dont les sels solubles n'éprouvent ordinairement aucune action visible de la part du sulfhydrate d'ammoniaque?

56. Quels sont les genres de sels dont les solutions, traitées par un excès de sulfhydrate d'ammoniaque, donnent, outre un précipité de soufre, un composé coloré dont ne fait point partie le métal de la base?

57. Nommez les bases capables de donner lieu à des dissolutions salines, où le sulfhydrate d'ammoniaque n'occasionne pas de précipité, et où le carbonate de soude

a) n'en produit pas non plus. | b) en produit.

58. 1° Nommez les bases dont les dissolutions salines ordinaires (par ex., les sulfates, azotates, chlorurés) donnent un précipité blanc, quand on les traite par le sulfhydrate d'ammoniaque; puis 2° dites comment, dans le cas où un sel donné contiendrait une d'entre elles, on pourrait la reconnaître.

59. 1° Nommez les bases dont les solutions dans les ac. sulfurique, chlorhydrique, azotique, ne précipitent pas par le sulfhydrate d'ammoniaque non sulfuré, mais dont pourtant certaines dissolutions salines donnent avec ce réactif un précipité blanc; 2° dites d'où provient cette précipitation, en quelque sorte exceptionnelle; 3° indiquez comment on distinguera un tel précipité de celui que donnent les sels dont il s'agit à la question 58.

60. Dites comment on reconnaîtra la base d'un sel avec lequel le sulfhydrate d'ammoniaque donne un précipité

a) qui n'est blanc ni noirâtre.

b) noir, tandis que la soude en produit un blanc.

61. Dans le cas où une dissolution saline ne renfermant qu'un métal donnerait avec le sulfhydrate d'ammoniaque un précipité noir, comment reconnaîtrait-on ce métal sans employer d'autres réactifs que l'ac. chlorhydrique, l'ac. sulfurique, le protochlorure d'étain et un *prussiate*?

62. Quand un sel, insoluble dans l'eau, est soluble dans l'ac. nitrique, et que sa dissolution dans cet acide donne avec l'ammoniaque un précipité blanc, ne se redissolvant pas dans un excès de celle-ci, ne se dissolvant que peu ou point dans la potasse ou la soude, et ne se colorant point par un sulfhydrate,

a) quels oxides peuvent en être la base?

b) comment peut-on en reconnaître la base?

63. Comment peut-on distinguer un sel d'alumine dissous

a) d'avec un sel de zinc?

b) d'un phosphate ou d'un arséniate de magnésie?

64. Comment peut-on habituellement reconnaître la nature d'un sel simple, insoluble dans l'eau,

a) mais se dissolvant dans les acides forts?

b) ainsi que dans les acides ordinaires?

65. Comment reconnaîtrait-on la nature du sulfate de baryte par des essais chimiques?

CHAPITRE XXV.

Questions au sujet de l'emploi des liqueurs titrées.

1. Equation de la réaction de l'iode sur une dissolution
a) d'ac. sulfhydrique. | b') d'un protosulfure.
   b'') d'un bisulfure. | b''') d'un bisulfhydrate.

2. Combien d'ac. sulfhydrique est décomposé par 1 milligramme d'iode?

3. Pour mettre en liberté 1 gr. de soufre, combien faut-il d'iode, en le faisant agir sur
a) de l'ac. sulfhydrique? | b) du bisulfure de sodium?

4. Dans quel dissolvant peut-on faire entrer abondamment l'iode, sans qu'il perde ses propriétés à l'égard de l'acide sulfhydrique et de l'amidon?

5. On a dissous 10 gr. d'iode dans un litre de solution d'iodure de potassium. Combien y a-t-il d'iode à l'état de simple dissolution ou de combinaison peu intime dans
a) 1 centimètre cube du liquide?
b) le volume du liquide ainsi préparé que renfermera 1° (c.-à-d. un degré) d'une burette dont 100° font 0^{lit},01?

6. En employant la liqueur préparée comme il a été dit au n° précédent, et la faisant agir sur du protosulfure de potassium, combien chaque cm. cube du liquide iodé
a) décomposera-t-il du pro-⎫ Avant le nombre-réponse,
   tosulfure?   ⎬ donnez l'indication des cal-
b) précipitera-t-il de soufre?⎭ culs.

7. Quand on ajoute peu à peu une solution d'iode à une liqueur sur laquelle l'iode réagit immédiatement, telle qu'une eau chargée d'ac. sulfhydrique, à quel signe peut-on être averti que la solution d'iode a été versée en dose suffisante pour produire l'effet dont elle était capable?

8. Quand une eau minérale sulfureuse, sur laquelle on veut faire une opération sulfhydrométrique, renferme des carbonates et des silicates alcalins, ou un de ces sels,
a) que résulterait-il de la présence de tels sels, si l'on procédait immédiatement à l'essai par l'iode?
b) comment fait-on pour que le résultat sulfhydrométrique ne soit pas rendu inexact par cette circonstance?

9. En traitant 1/2 litre d'une eau minérale par de la liqueur indiquée à la question 5, il a fallu consommer 15 c.c. de cette liqueur avant que l'iode commençât à se montrer en excès. Combien y avait-il donc de soufre à l'état de protosulfure ou d'ac. sulfhydrique dans l'eau essayée (en admettant que nulle autre matière n'a agi sur l'iode)?

10. L'essai sulfhydrométrique d'une eau minérale a exigé $12^{\text{c.c.}}$,6 de liqueur iodée au titre de 10 gr. d'iode par litre; on admet d'ailleurs qu'aucune matière autre que l'acide sulfhydrique n'a pu agir sur l'iode:
a) combien y avait-il d'ac. sulfhydrique dans la quantité d'eau minérale employée pour l'essai?
b) sachant que l'essai a été effectué sur 1/2 lit. d'eau minérale, calculez la quantité d'ac. sulfhydrique dissous dans un bassin plein de cette eau minérale et contenant | ') $44^{\text{m.c.}}$,8. | '') $2117^{\text{hectolit.}}$. | ''') $239^{\text{m.c.}}$.

11. Un quart de litre d'eau minérale, soumise à l'essai sulfhydrométrique, a exigé la consommation de 108° 1/2 d'une liqueur iodée contenant $1^{\text{gr.}}$,586 d'iode par litre; d'ailleurs 100° == 1 centilitre. Les principes de l'eau minérale sur lesquels l'iode a agi sont de l'acide sulfhydrique, plus du sulfure de sodium, mêlé ou combiné avec lui: combien y avait-il de soufre à l'état de sulfure ou à l'état d'hydracide dans
a) le volume d'eau essayé? | b) 1 litre de l'eau minérale?
c) l'eau minérale qui remplirait un bassin de $3^{\text{m. c.}}$, 25?

12. Une autre portion de l'eau minérale mentionnée au n° précéd[t] ayant été agitée avec du sulfate manganeux, puis abandonnée au repos, on a pris 1 litre du liquide placé au-dessus du dépôt; on en a fait l'essai sulfhydrométrique, et on y a consommé 110° de liqueur iodée.
a) Combien y a-t-il d'ac. sulfhydrique, et combien de sulfure de sodium, dans 1 lit. de l'eau sulfureuse?
b) Qu'a dû faire le sulfate de manganèse avec l'eau minérale, dans la circonstance qu'on vient d'indiquer?

13. Une eau minérale sulfureuse contient à la fois un sulfure de sodium, de l'hyposulfite et du carbonate de soude. Comment doit-on procéder à l'appréciation de son degré sulfhydrométrique?

14. Eq^{on} de l'action de l'acétate de zinc $ZnO,C^4H^3O^3$ sur une dissolution | ') de bisulfure de sodium.
   '') d'ac. sulfhydrique. | ''') de protosulfure sodique.

15. Une liqueur iodée à 10 gr. d'iode par litre, versée avec une burette dont les degrés sont des 10mes de centim. c., a servi à analyser une eau minérale contenant à la fois de l'hyposulfite et du quintisulfure de sodium. 1 li. d'eau naturelle a consommé pour l'essai sulfhydrométrique 205° de liqueur iodée. 2 li. de cette même eau ayant été mêlés à 1/2 li. d'acétate de zinc dissous, on a pris 2 litres du mélange éclairci, et on en a fait l'objet d'un autre essai; la liqueur iodée qui y fut consommée est égale à 55°. Combien dans 1 litre de l'eau en question y a-t-il
a) de sodium à l'état de sulfure et d'hyposulfite réunis?
b) d'hyposulfite? | c) de quintisulfure?

16. Eq^{on} de l'action de l'ac. sulfurique sur le carbonate neutre | ') d'ammoniaque. | '') de potasse. | ''') de soude.

17. Que devient à l'air la dissolution d'acide carbonique dans l'eau?

18. Que doit faire le papier bleu de tournesol, 1° quand on le plonge dans l'eau chargée d'acide carbonique, et 2° si ensuite on l'abandonne à l'air?

19. Pour neutraliser 10 c.c. de dissolution de soude il a fallu employer une liqueur acide contenant $0^{\text{gr.}}$,017 d'acide sulfurique monhydraté (SO^3,HO).
a) Combien ces 10 c.c. contenaient-il de soude?
b) Combien la dissolution contient-elle de soude par litre?

20. Dix cm. c. d'une lessive de soude caustique consom-

ment pour leur neutralisation 223° d'une eau acide contenant par litre 100 gr. d'anhydride sulfurique et versée avec une burette dont les degrés soient des 10mes de c. c. — Dites, en mettant d'abord l'indication des calculs,

a) combien il y a de soude dans ces 10 c. c.

b) combien il y aura de soude, par litre, dans la lessive en question.

21. A quel signe pourra-t-on reconnaître quand, en versant peu à peu une liqueur acide sur un alcali caustique, on arrivera à la neutralisation ?

22. Donnez l'indication des calculs à faire pour trouver combien il y a d'alcali dans un liquide qui peut neutraliser 225° de l'acide titré mentionné au n° 19, en admettant qu'il doit son alcalinité à

') l'ammoniaque. | ") la baryte. | ''') la chaux.

23. (Avant le nombre-réponse que vous aurez à donner, mettez l'indication des calculs). Une liqueur alcalimétrique renferme 1 gr. d'ac. sulfurique concentré par litre :

a) combien s'y trouve-t-il par litre, 1° d'acide sulfurique anhydre ? 2° d'acide sulfurique monhydraté ?

b) l'essai de 10 c. c. d'eau de chaux en a consommé 18$^{c.c.}$,5. Combien y avait-il de chaux, 1° dans ces 10 c. c., 2° dans un litre de l'eau de chaux d'où provenait l'échantillon essayé ?

24. Etant donné un mélange d'un alcali caustique et de substances neutres au tournesol, comment pourra-t-on évaluer la quantité de cet alcali au moyen de la burette graduée ?

25. Lorsqu'un mélange, contenant une matière alcaline, neutralise son poids d'acide sulfurique monhydraté, combien 100 kil. de ce mélange renferment-ils de la matière alcaline, celle-ci étant | ') de la soude ?

    ") de l'ammoniaque ? | ''') de la potasse ?

26. Si l'on a composé un demi-litre d'une liqueur alcaline, avec de l'eau et 25 gr. de monhydrate pur de

    ') potasse, | ") soude, | ''') baryte, combien chaque c. c. de cette liqueur neutralisera-t-il d'ac.

a) sulfurique anhydre ? | b) chlorhydrique ?

c) acétique concentré ? $C^4H^4O^4$ en représente 1 équivalent.

d) sulfurique concentré par ébullition ?

27. Si, pour neutraliser 10 c. c. de la liqueur alcaline composée comme il est dit au n° précéd^t, on a consommé

a) 19$^{c.c.}$,8 d'une eau acidulée par l'acide chlorhydrique, combien y a-t-il d'acide dans un litre de cette eau ?

b) 4$^{c.c.}$,7 de vinaigre, combien d'acide acétique concentré 1 litre de ce vinaigre contient-il, dans l'hypothèse où son acidité ne serait due qu'à cet acide (dont l'équivalent est représenté par $C^4H^4O^4$) ?

28. Si, pour neutraliser 10 c. c. d'une liqueur acide, il a fallu consommer 88$^{c.c.}$,5 de la liqueur alcaline mentionnée au n° 26, combien y a-t-il d'acide dans la liqueur essayée, en supposant que son acidité soit due à de l'acide

a) sulfurique ? | b) azotique ? | c) chlorhydrique ?

d) tartrique ? $C^4H^5O^6$ en est la quantité qui neutralise KO.

29. A 10 c. c. d'une eau de source on a ajouté 10 c. c. d'une eau de chaux capable de neutraliser son volume d'ac. sulfurique étendu au point de ne contenir que 0^{gr},500 d'anhydride par litre. Après avoir agité le mélange, on l'a abandonné au repos : 10 cm. c. du liquide éclairci ont exigé pour leur neutralisation 3$^{cm.c.}$,2 de la liqueur sulfurique susdite. En admettant que l'alcalinité du liquide éclairci corresponde à ce qu'il reste de la chaux ajoutée, après précipitation de celle qui a saturé l'ac. carbonique de l'eau de source, à quelle dose doit-on évaluer la proportion de celui-ci 1° dans 10 centimètres cubes, 2° dans 1 litre de cette eau ?

30. Quand on se sert du procédé alcalimétrique ordinaire effectué avec la burette graduée, pour l'essai d'une *potasse* ou d'une *soude*,

a) comment prépare-t-on l'acide titré qui sert d'acide *alcalimétrique* ?

b) quelle burette emploie-t-on, et sur quel poids de matière opère-t-on ?

c) si la matière à essayer n'est pas entièrement soluble, que fait-on ?

d) comment reconnaît-on que le terme de la neutralisation a été atteint ou dépassé, et, quand il a été dépassé, comment se rend-on compte de la quantité d'acide alcalimétrique qui a été versée de trop ?

e) s'il s'agit d'une soude mêlée de sulfure, d'hyposulfite ou de sulfite, comment fait-on pour empêcher l'exagération de titre qu'occasionneraient ces matières ? — Que résulte-t-il de ce que l'on fait alors ?

f) exposez tout ce qu'il y a à faire.

31. Que signifie l'expression | a) « *acide alcalimétrique* ? » b') *liqueur acidimétrique* » ? | b'') *liqueur sulfhydrométrique* » ? b''') *liqueur chlorométrique* » ?

32. Qu'appelle-t-on degré alcalimétrique d'une potasse ou d'une soude ?

33. Quand après avoir effectué l'essai alcalimétrique d'un produit, tel qu'une potasse ou une soude, on arrive à conclure qu'il est à 42 degrés (alcalimétriques),

a) sur quel résultat observé dans l'opération se base-t-on ?

b) qu'en déduira-t-on sur le pouvoir de neutralisation qui appartient à ce produit ?

c) combien y a-t-il d'oxigène dans la dose d'alcali, caustique ou uni à l'acide carbonique, qui est contenue dans 1 kilogr. de ce produit ?

34. Démontrez que, d'après le procédé que l'on suit habituellement pour effectuer à la burette les essais alcalimétriques, un produit alcalin marquant

a) seulement 1° ne neutraliserait qu'une quantité d'acide sulfurique concentré égale à 1/100 de son poids.

b) 100° sera apte à neutraliser un poids égal au sien d'ac. sulfurique concentré.

35. Combien chaque degré alcalimétrique indique-t-il de matière alcaline dans 100 parties d'un mélange, si ce mélange doit son alcalinité uniquement à

a) la potasse ? | b') la baryte ? | b'') la soude ? | b''') la chaux ?

c) du carb^{te} | ') de soude ? | '') d'ammon. ? | ''') de potasse ?

36. Quel est le degré alcalimétrique le plus élevé que puisse présenter, sans être mélangé d'autres matières al-

calines, | *a*) le carbonate de potasse?
b) le carbonate de soude? | *c*) la pierre à cautère?

37. De deux *sels de soude* dont les impuretés ne sont pas de nature à nuire, l'un marque 60° alcalimétriques et coûte 25 fr. les 100 kilogr., l'autre marque 48° et coûte 5 fr. 50 de moins par 100 kilogr. Quel est celui qui est le plus avantageux à acheter, et combien gagne-t-on à lui donner la préférence?

38. Avec 100 kil. du 1er sel de soude mentionné au n° précédent, combien pourrait-on obtenir
a) de carbonate de soude pur, en éliminant les impuretés?
b') de phosphate desséché $(Na^2O^2, HO ; PO^5)$? | *b''*) d'iodure?
    b''') de carbonate cristallisé $(NaO, CO^2, 10 HO)$?

39. On a 400 kilogr. d'une pâte rendue alcaline par le carbonate de soude et marquant 28° alcalimétriques.
a) De ces 100 k. combien peut-on extraire de carbonate
    ') monhydraté? | ") ord^{re} $(NaO, SO^3, 10 HO)$? | ''') sec?
b) Si le carbonate de soude sec valait 0 fr. 40 c. le kilogr., pour quelle somme y en aurait-il dans ces 400 kil.?

40. Que signifient ces mots : « *titrer une liqueur* destinée à effectuer, à l'aide de la burette, des essais analytiques sur d'autres substances »?

41. Avec quelle autre liqueur ayant un titre connu pourrait-on titrer
a) une liqueur alcaline, une eau de chaux, par exemple?
b) une liqueur acide, par ex. un ac. azotique étendu?
c) une solution de chlore?

42. Equation de l'action du chlore sur l'acide arsénieux accompagné d'eau.

43. CaO, ClO étant la formule de l'hypochlorite de chaux, donnez l'équation de ce qu'il produit avec
a) l'ac. chlorhydrique en excès.
b) l'ac. arsénieux dissous dans l'ac. chlorhydrique étendu.

44. Nommez un acide capable de communiquer à l'ac. arsénieux une grande solubilité.

45. 1° Combien pèse 1 litre de chlore à 0° sous $0^m,76$? — 2° Quel poids d'ac. arsénieux ce litre de chlore dissous dans l'eau peut-il changer en acide arsénique? Avant le nombre-réponse, présentez l'indication des calculs.

46. L'ac. arsénieux qu'on fait dissoudre pour composer un litre de la liqueur qui sert aux essais chlorométriques,
a) quel volume de chlore peut-il dénaturer?
b) quel poids de chlore peut-il dénaturer?
c) combien pèse-t-il? | *d*) dans quoi le dissout-on?

47. Quel est le volume de chlore qu'est capable de dénaturer la liqueur arsénieuse chlorométrique dont on se sert ordinairement, prise en quantité égale à | *a*) 10 c. c.
b) 1 degré de la burette employée (c.-à-d. 1/10 de c. c.)?
c) 100° de la burette?

48. Dans la manière habituelle dont se font les essais des chlorures de chaux par l'ac. arsénieux,
a) combien de chlorure de chaux prend-on pour former 1 litre de dissolution à essayer?
b) quand on a préparé convenablement la dissolution qu'on veut essayer, quel est le poids de ce chlorure dont la partie soluble se trouve contenue dans 100° de la burette chlorométrique?
c) comment reconnaît-on qu'on est arrivé au terme de l'opération?
d) que prouve, relativement à la quantité de chlore disponible contenue dans le chlorure de chaux essayé, le résultat obtenu, si, en regardant l'échelle de la burette pour y voir la quantité de liqueur chlorométrique employée, on lit | ') 45°? | ") 1°? | ''') 100°?

49. Quel poids de chlore peut-on, par l'addition d'un acide, extraire de 477 kilogr. de chlorure de chaux à 75° chlorométriques?

50. Pour fabriquer 477 kilogr. de chlorure de chaux à 75° chlorométriques, combien faudra-t-il
a) employer de peroxide de manganèse pur?
b) de *manganèse*, contenant 63 % de peroxide pur et 57 % de silice?
c) consommer d'ac. chlorhydrique anhydre, afin de préparer le chlore nécessaire?
d) d'acide chlorhydrique contenant 39 % d'acide réel?

51. Parmi les matières qui s'offrent en dissolution dans les eaux potables ordinaires, quelles sont celles qui se laissent apprécier par les essais effectués au moyen du savon?

52. Lorsqu'il s'agit d'essais d'eaux au moyen du savon,
a) à quel état le savon s'emploie-t-il?
b) à quel signe reconnaît-on le terme final de l'essai, et que retranche-t-on du volume de liqueur savonneuse consommée?

53. La solution de savon dont on s'est servi pour un essai d'eau potable rendait convenablement mousseuse 40 c. c. d'eau distillée, dès qu'elle y était ajoutée à la dose d'un degré de la burette. D'ailleurs pour arriver au même point, en opérant sur 40 c. c. d'une solution de 1/2 gr. de sulfate anhydre de chaux dans 1 litre d'eau, il en fallait consommer 50°. Or, l'essai de l'eau potable, prise également à la dose de 4 centili., a exigé la consommation de
      ') 21°, | ") 11°, | ''') 7°,
de solution de savon. En supposant que ce qui pouvait agir sur le savon ait été
a) du sulfate de chaux, combien l'eau essayée en renferme-t-elle par litre?
b) du carbonate de chaux accompagné de l'ac. carbonique en dose correspondant à un bicarbonate, combien y a-t-il de carbonate de chaux (neutre) dans 1 li. d'eau?
c) un mélange de sels de chaux, combien pèse la base de ces sels contenus dans 1 litre d'eau?
d) un mélange de sels calcaires et magnésiens, et que la magnésie contenue dans 1 litre d'eau exigeait, pour sa précipitation, 45° d'une eau de chaux, dont 10000° neutralisaient $0^{gr},500$ d'anhydride sulfurique, calculez 1° le poids de la magnésie, 2° celui de la chaux contenue dans 1 litre de l'eau essayée.

54. $1^{gr},115$ d'alliage dissous dans l'ac. azotique ont

exigé, pour la précipitation de l'argent qui s'y trouvait, 0^{lit},0967 d'une eau salée, dont on avait préparé 1 litre avec 8 gr. de sel marin pur plus de l'eau:

a) combien y avait-il d'argent dans l'alliage dissous?

b) combien d'argent dans 1 kilogr. de cet alliage?

55. Décrivez la manière de doser commodément l'argent, par l'emploi des liqueurs titrées,

a) dans un cas quelconque,

b) par le procédé de Gay-Lussac, tel qu'il s'exécute; par exemple, à l'Hôtel-des-Monnaies de Paris?

56. Calculez combien il faudrait de sel marin pour précipiter de sa dissolution dans l'ac. nitrique l'argent d'un gramme de l'alliage pour

') vaisselle;
") bijoux (2ᵉ titre); } et avant le nombre demandé mettez l'indication des calculs qui le font trouver.
''') monnaie;

57. Pour les bijoux d'argent la loi admet une tolérance de 5/1000 au-dessous du titre qui est censé exigé. Quand ils sont au plus bas titre que la loi tolère,

a) quelle quantité faut-il en prendre pour qu'il s'y trouve 1 gr. d'argent? Avant le nombre-réponse mettez l'indication des calculs.

b) sur quel poids faudra-t-il opérer pour en effectuer l'essai par liqueurs titrées par le procédé de Gay-Lussac?

58. Supposez que, dans un essai d'argent par le procédé Gay-Lussac, l'opérateur ajoute, après le décil. de liqueur normale, 5 centim. cubes d'eau salée décime, pour arriver au point où l'addition du sel cesse d'occasionner un précipité, et déduisez de là

a) quel est le poids de l'argent contenu dans la portion d'alliage soumise à l'opération.

b) quel est le titre de l'alliage, en admettant que la portion soumise à l'essai pesait

') 1^{gr},115. | ") 1^{gr},100. | ''') 1^{gr},250.

59. Répondez à la qⁿ 58 a, pour le cas où il s'agit de

a) l'argent de monnaie, la *tolérance* étant de 2/10000.

b) l'argent de vaisselle, la *tolérance* étant de 5/10000.

60. Quand on veut doser l'argent au moyen de liqueurs titrées par le procédé Gay-Lussac, (c.-à-d. celui qui s'emploie à la Monnaie de Paris),

a) 1° quel poids d'alliage prend-on? — 2° après l'avoir pesé par quoi le traite-t-on d'abord?

b) qu'ajoute-t-on à la dissolution obtenue?

c) comment fait-on pour avoir une liqueur claire, après qu'on a formé du chlorure d'argent?

d) quelle est la deuxième liqueur titrée que l'on ajoute, et combien en met-on? — Dans le cas où elle ne produirait aucun effet qu'en conclurait-on?

e) après avoir achevé les manipulations nécessaires, que fait-on pour établir le titre de l'alliage essayé?

61. Quand, pour doser le chlore existant à l'état de chlorure métallique, on voudra se servir de la méthode des liqueurs titrées, 1° avec quelle substance devra-t-on former la dissolution titrée à employer pour ce dosage, — et 2° | a) que fera-t-on de la liqueur titrée?

b) quand reconnaîtra-t-on qu'on sera arrivé au terme de l'essai?

62. Quand on dose le chlore d'un ou de plusieurs chlorures métalliques au moyen d'azotate d'argent titré, quel avantage peut-on trouver à ajouter à la solution de chlorure un peu d'alcali, un peu de chaux par ex., s'il n'y a pas d'inconvénient à rendre alcaline cette solution?

63. Eqⁿ de l'action du permanganate de potasse sur le protochlorure de fer en dissolution très-étendue et accompagnée d'un excès d'acide chlorhydrique.

64. Combien de permanganate de potasse consommera pour sa destruction le protochlorure de fer contenant 1 gr. de métal? (Avant le nombre-réponse indiquez les calculs).

65. Un gramme de fer, ayant été dissous dans l'acide chlorhydrique pur, la liqueur qui en est résultée a exigé, pour que le métal passe au maximum, 14^{cc},7 d'une solution de permanganate de potasse: si l'on veut se servir de cette dernière solution pour évaluer combien de protochlorure de fer est contenu dans une autre liqueur,

a) comment opérera-t-on?

b) combien chaque cm. cube du permanganate accusera-t-il de fer pris à l'état de protochlorure?

66. Sans tenir compte de l'hydrogène qui peut être dégagé, faites l'équation de la réaction du zinc sur une dissolution contenant du

a) sulfate ferrique avec de l'acide en excès.

b) perchlorure de fer, accompagné d'ac. chlorhydrique.

67. Deux gr. de minerai de fer ont été attaqués par l'ac. chlorhydrique en excès; ils ont donné une liqueur qui, après avoir été traitée par le zinc et étendue de beaucoup d'eau, a consommé, avant de commencer à devenir rouge-violet, | a) 52° | b') 46° | b") 42° | b''') 25° d'une solution de permanganate: cette dernière solution est composée de telle façon que, pour faire passer au maximum le chlorure obtenu par 1 gr. de fer et un excès d'ac. chlorhydrique, il en fallu 61°,5. Combien y a-t-il de fer % dans le minerai essayé?

68. Après avoir obtenu la dissolution acide du minerai, dont il s'agit au n° précédent,

a) dans quel but a-t-on dû la traiter par le zinc?

b) pourquoi a-t-elle dû être étendue de beaucoup d'eau?

69. Quand on veut doser le fer au moyen du permanganate de potasse, | a) à quel état faut-il l'amener?

b) s'il se trouve contenu dans une dissolution sous forme de sel ferrique, que faut-il faire de la liqueur avant d'y ajouter le permanganate? — Expliquez pourquoi.

c) s'il est à l'état de protochlorure et accompagné de cuivre ou d'étain, également protochlorurés, quel inconvénient y aurait-il à traiter immédiatement par le permanganate, et que convient-il de faire?

d) pourquoi la liqueur qui contient le fer doit-elle être 1° chargée d'acide en fort excès, 2° excessivement étendue?

70. Quand on a un mélange ou une combinaison d'un sel ferreux et d'un sel ferrique, et que l'on veut savoir au

moyen du permanganate combien il y a de fer sous chaque forme, que faut-il faire?

71. Quels effets chimiques se produit-il, et quels changements frappent les yeux, lorsqu'on ajoute une solution de sulfure de sodium à une solution

') de sulfate de cuivre? | '') de bichlorure de cuivre?
''') d'oxide de cuivre dans l'ammoniaque?

72. Comment exécute-t-on le dosage du cuivre au moyen du sulfure de sodium?

73. Dans le procédé indiqué au n° précédent,

a) à quel état amène-t-on le cuivre, avant d'ajouter le sulfure alcalin?

b) que place-t-on dans la burette graduée?

c) à quelle température l'essai est-il effectué? — Pourquoi?

d) à quel signe reconnaît-on le terme où il faut cesser de verser du liquide de la burette?

e) comment titre-t-on la liqueur *cuprométrique*?

f) si la liqueur cuprométrique était titrée longtemps à l'avance, qu'en résulterait-il?

g) quels sont les métaux étrangers au cuivre, desquels la présence pourrait rendre faux le résultat de l'essai?

h) que doit-on faire si la liqueur ammoniacale contient un abondant précipité d'oxide de fer?

i) comment, dans le cas où le cuivre dissous serait accompagné de zinc, pourrait-on doser aussi celui-ci?

j) à quel état le cuivre est-il précipité par la liqueur titrée?

74. Un minerai de cuivre argentifère, dont on se propose de doser le cuivre par le sulfure de sodium, a été traité par l'acide azotique; le cuivre et l'argent se sont dissous. Que convient-il de faire, avant d'ajouter de l'ammoniaque?

75. Un minerai de cuivre, pris à la dose de 1 gramme, a été essayé au moyen du sulfure de sodium. Pour arriver au terme de l'opération, il a fallu consommer 87°1/2 de liqueur sulfureuse; d'ailleurs, en titrant celle-ci, on a reconnu qu'il en fallait 234° pour précipiter 1 gr. de cuivre. Dites combien il y a de cuivre dans 100 p. de minerai.

76. Même q°ⁿ qu'au n° précd¹, sauf que l'essai du composé cuivrique a exigé pour arriver à sa fin un volume de sulfure égal à | ') 59°1/2. | '') 77°. | ''')136°1/2.

77. Pour que le sucre ordinaire puisse être apprécié au moyen du tartrate basique cuivrico-potassique, quelle transformation a-t-il besoin de subir, et par quel agent opère-t-on cette transformation?

78. On a pesé 1 gr. de sucre candi, et après avoir effectué en lui la transformation convenable, on y a ajouté assez d'eau pour former un litre. 20ᶜ·ᶜ·,4 de la dissolution ainsi obtenue ont dû être consommés pour détruire 2 centilitres de liqueur bleue saccharimétrique. Quel poids de sucre est susceptible d'être détruit par | *a)* 2 centilitres

b') 0ˡⁱ·,03 | *b'')* 0ˡⁱ·,04 | *b''')* 0ˡⁱ·,05

du liquide bleu dont on vient de parler?

79. Le sucre ordinaire et le glucose desséché ont une composition élémentaire susceptible d'être représentée respectivement par $C^{12}H^{11}O^{11}$ et par CHO.

Les résultats d'un essai saccharimétrique sont tels qu'ils indiqueraient dans la quantité du produit essayé 1 gr. de substance sucrée, si celle-ci était du glucose. Mais la matière sucrée est du sucre ordinaire. Calculez le poids de ce sucre qu'indique l'essai, en admettant (ce qui paraît être) que le sucre interverti et le glucose produisent, à dose égale de carbone, des effets identiques sur le réactif cuivrique alcalin.

80. Même question qu'au n° préc¹, en mettant « glucose » à la place de « sucre ordinaire » et réciproquement.

81. Une expérience effectuée sur 50 c. c. de liquide bleu destiné à des essais saccharimétriques, a fait reconnaître que, pour en précipiter le cuivre entièrement, il fallait y ajouter 29ᶜ·ᶜ·,2 d'une liqueur formée en prenant 2 grammes de sucre ordinaire pur, le transformant en sucre interverti, puis ajoutant de l'eau de façon à former 1/2 litre :

a) quel est le poids du sucre ordinaire dont les éléments existaient dans les 29ᶜ·ᶜ·,2?

b) à combien de sucre ordinaire correspondra la quantité de sucre interverti qui se consommera pour précipiter le cuivre contenu dans | ') 50 | '') 20 | ''') 10 cm. c. du liquide saccharimétrique?

82. Dans un essai saccharimétrique, la destruction de 50 c. c. du liquide bleu du n° précédent a exigé

') 12° | '') 28° | ''') 157°

d'une liqueur sucrée, les degrés étant des 10ᵐᵉˢ de cm. cubes. La liqueur sucrée en question a été obtenue en prenant un produit dans lequel tout le sucre était du sucre ordinaire; mais ce sucre a été *interverti*; après quoi sa solution a été étendue convenablement pour remplir exactement 1 litre. Quel poids de sucre contenait le produit qui a servi à former ce litre de liquide sucré?

83. Comment opère-t-on, quand on veut, au moyen du tartrate cuivrico-potassique alcalin,

a) doser la matière sucrée dans un produit où des substances inertes à l'égard du tartrate sont jointes à du
') glucose? | '') sucre ord^{re}? | ''') sucre d'amidon?

b) analyser un mélange de glucose et de sucre ordinaire?

84. En essayant au moyen d'une liqueur cuivrico-potassique un mélange contenant à la fois du sucre incristallisable et du sucre ordinaire, on a obtenu ce qui suit:

10 gram. de mélange ayant été simplement dissous dans l'eau en quantité convenable pour donner un litre de dissolution, il a fallu 0ˡⁱ·,0156 de ce liquide pour décomposer 50 c. c. de liqueur bleue. Pour en décomposer autant il a fallu 0ˡⁱ·,0098 d'une 2ᵐᵉ dissolution obtenue en traitant à chaud 10 autres gr. du même mélange par l'ac. chlorhydrique étendu, puis y ajoutant de l'eau de façon à former 1 litre. Cette liqueur bleue avait été essayée au moyen du glucose. On avait fait dissoudre 8 gr. de glucose desséché, pur, dans 1 litre d'eau, et l'on avait vu qu'il fallait 0ˡⁱ·,00985 de dissolution pour décomposer 50 c. c. de liqueur bleue.

Combien le mélange renferme-t-il de sucre ordinaire, et combien de l'autre?

CHAPITRE XXVI.

Questions au sujet des essais par voie sèche et de divers cas d'analyse.

1. En quoi la flamme modifiée par le chalumeau peut-elle offrir des avantages sur les flammes habituelles ?

2. Dans la flamme modifiée par le chalumeau, où est la partie | ') la plus chaude ?

'') dite *feu oxidant* ? | '') dite *feu réductif*?

3. Nommez les chlorures capables de communiquer aux flammes des couleurs remarquables, et ajoutez au nom de chacun la nuance qu'il peut communiquer aux flammes.

4. Nommez les métaux capables de produire un composé coloré soluble, quand on les calcine au contact de l'air avec la potasse, et dites la couleur du composé.

5. Pour chacun des composés colorés mentionnés à la q^{on} précédente, dites comment, après l'avoir obtenu, on peut en vérifier la nature.

6. 1° A quelle température se produisent les composés mentionnés au n° 4? — 2° L'expérience peut-elle s'effectuer à la flamme de la lampe à alcool? — 3° Quelle matière oxigènante peut servir à faciliter le résultat?

7. Nommez les métaux qui, essayés au chalumeau avec le borax, donnent des colorations saillantes, en indiquant pour chacun d'eux les effets qui se produisent tant au feu oxidant qu'au feu réductif.

8. Parmi les métaux hydroréductibles, nommez séparément, 1° ceux qui, chauffés sur un charbon au chalumeau, devront y rester fondus sans s'oxider, 2° ceux qui s'y fondront, mais qui s'oxideront dans la flamme extérieure. A la suite du nom de chaque métal, vous ajouterez sa couleur, et sa qualité d'être cassant ou malléable.

9. Parmi les métaux hydroréductibles, nommez ceux qui doivent pouvoir donner des vapeurs sensibles, en étant chauffés au chalumeau, et après le nom de chacun de ceux dont la vapeur devra s'oxider en rencontrant l'air, ajoutez la couleur qu'offrira l'oxide, soit à chaud, soit à froid.

10. Quand il s'agit de réduire sur le charbon à l'aide du chalumeau un métal à l'état libre, quelle utilité peut offrir le carbonate de soude, si ce métal est à l'état

a) d'oxide? | *b*) de sel, tel que phosphate ou chlorure?

11. Eq^{on} de l'action du carbonate de soude, au rouge, sur le | ') chlorure | '') phosphate | '') sulfate

a) de zinc. | *b*) de plomb. | *c*) de cuivre.

12. Sans autre opération chimique que celles qui s'effectuent au chalumeau sur un charbon, à quels signes peut-on reconnaître qu'un oxide ou un sel renferme

a) du zinc? | *b*) de l'antimoine? | *c*) du bismuth?
d) du plomb? | *e*) du cuivre? | *f*) de l'argent?
g) de l'or? | *h*) un métal magnétique ?

13. Avec la flamme d'une lampe, un petit tube bouché et du carbonate de soude, comment peut-on reconnaître s'il y a du mercure dans un composé minéral quelconque?

14. Sans autres effets que ceux qui peuvent être obtenus avec le secours de la flamme dirigée par le chalumeau, d'un fil de platine, du borax et du nitre, comment peut-on constater dans un oxide, et quelquefois vérifier par des caractères supplémentaires, la présence du

a) cobalt? | *b*) chrôme? | *c*) cuivre? | *d*) manganèse?

15. 1° Qu'appelle-t-on *sel de phosphore*? — 2° Comment l'emploie-t-on dans les essais au chalumeau, et quels sont les principaux résultats qu'il donne?

16. Comment reconnaître qu'un minerai de fer contient du manganèse ou du chrôme ?

17. Dans les essais des minerais de fer par voie sèche,

a) quels sont les composés qu'on cherche à produire ?
b) comment dose-t-on le fer?
c) outre le dosage du fer, quels renseignements peut-on déduire de l'expérience?

18. Quelles qualités doit offrir une pierre de touche ?

19. De quelle nature est l'acide employé habituellement dans les essais faits avec la pierre de touche?

20. Au moyen de la pierre de touche, comment fait-on

(') pour distinguer l'or d'avec ses imitations?
('') pour apprécier à peu près le titre des objets d'or ?
(''') pour apprécier à peu près le titre des objets d'argent?

21. Quand la coupellation est mise en œuvre afin de séparer deux métaux de manière à doser l'un d'eux,

(α') quelle propriété est-il surtout essentiel qu'ils offrent?
(a'') en quoi consistent les effets chimiques qui ont lieu ?
(a''') quel est celui qui reste? et que devient l'autre ?
(*b'*) de quoi est faite la coupelle?
(*b''*) quelle différence y a-t-il entre la coupelle dont on se sert et les coupelles des métallurgistes?
(*b'''*) quel est le composé défini qui domine dans la composition de la coupelle dont on se sert?

c) qu'est-il besoin d'ajouter, et pourquoi faut-il ajouter quelque chose, le métal oxidable étant du
') bismuth? | '') cuivre? | '') plomb?

d) 1° est-on exposé à une perte du métal qu'il s'agit de doser? quand et pourquoi ? — 2° comment y remédie-t-on ?

22. Exposez en détail comment se fait l'essai des argents cuivreux commerciaux au moyen de la coupellation?

23. En coupellant un alliage de cuivre et d'argent, et opérant sur | ') 5 gr., | '') 1/2 gr., | '') 0^{gr},500, on a obtenu un bouton de retour pesant

') 0^{gr},019; | '') 0^{gr},3985; | '') 0^{gr},476;

la perte a dû être de | ') 0,000: | '') 0,005: | '') 0,005: quel est le titre, en millièmes, de cet alliage?

24. Dans les laboratoires d'essai des métaux précieux,

a) qu'appelle-t-on

') Inquartation? | ") départ? | "') bouton de retour?
b) comment se fait le dosage de l'or ?
c) comment dose-t-on l'argent et l'or par des opérations de coupellation et de départ ?
d) comment serait-on averti de la présence du platine, s'il y en avait dans un alliage d'or soumis à l'analyse?

25. Donnez la composition $^{o}/_{oo}$ de l'alliage de cuivre, or et argent qui a fourni les résultats suivants :

Bouton de retour supposé obtenu sans perte en coupellant $0^{gr},500$ d'alliage =

') $0^{gr},449$; | ") $0^{gr},475$; | "') $0^{gr},223$;

Cornet après départ laissé par un poids semblable,

') $0^{gr},298$. | ") $0^{gr},472$. | "') $0^{gr},013$.

26. Donnez en millièmes la composition d'un alliage de cuivre, or, platine et argent ayant fourni les données suivantes. :

Bouton de retour après coupellation de $0^{gr},750$ d'alliage = | ') $0^{gr},697$; | ") $0^{gr},579$; | "') $0^{gr},607$;

Cornet après départ fait avec l'ac. sulfurique en ayant pris $0^{gr},500$ d'alliage =

') $0^{gr},288$; | ") $0^{gr},278$; | "') $0^{gr},275$;

Cornet après départ effectué par l'ac. azotique sur 1 gr. d'alliage, auquel fut ajouté suffisamment d'argent pour permettre la dissolution complète du platine dans l'acide, =

') 30^{mgr} ; | ") 251^{mgr}. | "') 282^{mgr}.

27. Quels sont les principaux changements que la présence d'un sel ammoniacal, en mélange avec un sel métallique, occasionne dans les effets qu'éprouve celui-ci de la part des alcalis fixes?

28. Quelle base donne des sels qui, étant accompagnés d'un sel ammoniacal, se comportent avec les alcalis à peu près comme les sels de bismuth?

29. Comment distingue-t-on les sels de bismuth de ceux dont il est sujet à la question préc^{te} ?

30. 1° Quel azotate devra-t-on mêler à l'ac. chlorhydrique étendu, pour obtenir un chlorure de mercure insoluble? — 2° Qu'arrive-t-il au précipité ainsi produit, si l'on verse ensuite une solution de chlore ou une solution de chlorure de chaux ?

31. Quel poids de métal devra-t-il y avoir dans l'azotate dont il est question au n° précédent, pour que le précipité auquel il donnera lieu exige, pour sa disparition, exactement la quantité de chlore qui occupe à 0° sous $0^m,76$ un volume de 1 li. ?

32. Quel est le procédé général qui peut ord^t permettre de reconnaître les bases de deux sels mélangés, lorsque l'une d'elles se laisse précipiter par le sulfhydrate d'ammoniaque, ou par l'ac. sulfhydrique, ou par l'ammoniaque, etc., tandis que l'autre est soluble en présence du réactif?

33. Dites comment le procédé dont il s'agit au n° précédent s'appliquerait au cas où il s'agirait de reconnaître si une solution saline contient à la fois
a) du peroxide de fer et du zinc.

b) du fer et du | ') zinc. | ") nickel. | "') cuivre.
c) du cuivre et | ') du zinc. | ") du fer. | "') de l'aluminium.
d) de l'alumine et du peroxide de fer.

34. On sait qu'une eau a reçu en dissolution un alcali proprement dit et un alcali terreux. Comment
a) reconnaîtra-t-on la nature des deux corps dissous?
b) doserait-on chacune des bases?

35. Comment constaterait-on la présence de l'alumine dans une dissolution de sels à bases d'alumine, de fer,
a) et de potasse? | *b)* et de chaux?

36. 1° Comment reconnaîtra-t-on si un alun contient quelque sel d'ammoniaque, de fer, de chaux? — 2° Comment en doserait-on le fer et la chaux?

37. Comment peut-on reconnaître s'il y a, ou non, un sel | *a)* ferreux dans le mordant de rouille?
b) ferrique dans le vitriol | ') vert? | ") blanc? | "') bleu?
c) de cuivre mêlé à un sel de fer?

38. Comment ferait-on l'analyse d'un mélange de sulfates de fer, de cuivre, de zinc, de chaux, d'alumine?

39. Par quels moyens prompts à exécuter pourrait-on distinguer le sulfate de baryte, 1° du sulfate de chaux, 2° du carbonate de chaux, 3° de la pyrite, 4° du quarz?

40. Comment pourrait-on s'y prendre pour doser l'acide et les bases d'un mélange de sulfate de baryte, de sulfate de plomb, de sulfate de potasse et de quarz?

41. Cherchez au moyen de quels réactifs, employés successivement, on pourra obtenir séparément, à l'état libre ou à l'état de composé défini, les composants de l'alliage que l'on va désigner. Nommez chacun de ces réactifs dans l'ordre suivant lequel il devra s'employer, et ajoutez à la suite de son nom ce qu'il produira. (On fera un alinéa pour chaque réactif.) Il s'agit d'un alliage de fer,
') de cuivre et d'étain. | ") d'argent, d'or et de cuivre.
"') d'étain et de plomb.

42. L'analyse d'un alliage effectuée en opérant sur 3 gr. de celui-ci a fourni, entre autres, les données suivantes :

	')	")	"')
Ac. stanniq. calciné	$0^{gr},983$;	491^{mgr} ;	$0^{gr},794$;
Sulfate de plomb	$0^{gr},106$;	549^{mgr} ;	$0^{gr},212$;
Chlorure d'argent	$0^{gr},064$;	155^{mgr} ;	$0^{gr},034$;
Peroxide de fer	$0^{gr},078$;	254^{mgr} ;	$0^{gr},086$;
Ox. de cuivre noir	$1^{gr},773$;	886^{mgr} ;	$1^{gr},339$;

Dites pour chacun des métaux qu'on peut évaluer d'après cela, combien il y en a, 1° dans 3 gr., 2° pour 100, et avant le premier des deux nombres demandés pour chaque métal, mettez l'indication des calculs qui le fait trouver.

43. Décrivez le procédé que vous suivriez pour analyser par voie humide (c.-à-d. par l'emploi de réactifs liquides)
a) un laiton contenant du fer. | *b)* un maillechort.
c) un alliage fusible. | *d)* un alliage d'antimoine et de cuivre.
e) un bronze contenant fer, plomb, et un peu d'argent.
44. ... Si l'alliage de la q^{on} précédente contenait du zinc, quelles opérations y aurait-il de plus à faire?

FIN.